F1 디자인사이언스

F1 Design Science

<<<<<<< 데이비드 트레메인 지음　류청희 옮김

F1 디자인 사이언스

YANG 이문 MOON

CONTENTS

포뮬러 1 경주차는 최신 기술의 결합체

포뮬러 1 Formula 1, F1 경주차란 무엇일까? 21세기 기준으로 정의하면 최신 기술의 결합이라고 할 수 있다. 차량 수명의 완곡한 표현인 '시즌' 동안 숨 돌릴 틈조차 없는 경쟁의 뜨거운 열기 속으로 투입되는, 가장 진보한 기술과 필연적으로 너무 짧을 수밖에 없는 기간 내에 이루어지는 연구의 결정체이기도 하다. 과거에는 팀들이 한 모델을 한 시즌은 물론이고 심지어 서너 시즌에 걸쳐 투입하기도 했다. 먼 옛날이 된 1967년 선보인 로터스Lotus 49는 1970년 레이스에서도 우승했다. 후속 모델인 72는 1970년에 이어 1974년에도 우승을 이어나갔다. 마찬가지로 맥라렌McLaren M23은 1973년부터 1977년까지 성공적인 시기를 보냈다. 하지만 요즘의 기술개발 흐름에서는 맥라렌 MP4-17이 2002년에 우승을 차지한 뒤 다음 시즌에서도 똑같은 능력을 발휘하며 세계선수권에 도전한 것이 오히려 이례적으로 여겨진다. 오늘날 F1 경주차는 보통 17번 또는 18번의 레이스에 출전하면 수명이 끝난다. 이는 단순히 개발 속도 때문만이 아니라 성능을 최적화하기 위해 차의 배열구성을 꾸준히 바꿔야 하기 때문이기도 하다.

과거에는 설계자가 시즌이 끝난 뒤 겨울 동안 작업을 완료할 수 있었고, 대개 3월에 열리는 첫 유럽 지역 레이스에 맞춰 그 노력이 결실을 보면 되었다.

←… 스페인 그랑프리 우승을 위해 질주하고 있는 젠슨 버튼. 이 정면 사진에서는 넓은 프런트 윙, 작은 리어 윙, 물결 모양의 사이드포드 같은 2009년 F1 경주차의 특징들이 돋보인다. (LAT)

그리고 굳이 필요하다고 여겨지지 않는 이상, 다음 겨울이 올 때까지는 대체할 모델의 설계를 본격적으로 시작하지 않아도 되었다.

하지만 지금은 그렇게 할 수 없다. 그런 식이라면 아무것도 하지 않는 것과 다름없다. 전 페라리Ferrari 팀 기술감독으로 2009년부터 브런 GP Brawn GP 팀 소유주가 된 로스 브런Ross Brawn은 "그렇게 한다면 퇴보하는 것이나 마찬가지"라고 이야기한다.

이제 F1 경주차의 개발은 연속적인 과정으로 바뀌었다. 설계 부분에서 허용되는 것과 그렇지 않은 것은 물론 새로운 차를 구성하는 것까지도 매우 엄격하게 통제하는 국제자동차연맹Fédération International de l'Automobile, FIA의 규정이 있기 때문이다. 2003년 맥라렌 팀이 MP4-17을 개발하는 데 활용한 D 규격은 거의 새 차를 만드는 것과 다름없었지만, 섀시가 기본적으로 같아서 맥라렌은 물론 FIA의 기록도 충족할 수 있도록 17이라는 이름을 그대로 유지했다. 하지만 이 사례를 통해 우리는 설계 과정이 끝난 후 팀이 부품을 만들어 조립할 준비를 하기도 전에 설계 팀은 레이스 출전을 앞둔 차에 이미 최신 아이디어를 결합하는 작업을 하고 있음을 충분히 짐작할 수 있다.

맥라렌 MP4-18은 2003년에 등장했지만 여러 문제점 때문에 레이스에 출전하지 않았다. 그러나 MP4-18은 2004년 FIA 포뮬러 1 세계선수권이 시작되는 3월보다 훨씬 이른 2003년 12월에 선보인 혁신적인 MP4-19의 토대가 되었다. 맥라렌 팀 상무이사인 마틴 휘트마시Martin Whitmarsh가 설명한 MP4-18의 실패 원인을 통해 현대적인 F1 머신의 진화 과정을 통찰력 있게 이해할 수 있다.

"우리는 2002년이 4분의 3 정도 지나갈 무렵에 개발 프로그램을 재검토하면서 페라리 팀 경주차보다 성능이 부족하다는 것을 알게 되었고, 경쟁을 위해서는 그 시점에서 큰 진보가 필요하다는 결단을 내렸습니다. 결국 우리는 엔진과 섀시 설계에서 위험을 감수하기로 했는데, 두 가지 모두 완전히 새롭게 만들기로 한 것이죠. 우리가 페라리 경주차를 분해할 수도 없고, 당시에는 볼 수도 없었으니 더 많은 노력을 해야 했습니다. 늘 그렇지만 더 큰 도약을 시도하려면 잠재된 위험은 피할 수가 없었죠. 우리는 모든 것을 그 차에 쏟아부었어요. 제가 이 회사에서 일한 14~5년 동안 가장 큰 변화로 꼽을 수 있는 것이 MP4-18이었습니다. 그 차에서는 모든 것이 바뀌었죠. 그렇다고 무작정 달려들지는 않았습니다. 위험을 관리하기 위해 우리는 MP4-17과 구형 FM 엔진 개발 프로그램에 착수했습니다. 17D 프로그램은 매우 규모가 컸는데, 이는 물론 두 개의 프로그램이 병행되었기 때문입니다. 나중에 알게 되었지만 우리는 목표를 과대평가하고 있었죠. 제가 생각하기에 2002년에는 모든 사람이 페라리를 따라잡을 수 없다고 여겼던 것 같습니다. 그리고 우리는 17D 모델에서 경쟁력 있는 구성을 갖추었죠. 2002년에는 비교하기에 부적합한 차였지만 말입니다.

목표를 선두권 팀으로 설정하고, 목표를 달성하지 못하면 퇴출당할 각오를 했습니다. 그리고 우리는 MP4-18로 자신감을 얻었죠. 사람들은 MP4-18 개발에 투입된 노력을 헛일이라고 여겼지만, 그것은 과정을 오해했던 것입니다. 실제로 우리에게는 맥라렌은 물론이고 메르세데스-벤츠도 영국 브릭스워스와 독일 슈투트가르트에 탄탄한 기술팀이 있어 서스펜션, 엔진, 섀시, 공기역학까지 개발 프로그램의 모든 범위를 다룹니다. 그리고 전통적으로 모

← 근래 F1 역사에서 가장 위대한 기술자와 전략가라고 할 수 있는 로스 브런과 애드리언 뉴이의 2003년 모습.
(Mark Thompson/Getty Images)

델 17이나 18 같은 방식으로 기술의 진화를 한눈에 알 수 있도록 보여주면 사람들이 받아들이기가 더 쉽습니다. 우리가 절대 같은 차로 레이스에 두 번 출전하지 않은 것도 사실입니다. 우리는 레이스마다 차를 손질하는데, 그런 변화는 차의 개념이 비교적 미숙한 탓에 필요한 신뢰성을 높이는 작업입니다. 우리는 그 차를 각 서킷에 맞춰 최적화하죠. 그리고 난 뒤에도 우리는 그 차를 발전시킵니다. 즉 스티어링 시스템을 개발하는 사람들은 계속해서 시스템을 개선합니다. 그래서 엔지니어링 팀 리더는 개선해야 할 작업이 늘어날 때마다 다음 레이스에 맞춰 그것을 바꿀 것인지, 아니면 여러 가지 개조해야 할 것이 모일 때까지 기다렸다가 향상된 스티어링 시스템과 앞 서스펜션을 패키지로 내놓아야 할지, 또는 모든 것을 묶어 다음 차에 반영할지를 분명히 해야 합니다. MP4-17D는 초기부터 계속해서 MP4-18의 공기역학과 구조적인 생각을 꽤 많이 담았고, 그해 말 몬자 경주에서 선보인 업그레이드 패키지 역시 MP4-18에서 가져온 것이었습니다. 개발 프로그램이 진행되는 도중에 우리는 다양한 단계에서 우리 차에 긍정적인 결론을 반영했죠. 우리가 MP4-18을 설계하기 위한 팀을 꾸렸다면 모를까, 그것을 활용하지 않았다면 우리는 그 모든 노력을 허비한 셈이 되었을 겁니다. 만약 MP4-18에 긍정적이라면 늦건 이르건 간에 분명히 MP4-17에 그것을 반영했을 거예요. 그렇지 않았다면 MP4-19에 포함되었겠지요."

MP4-19는 자연스럽게 MP4-18과 매우 닮은 모습이 되었고, 많은 절차가 완료된 덕분에 2004년 출전 차 중 처음으로 선보일 예정이었다. 휘트마시와 기술감독 애드리언 뉴이Adrian Newey는 시기와 관련해 솔직한 의견을 나눴는데, 이는 당연히 뉴이가 설계를 확정하기까지 가능한 시간을 길게 벌고 싶어 했기 때문이었다. 휘트마시는 특히 MP4-18의 운명을 좌우할 이 건에 관해, 팀이 적절하게 이해하고 다듬을 수 있으며 이듬해 3월에 멜버른에서 시작할 2004년 시즌에 훨씬 앞서 더 많은 수정과 개선을 진행할 수 있으므로, 이른 시기에 새 차의 시험을 시작하는 쪽이 낫다고 주장했다.

2003년 12월 휘트마시는 맥라렌 팀이 이제 경쟁력 있는 차를 만들었다고 인정했다. 그러나 의문이 이어졌다. "'이 정도면 충분할까?' 라는 질문에 확답할 수는 없습니다. 시즌 도중이라면 경쟁자가 어느 정도인지 추측할 수 있지만, 그 시점에는 레이더에서 벗어나 있지요. 하지만 우리는 엄청난 개발 잠재력을 지닌 안정적이고 경쟁력 있는 차가 우리 손에 있다는 것을 알고 있습니다. 우리는 잘 준비된 자원들을 완벽하게 갖추고 있으며, 2월 말까지 차에 상당한 변화와 개선을 쏟아부을 여유가 있습니다. 저는 지금 이 차가 충분히 경쟁력이 있으며, 개막전이 열리는 호주로 향하기 전에 더 빠른 차가 되리라고 믿습니다."

언제나 일은 그렇게 진행된다.

'위기관리' 에 관한 그의 이야기는 F1의 한 가지 숨겨진 측면을 압축한 것이다. 오늘날 설계 프로젝트를 관리하는 것은 매우 복잡한 일정을 조율할 책임자를 필요로 하는 중요한 일이며, 한편으로는 모터스포츠에 항공우주산업이 반영되는 또 하나의 요소이기도 하다.

당연히 수많은 요소는 모두 적절한 시기에 계획되고 설계(또는 공급)되어야 하며 한데 조립되어 고유한 제품으로 만들어져만 한다. 그렇게 만들어진 결과물은 최고의 성능을 내는 것은 물론이고 가장 신뢰할 수 있는 차여야만 한다. 그런 결과를 낳을 수 있도록 다음과 같은 여러 그룹이 조화를 이루면서 효율적으로 일해야 한다.

- 연구 및 개발
- 공기역학
- 전자장비
- 설계실

- 구조해석
- 차량 동역학
- 금속공학
- 생산 부서
- 부품 공급업체
- 품질관리
- 차량 조립

드라이버와 팀 단장을 제외하면 기술감독이 F1에서 가장 고액 연봉을 받는 이유는 모든 부서가 최종적으로 그들에게 보고한다는 점을 보면 충분히 짐작할 수 있다. 그들은 매우 총명하며 대부분 지략이 뛰어난 인물로, 계속해서 압력을 견딜 수 있도록 관리하고 동기부여를 하는 능력을 지닌다.

예산에 따라 정도의 차이는 있지만 모든 팀에는 전략기획 그룹이 있다. 그들의 업무는 모든 부서의 활동을 관리하고 모든 사람이 진행상황을 숙지하며 일정을 지킬 수 있도록 하는 것이다. 이런 그룹은 다른 세계에서는 좀처럼 눈에 띄지 않지만, 프로젝트의 성공에 미치는 영향은 대단히 크다.

프로젝트 관리의 목표는 자원을 최적화하며 집중하고, 민감한 영역이나 문제를 찾아내 해결책을 만들어내는 것이다. 이를 위해 기술감독은 전략적 결단을 내릴 수 있는데, 기술감독이 반드시 가늠해야 하는 변수는 다음 세 가지이다.

- 시간
- 품질
- 비용

아마도 가장 큰 제한조건(큰 팀에게는 분명한 제약이다)은 시간이겠지만, 프로젝트는 반드시 정해진 품질(성능/안정성)과 비용(예산) 내에서 완료되어야 한다.

프로젝트 관리는 먼저 프로젝트의 내용을 정의한다. 새로운 차에 무엇을 담을 것인가? 규정에 우선 중요한 변화가 있지는 않았는가? 이 질문들은 결과적으로 중대한 파급 효과를 낳는데, 이는 주어진 기능과 테두리 안에서 차의 각 영역이 최적화되며 다른 모든 분야에 영향을 주기 때문이다. 예를 들어 2004년 시즌에 팀들은 레이스가 열리는 주말 동안 엔진을 단 하나만 써야 했고, 리어 윙은 이전까지 허용되었던 여러 개의 요소가 아니라 단 두 개의 요소만 사용하도록 제한되었다.

그 다음에는 R&D 부서에서 이미 확인된 새로운 기술적 또는 공기역학적 해결책을 적용할 수 있는지를 검토한다. 성능 향상은 대개 랩 타임 단축 가능성의 정도 관점으로 표현된다.

전략기획은 기술감독, 설계 책임자, 공기역학 책임자와 설계실, R&D, 구조해석 및 차량 동역학 관리자 사이에 브레인스토밍 회의가 열리면서 시작된다. 담당 그룹은 프로젝트가 다음 세 가지 뚜렷하게 구분되는 부문으로 진전되면 프로젝트를 시간, 품질, 비용 관점에서 정리한다.

- 개념 개발
- 설계
- 생산

각 부문은 정해진 기간에 따라 다른 결과를 내놓을 수 있다. 예를 들어, 개념 개발 기간이 길어지면 성능 부문에서 더 큰 진보를 이루어낼 수 있지만, 그렇게 되면 (특히 크랭크샤프트나 트랜스미션처럼 생산에 오랜 시간이 걸리는 부품에 영향을 미치면) 설계와 생산 부문에 주어지는 시간은 줄어들 것이다. 따라서 품질이 나빠질 수도 있고 그 결과가 안정성에 영향을 미쳐 이미 이루어낸 성능 우위를 무력화할 수도 있다. 그러므로 전략기획은 F1 세계에서 가장 업신여김을 당하는 단어인 '타협'을 강요해야 한다. 모터스포츠에 대한 과장 때문에 사람들은 타협이 존재하지 않는다고 생각하지만, 실전에 투입되는 모든 기술적 구성은 당연히 타협을 통해 태어난다.

F1 경주차 제작 공정은 대부분 순서대로가 아니라 동시에 진행되는데, 물론 이는 시간이 절약되기 때문이다. 한편으로는 이후 프로젝트가 지연되지 않도록 엔진 배치와 구성 같은 중요한 결정이 빨리 이루어져야 하는 이유가 되기도 한다. 엔진 제조업체 변경이 기술 부서에 종종 악몽 같은 결과를 안겨주는 이유 중 하나다. 마찬가지로 기본적인 공기역학적 조건은 대개 초기 단계에 전달되지만, 세부 조율은 끊임없이 이어진다.

일단 이러한 영역들이 지정되면, 기획은 다음과 같은 개별 부품 그룹에 대하여 정의한다.

- 엔진
- 전자장비
- 섀시
- 공기역학(노즈 형상 및 윙)
- 트랜스미션
- 시스템(연료, 유압, 냉각)
- 서스펜션, 스티어링 및 휠
- 브레이크
- 운전자 쾌적성

이 모든 것과 함께 의무적이고 엄격한 FIA 충돌시험도 충족해야 한다. 경주차가 이 시험을 통과하지 못하면, 레이스 출전을 위한 FIA의 인증을 받을 수 없다.

공기역학적 개념 정의와 일반적인 배열구성(자동차와 부품의 물리적인 배치) 같은 가장 중요한 기준이 정해지고 나면, 다음과 같은 주요 공기역학 정의 일정이 결정된다.

- 섀시 공기역학 정의
- 충돌 안전 구조 공기역학 정의
- 서스펜션 공기역학 정의
- 윙 공기역학 정의
- 차체 공기역학 정의

그리고 나면 섀시, 차체, 서스펜션, 트랜스미션 등 주요 부품과 관련된 시기가 결정된다. 세번째 단계는 이 모든 부품의 생산 시기를 품질 점검 및 시험과 함께 결정하기 위한 것이다. 기획의 마지막 단계는 조립이다.

프로젝트 계획이 확정되고 최종 제품을 만들기 위한 공정이 정리되고 나면, 그에 따라 실행단계에서 구현될 구체적인 활동이 세분된다. 프로젝트 계획 도표가 있기 때문에 팀은 최적 공정과 최적 활동을 수행할 수 있고, 잠재적 문제점이 드러나기 전에 해결책을 찾을 수 있다. 이 계획을 수립함으로써 엔지니어들은 전체 프로그램에 필요한 개요를 만들 수 있고, 필요한 경우 아주 작은 부분까지 접근할 수 있다. 그 과정에서 설계 검토와 진전사항이 치밀하게 분석된다. 필요하다면, 모든 것을 목표한 대로 유지하기 위해 변화가 이루어진다. 또한 전략기획자들은 모든 사람이 항상 최신 사항에 관심을 기울이도록 유도한다. 팀 구성원 모두가 프로젝트 진행상황을 완벽하게 인식하기 위해서다. 이는 공동작업을 수월하게 할 뿐만 아니라 더욱 조화롭게 팀의 정신적 연대를 이끌어낸다. 이 모든 것은 모든 레이스 팀에게 다 중요하지만, 특히 직원 규모가 400~500명 수준으로 성장하면 팀 단장이나 기술감독이 모든 사람을 개인적으로 알 수 있는 영역을 넘어서게 되므로 훨씬 더 중요해진다.

소요기간을 고려하면, 트랜스미션이 확정되는 5월에 내부 부품에 관한 평가가 이루어져야 주 케이스 설계가 가능한 한 빨리 확정될 수 있다. 예를 들어, 설계자가 트랜스미션 배치를 가로로 할 것인지 세로로 할 것인지, 케이스 소재를 알루미늄, 티타늄, 복합소재 중 어느 것으로 할 것인지를 정해야 한다. 트랜스미션 케이스는 FIA 후방충돌시험 항목에 포함되므로, 여기서 내려지는 결정은 무게 배분, 일반적인 배열구성 및 구조에 영향을 준다. 또한 매우 중요한 특성인 후방 차체 공기역학에도 큰 영향을 미친다. 기타 주요 공

⋯ 2007년 BMW-자우버 F1.07의 주요 부품 (BMW AG)

1 타이어/휠(Tyre/wheel)	21 스티어링 휠(Steering wheel)	41 뒤 토 링크(Rear toe link)
2 휠 너트(Wheel nut)	22 불윙클(Bullwinkle)	42 기어박스(Gearbox)
3 브레이크 패드(Brake pads)	23 메인 터닝 베인(Main turning vain)	43 뒤 충돌안전 구조(Rear crash structure)
4 브레이크 디스크(Brake disc)	24 포워드 터닝 베인(Forward turning vain)	44 레인 라이트(Rain light)
5 브레이크 캘리퍼(Brake calliper)	25 시트(Seat)	45 뒤 하부 메인플레인
6 업라이트(Upright)	26 페달(Pedals)	(Rear lower mainplane)
7 브레이크 덕트(Brake duct)	27 에어박스(Airbox)	46 뒤 상부 윙(Rear upper wing)
8 앞 하부 위시본(Front lower wishbone)	28 라디에이터(Radiator)	47 리어 윙 엔드플레이트
9 앞 상부 위시본(Front upper wishbone)	29 라디에이터 덕트(Radiator duct)	(Rear wing endplate)
10 앞 푸시로드(Front pushrod)	30 엔진 방열판(Engine heat shield)	48 사이드포드(Sidepod)
11 앞 트랙 로드(Front track rod)	31 엔진(Engine)	49 미러(Mirror)
12 사이드 댐퍼(Side damper)	32 휠 너트(Wheel nut)	50 모노코크(Monocoque)
13 페어링(Fairing)	33 브레이크 패드(Brake pads)	51 엔진 커버(Engine cover)
14 프런트 윙 엔드플레이트(Front wing endplate)	34 브레이크 디스크(Brake disc)	52 스캘롭(Scallop)
15 프런트 윙 메인플레인(Front wing mainplane)	35 브레이크 덕트(Brake duct)	53 이어윙(Earwing)
16 프런트 윙 플랩(Front wing flap)	36 브레이크 캘리퍼(Brake calliper)	54 상부 배출구(Top exit)
17 노즈 콘(Nose cone)	37 드라이브샤프트(Driveshaft)	55 언더트레이(Undertray)
18 스티어링 하우징(Steering housing)	38 뒤 하부 위시본(Rear lower wishbone)	56 디퓨저(Diffuser)
19 앞 서드 엘리먼트(Front 3rd element)	39 뒤 상부 위시본(Rear upper wishbone)	
20 헤드세트(Headset)	40 뒤 푸시로드(Rear pushrod)	

BMW Sauber F1 Team

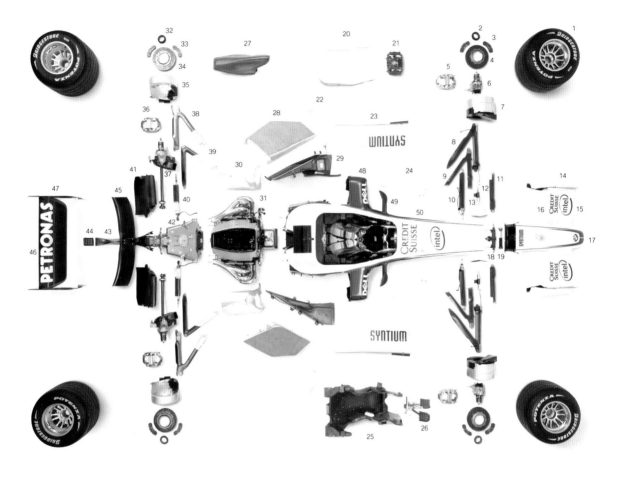

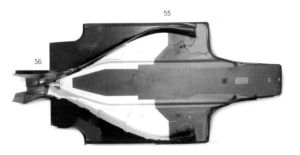

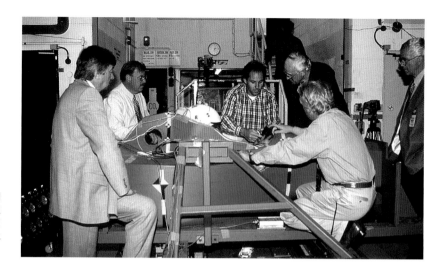

⋯→ 충돌시험은 도입된 이래 항상 가장 엄격한 시험이었고 매년 더욱 어려워진다. 이는 개발 과정에서 중요한 요소다. (John Townsend)

기역학적 정의는 경주에 투입되고 있는 차가 여전히 개발되고 있는 도중인 7월과 8월에 이루어진다. 이제 설계 과정이 시작되는 것이다.

서스펜션의 공기역학 정의는 9월까지 이루어지고, 10월과 11월을 거치면서 최종 시스템이 확정된다. 충돌시험은 이르면 8월에 시작할 수 있지만, 대개 2월이 될 때까지는 완료되지 않는다. 맥라렌은 업계 처음으로 MP4-19의 모든 충돌시험 결과를 2003년 12월의 첫 주행 전에 얻어냈지만, 이는 일반적인 사례는 아니다.

이 모든 것이 진행되는 동안 엔진 개발 부서는 새 차에 쓰이게 될 차세대 엔진 개발을 위해 이미 수개월 동안 열심히 작업해온 상태다. 일반적으로 차량 개발에는 9개월이 걸리지만, 완전히 새로운 엔진을 개발하는 데에는 그 두 배 정도의 시간이 걸린다. 제조업체는 종종 한 팀이 다른 팀보다 나은 결과를 얻을 수 있도록 두 개의 개별 설계 팀을 운영한다.

전자장비와 시스템 설계는 앞서 설명한 과정과 마찬가지로 같은 시기에 진행되고, 섀시 제작은 이르면 9월부터 시작할 수 있다. 다른 부품의 생산 역시 같은 시기에 시작되며 적어도 3월까지는 계속된다. 이는 물론 매우 지루한 과정이다. 상위 팀들은 한 시즌에 최대 10개의 섀시를 만들어야 할 뿐 아니라 그것을 정비하는 데 필요한 모든 관련 예비 부품도 필요하기 때문이다. 특히 서스펜션과 윙 생산 부서는 언제나 바쁘다. 일단 시험과 경주가 진행되면 가장 쉽게 파손되는 부품이기 때문이다.

1월까지 모든 부품이 인도되면, 최종 조립이 시작되기 전에 품질관리가 진행된다. 경주차는 정밀한 점검을 받는데, 특히 제원을 관리하는 FIA의 중요한 규정을 준수하는지 확인한다. 첫 시동을 거는 것이 최종 단계이고, 그 후 출고가 이루어진다. 첫번째 차는 대개 1월이나 2월 초에 전 세계에 공개된다. 21세기 초반에는 경제적 환경의 영향으로 1990년대 중반처럼 화려한 공개 행사를 한 팀은 소수에 그쳤고, 그 대신 서킷에서 치러지는 시험기간 중에 자신들의 차를 언론에 공개하는 것을 선호했다. 이 시기가 되면 전략기획자들은 이미 다음 시즌을 위한 새로운 프로젝트로 관심을 돌린 상태다.

이렇게 모든 것이 복잡하기만 한 이유는 팀들이 새 시즌이 시작될 때마다 신형 차를 공개하지는 않기 때문이다. 맥라렌 팀은 MP4-18을 2003년 5월에 투입하기로 계획했다. 2002년과 2003년에 페라리 팀은 전해에 사용하던 차를 시즌 초반 몇 차례 레이스에 투입하고, 새롭게 도전에 나설 차는 유럽지역 경기가 진행되는 4월에 내놓기로 했다. 이제 페라리 팀의 사례를 살펴보자.

페라리 팀은 신형 차를 늦게 공개하는 것에 대해 긍정적인 측면과 부정적인 측면을 분석했다. 긍정적인 면으로는, 규정이 거의 그대로 유지되어 그 전해에 사용한 차를 크게 손질하지 않고 그대로 투입할 수 있다는 점이다. 이전 시즌이 끝나갈 무렵에는 차의 경쟁력이 대단히 뛰어나고 겨울을 지나는 동안 더욱 발전되기 때문에, 새롭기는 하지만 마무리가 덜 된 경쟁자들보다 우위를 유지할 수 있다고 여겨졌다. 확실히 구형 차가 신뢰성이 높은 반면, 시험을 준비하는 신형 차는 아직 완벽한 상태가 아니었다. 게다가 신형 차는 개발 초기 단계이기 때문에 기술자와 드라이버는 내부에서 작동되는 요소에 구형 차보다 덜 친숙하기 마련이어서 설정을 절충해야 할 수도 있다. 마지막으로 신형 차를 개발할 수 있는 시간이 늘어나, 시험을 통해 성능과 신뢰성이 목표한 수준에 이른 것을 확인하고 나서 첫선을 보일 수 있다.

부정적인 측면을 살펴보면, 구형 차는 신뢰성이 충분하지 않을 수도 있지만 성능 면에서 큰 진전이 이루어진 신형 차를 갖춘 강력한 경쟁자를 상대해야 할 수도 있다. 팀이 이처럼 다른 두 가지 차를 모두 놓고 작업하려면 두 배의 노력을 기울여야 한다. 이는 선택이 필요하며 부담스러울 수도 있다. 또한 예산에도 큰 영향을 미칠 수 있는데, 특히 시즌 초반에는 더욱 그렇다. 아울러 내부 조직과 부품 공급업체 모두가 연관된 실수를 일으킬 위험성도 컸다.

페라리 팀 전략기획부가 제공한 업무활동 도표, 시간, 자원, 경비 등 자료는 결정에 필요한 조언과 함께 기술 부서로 전달되었다. 2002년에는 탁월한 계획 덕분에 F2002 경주차가 경쟁자들을 압도할 때까지 F2001 경주차가 든

:2003년 페라리 F2 003-GA 초기 시험의 모습은 더 발전해야 한다는 것을 보여 준다. 팀은 도전에 대응하는 데 능숙하고, 차는 드라이버와 컨스트럭터 챔피언을 모두 차지하기 위해 꾸준히 개선된다.
(Clive Mason/Getty Images)

든하게 자리를 지켰다. F2002 경주차가 2003년을 좋지 않게 시작하면서 일이 꼬이다시피 했지만, 루카 디 몬테제몰로 Luca di Montezemolo 사장은 2003년 시즌을 이렇게 요약했다. "우리는 실수를 거치며 끔찍하게 시즌을 시작했지만 2/4분기는 이몰라, 오스트리아와 캐나다에서 우승하며 잘 보냈습니다. 그리곤 8월 한 달을 거의 패닉상태로 보냈죠. 그러나 4/4분기에는 제 궤도에 올라 결국 미하엘 슈마허 Michael Schumacher의 여섯번째 드라이버 선수권 우승과 4년 연속 컨스트럭터 선수권 우승이라는 기록으로 마무리할 수 있었습니다."

앞서 이야기한 내용에서 F1이 압력밥솥처럼 들끓는 이유, 그리고 개개인과 조직이 그렇게 오랫동안 그 열기를 참아내고 있는 이유를 짐작할 수 있다. 또한 해를 거듭하며 그 모습을 지켜볼 수 있는 사람에게는 페라리 팀이 1990년대 후반부터 그처럼 놀라운 결과를 일군 요인과 윌리엄즈 Williams 팀과 맥라렌 팀이 결코 패배를 인정하지 않고 끊임없이 우승을 향한 길을 걸어가고 있는 것이 찬사를 받아야 하는 이유 같은 날카로운 안목을 심어준다.

로스 브런은 "최소한 이런 것들은 시즌이 끝난 후에 틀림없이 다가와 '레이스를 하지 않을 때에는 도대체 무슨 일을 하느냐'고 물어볼 사람들을 위한 대답"이라고 이야기한다.

브런은 2009년 시즌이 시작하면서 F1 개발이 얼마나 격렬해졌는지를 생생하게 설명했다. 2008년에 페라리 팀과 맥라렌 팀은 아웃사이더인 BMW-자우버 BMW-Sauber 팀이 그랬듯이 세계선수권 우승을 위한 대결에서 그들이 가진 모든 것을 쏟아부었다. 맥라렌 팀은 루이스 해밀턴 Lewis Hamilton 덕분에 드라이버 챔피언을, 페라리 팀은 컨스트럭터 챔피언을 차지했다. 그들이 우승을 위해 많은 노력을 기울이는 사이에 혼다 Honda는 하위권에 머물며 활기를 잃었고, 시즌이 끝날 무렵에는 세계 경기 불황에 굴복해 F1에서 철수함으로써 모든 이에게 엄청난 충격을 안겼다. 최후의 순간에 기술감독 로스 브런과 전 팀단장 닉 프라이 Nick Fry는 혼다 팀을 인수했다. 브런이 메르세데스-벤츠 V8

엔진을 끌어와 브런 BGP001로 이름이 바뀐 경주차는 젠슨 버튼Jenson Button이 운전해 전반 일곱 차례의 그랑프리에서 여섯 번의 우승을 차지했다. 2009년에 이 글을 쓸 무렵, 영국 출신인 버튼은 드라이버 세계선수권 선두였고 팀도 컨스트럭터 부문에서 1위를 차지했다. 맥라렌 팀, 페라리 팀, BMW-자우버 팀은 상대가 되지 않았다. 페라리 팀은 네 경기를 치른 후에야 첫 득점을 했다.

브런 팀은 브런이 아직 혼다 팀을 맡고 있던 2007년부터 FIA가 구체화하기 시작해 혼다와의 관계를 청산하기로 한 2008년 이후인 2009년부터 시행하려는 공기역학 부분의 획기적인 변화, 운동 에너지 재생 시스템KERS, 슬릭 타이어의 재도입 같은 새로운 여러 규정에 관심을 집중하였다. 여분의 개발 기간이 생긴 것은 엄청난 수확이었다.

브런은 맥라렌 팀과 페라리 팀에 관해 이렇게 이야기했다. "두 팀 모두 타이틀을 차지하기 위한 경쟁을 포기할 수 없는 악몽 같은 상황에 놓여 있었죠. 2009년에 맞춰 규정이 변경될 시기와 맞물려 있었기 때문에, 시즌 종료 직전까지 계속해서 모든 것을 개발하는 데 시간을 소비했는데도 신형 차에 반영할 수 없었습니다. 결국 그들은 작업했던 모든 것을 쓰레기통에 집어던져야만 했어요. 이제 우리에게는 새로운 규정과 함께 시험 제한과 같은 더욱 어려운 제약이 주어졌습니다.

1년 동안 열심히 싸워 세계선수권 우승을 차지하더라도 다음 시즌에 다시 우승하리라는 보장이 없다는 것을 분명히 받아들여야만 할 겁니다."

재급유를 금지하는 한편 1990년대의 예산에 가깝게 비용을 제한하는 내용

이 담겨 있지만, 2009년 8월에 마침내 팀들이 2012년 말까지 지속할 새로운 콩코드 협약Concorde Agreement에 서명했다는 것은 진지하게 생각할 점이다.

시험은 종종 '겨울의 세계 선수권'이라고 표현되지만, 성적은 '여름' 시리즈에서만 판가름 난다. 2009년 호주 그랑프리에서 브런 GP 팀은 예선과 결승 모두 1위와 2위를 차지함으로써 BGP001 시험이 요행이 아니었음을 입증했다. (LAT)

터널에서 확인되는 특성

F1 세계에서 가장 중요한 사람은 공기역학자다. 또한 자신의 팀이 다른 모든 경쟁 팀보다 더 적은 항력으로 더 큰 다운포스downforce를 만들어내도록 계산할 수 있는 사람은 페라리 팀 키미 레이쾨넨Kimi Raikkonen의 연봉인 3000만 달러를 뛰어넘는 실질급여를 받게 될 것이다.

이러한 사실은 F1 설계를 단적으로 알려준다. 한때 공기역학은 마술로 여겨졌다. 팀들은 연필처럼 가늘고 작은 차를 만들어 차체를 잘라내고 차체가 떠오르지 않도록 이상한 꼬리표를 여기저기 붙이곤 했다. 스포츠카 설계의 고수인 짐 홀Jim Hall이 그랬던 것처럼, 날개를 뒤집어 활용하는 방법이 다운포스를 만들어 실제 속도에 큰 영향을 준다는 것을 F1 설계자들이 제대로 인식한 것은 1968년이 되어서였다. 최초의 윙은 지주 한쪽 끝에 불안하게 달렸고 반대쪽은 차의 업라이트 부분에 직접 고정되었는데, 이것은 차의 스프링 아래 질량을 늘려 터무니없이 위험한 것으로 밝혀졌다. 그럼에도 윙은 계속 타이어가 노면과 접촉하도록 밀어주는 다운포스를 만들어 차가 코너를 더 빨리 달릴 수 있게 해주었다.

그렇다면 윙은 어떻게 작용할까? 비행기에서 윙이 하는 작용은 이렇다. 날개는 물방울 모양의 단면 형상을 활용한다. 공기가 날개 윗면과 아랫면을 따

← 모형에 작용하는 모든 힘을 측정하는 머리 위의 '침'에 의해 풍동용 축소모형이 제자리에 고정되어 있다. (BMW AG)

라 흐를 때, 날개 아래쪽 표면이 평평하기 때문에 아래쪽 공기는 짧은 거리를 이동한다. 반면 곡면으로 이루어진 위쪽을 따라 흐르는 공기는 더 긴 거리를 이동한다. 이것은 스위스 과학자 다니엘 베르누이Daniel Bernoulli가 오래전에 발표한 이론으로부터 알려진 효과다. 그는 공기 흐름이 제한되면 공기 속도가 빨라지고 압력은 낮아진다고 주장했다. 비행기 날개의 아래쪽 공기는 일반 속도로 흐른다. 곡면을 이루는 위쪽으로 밀려 올라가는 공기의 속도는 빨라지고, 따라서 압력은 낮아진다. 이렇게 되면 아래쪽에는 더 큰 압력이 작용하고 위쪽에는 더 작은 압력이 작용해 날개가 떠오른다. 이것이 간단하게 정리한 비행의 원리다.

그렇다면, 날개를 경주용 차에 적용하면 어떻게 될까? 우선 날개를 뒤집는다. 그러면 평평한 부분이 날개의 위쪽, 곡면을 이루는 부분이 아래쪽이 된다. 따라서 압력이 낮은 영역이 날개 아래쪽에 만들어지고, 더 큰 압력이 아래쪽으로 가해진다. 초기에 음성 양력negative lift이라는 항공 용어로 표현되었던 이것은 오늘날 다운포스라는 간단한 이름으로 알려져 있으며 F1에서 가장 중요한 것이다.

또 다른 문제는 로터스 팀 총수 콜린 채프먼Colin Chapman과 설계자인 피터 라이트Peter Wright, 토니 러드Tony Rudd, 랄프 벨러미Ralph Bellamy가 짐 홀이 만든 놀라운 경주차인 채퍼랠Chaparral 2J 캔암CanAm에서 흘러나오는 공기를 활용하기 위한 작업에 매달리면서 불거졌다.

여기에서도 베르누이의 벤투리venturi 이론이 적용되었다. 이번에는 공기가 지면과 차체 아랫면에 의해 만들어진 벤투리를 통과하면서 제한되었다. 공기 흐름이 제한되면서 속도가 빨라졌고, 차체 아랫면 전체가 압력이 낮은 영역이 되어 차는 트랙으로 빨려 내려갔다. 지면효과ground effect를 얻은 것이다.

오늘날 F1 경주차는 반드시 아랫면이 평평한 섀시(1983년 이후 의무화되었다)를 사용해야 하지만, 위쪽을 향해 곡선을 이루어 지면효과를 어느 정도 만들어내도록 돕는 디퓨저를 갖추고 있다. 여기에서 발생하는 다운포스는 윙과 세심하게 형상을 만든 차체에서 만들어지는 다운포스에 의해 보완된다.

종합적으로 공기역학자는 양항비(揚抗比)가 뛰어난, 달리 말하면 항력은 적으면서 다운포스가 높아 안정적인 차를 기대한다. 또한 차의 위아래 움직임인 피치pitch에 대한 민감도가 아주 적은 차를 원한다. 이것은 우수한 핸들링의 열쇠다. 피치 민감도가 낮은 차에서는 요철을 지나면서 차체가 위아래로 움직일 때나 가속 또는 감속하면서 무게중심이 이동하려고 할 때에도 공기역학 균형이 거의 변하지 않는다. 피치 민감도는 요yaw나 롤roll 안정성보다 차의 전반적인 움직임에 더 큰 영향을 주는 경향이 있다.

현대의 F1 경주차는 공기역학적으로 매우 정교하며, 시속 300킬로미터에서 거의 2000킬로그램의 다운포스를 만들어낼 수 있다. 이론적으로는 적절한 곡면을 이루는 도로 위를 달린다고 할 때 갑자기 도로가 뒤집어지더라도 천장에 붙어 달릴 수 있는 접지력을 만들기에 충분할 정도다.

설계자가 새로운 차를 만들기 시작할 때에는 우선 자신이 찾고 있는 공기역학적 성능 개요를 정의한다. 이를 위해 각기 다른 형태와 배치를 평가할 수 있도록 모형들을 시험해야 한다. 설계자는 여기에서 두 가지 중요한 도구를 사용하는데, 풍동과 컴퓨터 유체역학 또는 CFD로 알려진 컴퓨터 모델링 기법이 바로 그것이다.

가장 기본적이고 중요한 도구는 풍동으로, 상위권 팀들 대부분은 이 분야의 투자를 대대적으로 늘려왔다. 예를 들어, 2003년 윌리엄즈 F1 팀은 2004년부터 가동하게 될 두번째 풍동에 투자를 했다. 당시 가장 최신식 풍동은 페터 자우버Peter Sauber의 팀이 스위스 힌빌에 보유하고 있었다. 조용한 성격을 지닌 스위스 출신 팀 소유주인 그는 2000년에 5000만 달러짜리 시설을 손에 넣었고, 새로운 풍동은 2003년 말에 가동할 수 있었다. "공기역학이 중요한 만큼 새로운 기준을 세울 풍동을 만드는 것은 합리적인 결정"이었다고 자우

↑ ↓ 지주에 달린 리어 윙이 F1에 처음 등장한 것은 1968년이다. 몬자 그랑프리에서 잭 브래범(Jack Brabham)의 브래범 BT26을 책임지고 있던 론 데니스는 경주차 앞쪽에도 윙을 달았다. 드라이버들은 윙을 싫어했고, 1969년 스페인 그랑프리에서 골드 리프(Gold Leaf) 로터스 49B(사진은 남아프리카 그랑프리에서 촬영한 그레이엄 힐의 차)에 두 차례의 심각한 사고가 일어난 후 모나코 그랑프리에서 서둘러 금지되었다. (sutton-images.com)

버는 설명했다. "흥미로운 것은 우리가 풍동에 적은 비용을 투자했다면 위험이 더 커졌으리라는 점입니다. 초기에는 작은 규모의 풍동을 계획했지만, F1에서 앞으로 무슨 일이 벌어질지 모른다는 점을 고려한 후 F1 이외의 분야에서도 사용할 수 있는 작업 도구가 있어야겠다고 생각했습니다. 가능한 한 먼 미래를 내다보는 것이 중요했죠."

풍동은 당시 자우버 팀과 업무 제휴를 맺고 있던 페라리의 관심을 끌 정도로 현대적이었는데, 현재는 2006년에 있었던 팀 인수에 따라 BMW가 소유하고 있다(2009년 시즌이 끝난 후 BMW가 F1에서 철수하면서 자우버 팀은 독립했고 풍동은 다시 자우버 팀 소유가 되었다—옮긴이). 기본 시설은 미학과 기능성이 강조되어 한 지붕 아래에 놓인 두 개의 건물로 구성된다. 일반적으로 풍동은 지면 높이에 설치되지만, 취리히의 건축업체인 아텔리에 WW_{Atelier WW}는 풍동을 지면에서 8미터 높이에 배치해 가동 중에도 방문객들이 아래쪽을 둘러볼 수 있는 구조로 설계해 계약을 따내는 데 좋은 점수를 얻었다. 이곳은 콘크리트 구조에 둘러싸인 자료수집 구역을 제외한 모든 것이 노출되어 있다. 전체 건물은 길이 65미터, 너비 50미터, 높이 17미터로 용적은 6만3000m³

에 이른다. 유리로 된 정면은 건물의 산업적인 목적을 박물관 기능과 결합하도록 만들었고, 두 개로 구분된 구획은 소음을 억제하는 유리벽으로 분리되어 있다. 이곳에는 또한 자우버 팀이 비밀리에 다른 고객을 위한 다른 프로젝트를 완벽하게 수행할 수 있는 시설도 있다.

풍동은 자우버 팀이 얻을 수 있는 최첨단기술을 활용하고 있으며 전문업체인 독일 터보 루프트테크닉Turbo Lufttechnik GmbH, TLT과 미국 MTS 시스템즈MTS Systems Corporation, 자우버 팀의 공기역학 기술자들이 협력해 개발했다.

MTS는 차와 도로 사이의 상대적인 운동을 재현하며 보편적인 폴리에스터 벨트 대신 철제 벨트로 만든 '플랫—트랙Flat-Trac' 가동식 도로 시스템을 공급했다. 철제 벨트는 풍동용으로 개발된 것 중 가장 큰 것으로, 벨트 두께는 1밀리미터에도 미치지 않으며 공기식 베어링 위에서 가동한다. 철제 벨트는 일반적인 폴리에스터 벨트보다 가동 속도는 더 빠르면서 비틀림은 적다. 또한 마찰이 적기 때문에 수명이 더 길뿐 아니라 표면에서 열이 적게 발생해 더 정교하기도 하다. MTS는 시험 모델의 서스펜션과 제어장치를 관리하는 '모

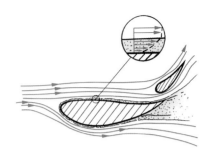

↕ 두 개의 요소로 구성된 윙 위의 경계층을 포함하는 공기 흐름 개념도. (Piola)

↕ 여러 시즌 동안 차의 다운포스 전체를 차체에 달린 윙에 의존한 뒤인 1977년에 로터스 총수 콜린 채프먼은 차체 하부의 지면효과를 실험했다. 1년 후에 그의 우아한 로터스 79(사진은 잔트부르트에서 세계 챔피언에 오른 마리오 안드레티가 로니 페테르손을 앞서 달리는 모습)는 레이스를 독식했다. 지면효과는 오늘날에도 여전히 다운포스에 크게 이바지한다. (sutton-images.com)

1. 공기역학 _ 터널에서 확인되는 특성

델 모션 시스템Model Motion System'도 공급했다. 자료수집은 영국에 본사를 둔
RHS 한텍RHS Harntec에서 맡는다.

F1에서 쓰는 다른 풍동들과 마찬가지로, BMW-자우버 팀의 풍동 역시 폐
회로closed-circuit 방식으로 설계되었다. 이 터널의 파이프형 철제 공기 회로는
길이 62미터, 너비 28미터이며 최대 지름은 9.4미터다. 자우버 팀의 공기역
학 그룹 책임자인 디어크 드 비어Dirk de Beer는 특히 공기를 90도 회전하며 터
널의 각 부분을 연결하는 코너에 만족했다. "원형 터널이라면 이상적이겠지
만, 기껏 만들어놓았는데 작동하지 않을 수도 있고 막대한 공간이 필요하기
도 합니다. 현재로서는 이 코너들이 아주 효율적입니다."

동력은 탄소 회전 날개가 달린 단일 단single-stage 축류 팬에서 나오는데, 이
는 시스템이 최대 부하 상태에서 작동할 때 필요한 3000킬로와트를 공급한

다. 최고출력 상태에서 이 장치는 시험 구역 내에 최대 초속 80미터(드 비어의 주장으로는 페라리의 풍동보다 빠르다고 한다) 또는 시속 300킬로미터에 가까운 속도의 바람을 만들 수 있다. 이는 실제 크기의 차가 트랙에서 달릴 때의 공기 속도와 매우 비슷해서 데이터의 정확성을 더욱 높여준다.

시험 구역은 모든 터널의 심장으로, 면적 15평방미터인 자우버 팀의 시험 구역은 어느 F1 시설보다도 이례적으로 넓고 가동 구역이 길다. 가동식 노면판의 크기와 시험 결과의 현실성 사이에는 밀접한 상관관계가 있다. 자우버 팀은 주로 60퍼센트 축소 모형으로 시험했지만, 이 터널은 실제 크기 차를 수용할 수도 있다. 2006년의 주된 목적은 8시간 단위 3교대로 24시간 사용함으로써 터널의 작업 능률을 세 배로 높이는 것이었지만, 자우버 팀은 그런 시도를 할 여력이 없었다. 이례적으로 긴 길이 덕분에 앞뒤로 나란히 모형 두 대를 수용할 수 있으므로 공기역학자들은 초고속으로 근접해서 달리는 차들 사이의 상호관계를 분석할 수 있다. 이것은 특히 프런트 윙과 디퓨저 설계에 유용하게 쓰일 것으로 보인다.

"현대의 F1 경주차들은 공기역학적으로 매우 효율적이어서 공기 흐름의 변화에 매우 취약합니다."라고 기술감독 빌리 람프Willy Rampf는 설명한다. "이 시험 배치 덕분에 우리는 비로소 조직적으로 이러한 영향들을 측정하고 적절히 수정할 수 있게 되었습니다. 나아가 실제 크기 F1 경주차를 시험할 기회가 더해짐으로써, 냉각이나 드라이버의 헬멧 주변 공기 흐름과 같은 요소들을 정확하게 측정할 수 있습니다."

실물 크기 화물차와 같은 아주 큰 물체가 시험 중일 때에는, 시험 결과를 왜곡할 수 있는 공기 흐름의 차단을 막을 수 있도록 시험구역을 폐쇄형 벽면 배치에서 틈새형 벽면 배치로 전환한다.

또 하나의 혁신적인 부분은 시험 구역 회전반을 회전하는 시설이다. F1 경주차들은 스티어링 휠을 끝까지 돌려 제자리 회전을 하지 않는 이상 진행 방

향에서 5도 이상 벗어나지 않지만, 회전반에 올려진 차는 최대 10도의 요 각도까지 시험할 수 있다.

풍동 제어실의 위층에는 BMW-자우버 팀 CFD 부서의 고성능 컴퓨터를 포함하는 전체 컴퓨터 시스템이 있다. 축소 모형과 실제 크기 모형의 시험 능력을 갖춘 덕분에 기술자들은 데이터를 교차 점검할 수 있고 CFD를 통해 제3의 조사 방안을 얻을 수 있어 교차 점검의 범위가 넓어진다. 그러나 현재로서는 CFD를 F1에서 풍동과 같은 수준의 연구 도구로 활용하기 위해 할 일이 남아 있다.

드 비어는 2004년에 "현 상태에서 우리는 CFD 투자를 상당히 많이 늘리고 있습니다."라고 이야기한 바 있다. "아마도 우리 인력의 15∼20퍼센트는 CFD와 관련되어 있을 겁니다. CFD는 우리가 갈수록 더 많은 투자를 하는 분야이고, 아주 큰 개선 효과를 얻을 수 있는 영역입니다. CFD는 여전히 F1에서 일하는 모든 사람이 정확히 무엇을 할 수 있는지 알아내고 있는 분야 중 하나이기도 합니다. 효과적인 CFD를 위해서는 무척 방대한 정보가 필요하고, 아주 큰 컴퓨터가 있어야 시뮬레이션을 정확하게 할 수 있습니다. 우리가 그 분야에 많은 노력을 기울이고 있는 것은 분명하지만, 그것은 단기적인 투자가 아닙니다. 저는 근본적으로 우리가 F1 활동을 오래 이어나가는 것이 팀의 목표이고, 이 시설을 만드는 것처럼 많은 자원

↑ ↓ 풍동은 오늘날 F1에 필수 불가결한 장비다. 축소 모형이 가동식 노면 판에 놓여 공기 흐름을 최대한 정확하게 재현할 수 있다. 실물 크기의 차를 수용할 수 있는 BMW-자우버 팀의 풍동은 정확도를 극대화하기 위해 가동식 도로에 매우 정교한 철제 밴드를 사용한다. (BMW AG and IPA)

····⋮ 윌리엄즈 팀은 놀라운 규모의 그로베 단지에 두 개의 풍동을 갖추고 있으며, 그중 하나는 실물 크기의 차를 수용할 수 있다. 사진은 2004년의 모습. (BMW AG)

에 투자하고 CFD로 우리의 능력을 키우는 목적도 같은 이유 때문이라고 봅니다."

람프와 그의 팀은 새 시설이 문을 열었을 때 기대가 매우 컸다. 그는 "우리는 새 풍동으로 시험의 질을 높이고, 풍동에서 측정한 수치와 레이스 트랙에서 얻은 결과의 상관관계를 개선하는 것은 물론, 우리가 하는 다양한 시험을 더 쉽게 반복할 수 있을 것으로 기대하고 있습니다."라고 말했다. "이 모든 요소가 결합하면 우리는 훨씬 더 빠른 차를 만들 수 있을 겁니다."

페터 자우버는 엄청난 투자를 차분하게 받아들이며 이렇게 이야기했다. "F1에서 살아남아 성공하고 싶다면, 그리고 특히 계약할 가능성이 있는 제조업체에 매력적으로 보이고 싶다면 이런 것들이 있어야만 합니다. 이것은 비용 절감을 최우선 목표로 삼지 않은 우리의 미래를 위한 투자입니다. 새로운 시설 덕분에 우리는 풍동에서 시험하며 기울인 노력만큼의 성과를 레이스 트랙에서도 얻을 수 있다는 더 큰 믿음을 키우게 될 것입니다."

결국 BMW가 2005년에 윌리엄즈 팀과 갈라서며 그의 팀 지배지분을 매입함으로써 그의 투자는 상황 판단이 아주 빨랐던 것으로 판명되었다.

자동차의 공기역학 특성은 차의 형상은 물론 사용될 엔진의 형태도 좌우한다. 모든 F1 엔진이 V10이었던 시절, 공기역학자들이 차체 뒤쪽을 특히 좁게 만들려고 하면 V 형태의 각도가 달라질 수 있었다. 전통적인 90도 각도가 점점 좁아져 몇몇 경우에는 최소 72도까지 좁아진 이유 중 하나였다. 공기역학 특성이 그런 영향을 줄 수 있다는 사실로 미루어보면, 설계에서 이 영역과 관련된 부분의 중요성은 뚜렷해진다. 과거에는 한 팀이 엔진을 구해 그것을 얹을 섀시를 만들고 난 후에 맨 마지막으로 차체에 관해 고민했다. 공기역학자들은 가장 빠르고 가장 효율적인 차를 만들기 위한 구성의 외형을 제시하고, 다른 기술부서는 그 형상에 들어맞도록 부품을 만들어야 했다. 2006년에 2.4리터 V8 엔진이 선보인 후에도 기본적으로는 여전히 그랬지만, FIA는 V

형태의 각도를 90도로 고집하면서 공기역학자들을 괴롭혔다.

FIA는 섀시의 몇 가지 규격도 고정했지만, 공기역학 특성은 그 이상으로 섀시 설계를 좌우한다. 대개 날씬할수록 더 좋기는 하지만, 공기역학 특성은 차의 휠베이스를 짧게 혹은 길게 만드는 데도 영향을 미칠 수 있다.

2006년 시즌이 시작할 무렵, 바레인 그랑프리 후에 논란이 발생했다. 일부 팀들이 유연성 있는 윙을 사용하는 것 같다고 FIA에 항의한 것이다. 지금은 그와 같은 앞뒤 구조들은 모두 어느 정도 유연성을 지녀야만 한다. 그런 구조들이 견고하게 설치되면 차 내부에서 비롯되는 진동 때문에 쉽게 부러질 수 있으므로, 어느 정도 진동에 대응할 필요가 있다. 차에 설치된 카메라에 코너를 달리는 차가 포착되었을 때 윙을 보면 그런 모습을 어느 정도 확인할 수 있다. 그러나 당시 문제를 제기한 팀들은 윙의 근본적인 기하학 구조와 방향이 매우 빠른 속도에서 움직인 것을 언급했다. 말하자면 리어 윙이 뒤로 구부러지거나 위쪽 부품 사이의 간격이 좁아지는 것으로 혐의를 제기했는데, 이들은 모두 항력 계수에 영향을 준다.

오늘날 F1이 어떻든 간에, 그런 것들은 물리적으로 측정하기가 매우 어려울 수 있다. FIA 기술위원 조 바우어Jo Bauer와 레이스 감독 찰리 화이팅Charlie Whiting은 경쟁팀으로부터 지적이 거세지자 말레이시아에서 페라리 팀 경주차의 윙을 조사했지만 잘못된 점을 전혀 발견할 수 없었다. 문제를 제기한 팀들은 실제 정확도를 따르고 있는지 측정하기 위해서는 비행기 생산 공장에서 날개의 가로 방향 굽힘 부하를 측정하기 위해 사용하는 것과 같은 여러 종류의 유압 작동장치가 필요하다고 주장했다. 또한 그들은 직진 시 계측한 속도를 살펴보고 관련된 차의 엔진소리를 녹음해 오디오 데이터를 기본 모델과 비교함으로써 그들의 경우를 다른 방식으로 입증할 수 있다고 주장했다. 일반적인 비교는 똑같은 페라리 V8 엔진을 사용하는 페라리 팀과 레드불 레이싱 팀(전 재규어 팀) 사이에 이루어졌다. 수집한 자료를 보면, 페라리 팀 경주차는 레드불 팀 RB2보다 더 오래 가속하다가 제동하기 위해 항력을 유도하는 다양한 요소들이 모두 어우러지는 바로 그 순간에 최고속도를 올림으로써 물리학의 법칙을 '왜곡' 할 수 있는 것으로 보였다.

신통찮은 해명이 발표되고, 호주에서 페라리 팀이 비교적 나쁜 성적을 거둔 후에야 모든 사람이 한시름 놓았다. 그 후 미하엘 슈마허가 페라리 F248 경주차를 몰고 산마리노와 유럽 그랑프리에서 우승하고, 차의 수많은 특성을 극한으로 시험하는 곳이자 계절에 따라 다른 모습을 가장 잘 보여주는 곳으로 여겨지는 트랙인 스페인 카탈루냐 서킷에서 르노 R26 경주차가 페라리 팀을 완파하기 전까지 상황은 다시 복잡해졌다. 온통 혼란뿐이었다.

유연성 있는 차체 표면이 경주에서 새로운 현상은 아니었다. 1986년 멕시코 그랑프리를 돌이켜보면, 로터스 팀은 아이르통 세나Ayrton Senna가 몬 86T의 바닥이 상당히 유연해서 고속주행 때 노면에 더 가깝게 빨려 내려가 우수한 다운포스를 만들어낸다는 경쟁 팀들의 주장 때문에 많은 어려움을 겪었다. 페라리 팀은 1999년 말레이시아에서 유연성 있는 바지 보드 건으로 어려움을 겪었는데, 경주차의 바지 보드가 장착 지점에서 최대 10밀리미터 낮아짐으로써 의무 노면 간격인 150밀리미터보다 가까워져 다운포스가 높아진다는 주장이 있었다. 결국 페라리 본사가 있는 마라넬로를 방문한 FIA의 피터 라이트가 페라리 팀의 입장을 고려해 상황을 정리했다. 지금은 유한요소분석FEA과 연계해 CFD 모델링을 활용하는 덕분에 설계자가 이런 일을 할 때 훨씬 더 높은 수준의 정확성과 예측 가능성을 얻게 되었고, 그러면서도 사용되는 소재의 유연성 범위를 안전하게 유지할 수 있다. 지나친 유연성 때문에 윙이 제 역할을 하지 못하는 사례는 없었다.

'유연성 있는' 리어 윙이 작용하는 방식은 직선 구간을 시속 250킬로미터 이상의 매우 빠른 속도로 달릴 때 중앙 장착부를 사실상 뒤쪽으로 회전시킴으로써 받음각을 줄이는 것이다. 이렇게 되면 항력은 줄고 최고속도는 더욱 높아지지만, 다음 코너에 앞서 차가 속도를 줄이면 구조적 유연성 때문에 윙이 되돌아오면서 다시 다운포스가 커진다. 이는 페라리 팀이 가동식 공기역학 보조장치가 금지되기 전인 1968년에 사용했던 개념을 재현한 것이다. 지금은 유압식으로 작동하지 않고 세심하게 계산된 구조용 소재를 사용하지만, 당시에는 중앙에 높이 장착된 윙이 직선 구간에서 떠오를 수 있었다. 그러한 페라리 팀의 초기 시스템은 그보다 앞서 캔암과 세계 스포츠카 레이싱에 출전한 짐 홀 설계의 채퍼랠 경주차에 쓰였다.

구조적 요소의 유연성에서 장점을 취하는 또 다른 방법은 매우 빠른 속도에서 함께 구부러질 수 있는 뒤 상부 윙을 다는 것이다. 2006년에는 팀들이 리어 윙의 메인 플레인 위에 두 개의 상부 요소를 달 수 있었다. 이 상부 요소들은 대개 요소들이 분리된 상태를 유지하면서, 가운데 틈새로 공기가 빠져나가는 이른바 '슬롯 갭slot-gap'이 유지되도록 설치한 작은 분류판separator이 있었다. 경쟁 팀들은 페라리가 빠른 속도에서 두 개의 상부 요소가 함께 구부러지면 틈새가 좁아지고 그에 따른 항력이 작아져 최고속도가 높아지기 때문에 분류판 사용을 거부했다고 주장했다. 이몰라 그랑프리에서 경쟁 팀들은 페라리 경주차들이 다른 차들보다 직선 구간에서 시속 7킬로미터 더 빨랐다고 지적했다.

말레이시아 그랑프리에서 혼다 팀 제프리 윌리스Geoffrey Willis 기술감독은 비전문가의 관점에서 복잡한 상황을 설명했다. "모든 기술적인 구조는 변형할 수밖에 없으므로, 리어 윙의 유연성에 관한 사안은 까다롭습니다. 문제는 그 부분에서 성능의 이득을 취할 수 있도록 승인을 받았는가, 그리고 그렇지 않은 몇 가지 경우에 대해 FIA의 찰리 화이팅이 명확하게 정리했느냐 하는 것이죠. 그와 관련해 해야 할 여러 시험은 파르크 페르메(parc ferme: 경주가 끝난 후 차량검사 등을 위해 경주차가 이동하게 되어 있는 서킷 내 보안구역—옮긴이)에 있는 상태에서 해야 안전하다는 점이 골치 아픈데, 리어 윙은 아주 무거워서

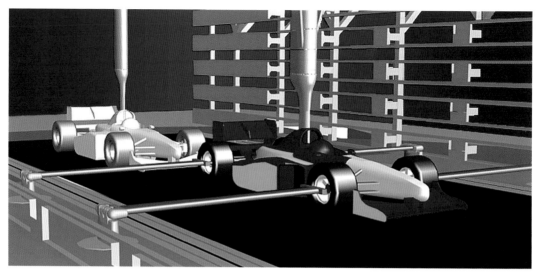

‡ 가동식 도로 회전반을 최대 10도의 요 각도로 비틀 수 있는 능력과는 별개로, BMW-자우버 팀의 풍동은 축소 모형을 일렬로 나란히 놓고 시험할 수도 있다. 궁극적으로 이것은 경쟁 차에서 만들어진 공기의 소용돌이 속을 달리면서도 다운포스를 잃지 않을 수 있는 차를 더욱 쉽게 설계하는 데 중요한 도움이 될 수 있다. (IPA)

‡ 오늘날 컴퓨터 유체역학은 공기역학 연구의 필수적인 분야다. 이 사진 속 화면은 2008년 BMW-자우버 F1.08의 공기 흐름을 보여준다. (BMW AG)

떨어지면 누군가 다칠 수 있어, 차가 파르크 페르메에 있을 때에는 제자리에 두고 싶지 않을 정도입니다. 과거에 사람들이 사용했던 윙 설계에서는 우리가 슬롯 갭이라고 부르는 윙의 첫번째 요소와 두번째 요소 사이의 틈이 좁아지거나 넓어질 수 있도록 분명히 허용되었고 그렇게 해서 차의 항력과 양력이 달라졌습니다. 그리고 과거에는 여러 팀이 그렇게 해서 최고속도를 더 높인 것을 확인할 수 있었죠. 그 부분은 지난해쯤 규정이 어느 정도 바뀌고 강도 시험이 좀 더 치밀하게 적용되면서 엄격해졌습니다.

제 생각에는 그 기하구조가 속도에 관계없이 항상 그대로 유지되어야 한다는 점을 충족하려면 규정의 변화를 더 지켜봐야 할 것 같습니다. 그렇게 하기 위한 한 가지 방법은 리어 윙의 형태를 결정하는 물리적 배치의 목적이 그 틈새가 바뀌지 않도록 유지하는 것임을 분명히 하는 것입니다."

당시 페라리 팀 기술감독이었던 로스 브런은 감시하기 어렵다는 이유로 구동력 제어기술 관련 논란이 있었을 때처럼 이제 윙 기술을 공개할 때가 되었으며, 비아냥으로 일관하기를 끝낼 시기라고 기자회견에서 이야기했다. 회견을 본 윌리스는 그해 5월 뉘르부르크링에서 다시 그 문제를 언급했다.

"지난 2~3년에 걸쳐 유연한 윙과 관련한 전반적인 문제로 꽤 많은 이야기들이 오갔습니다. 많은 팀이 종종 레이스 감독인 찰리 화이팅에게 해명을 요구하며 우리가 할 수 있는 것이 무엇인지를 그 분야에서 묻고 있고, 우리는 그 주제를 수시로 기술실무그룹에서 논의합니다. 그래서 저는 이번 주에 이 주제가 뜨겁게 달아오른 이유를 잘 모르겠습니다. 이것은 윙을 깊이 있게 다루어온 사람들의 문제입니다. 거기에는 두 가지 주된 방법이 있죠. 전체 윙을 굽히고, 비틀고, 고속에서 항력을 줄이는 방법을 시도해서 얻거나, 슬롯 갭을 좁히거나 넓히는 구조를 연구하는 겁니다. 저는 우리가 작년쯤에 매우 인상적이고 혁신적인 것을 발견했다는 이야기를 해야겠습니다. 우리는 한 방향으로 구부러지는 윙, 다른 방향으로 구부러지는 플랩, 함께 접착하지 않은 윙을 살펴보았습니다. 제가 아주 깊은 인상을 받았다고 꼭 이야기하고 싶은 팽창식 윙까지도 살펴보았어요. 하지만 우리가 어떤 이야기를 듣거나 아이디어를 갖고 있다면, 그 다음에는 일반적인 업무와 마찬가지로 찰리 화이팅에게 우리가 그렇게 해도 되는지 기술 질의를 하게 됩니다. 그것은 전반적으로 F1의 기술적 발전에 관한 일종의 게임과 같아서, 기발한 아이디어를 갖고 있다면 직접 시도해 보거나 좀 애매한 영역이라고 생각되면 FIA에 적절한 질문을 하면 됩니다. 그러면 그것은 결국 모든 팀에게 금지되거나 모든 사람에게 허용되겠죠."

공기역학 요소들은 각각 다음과 같은 영향을 준다.

| 프런트 윙 |

프런트 윙은 중요한 역할을 한다. 예를 들어 시속 300킬로미터가 넘는 최고 속도에서 프런트 윙은 약 560킬로그램의 다운포스를 만들 것이다. 이는 꺾인 것을 눈으로 확인할 수 없으면서도 성인 8명이 올라설 수 있다는 뜻이다. 프

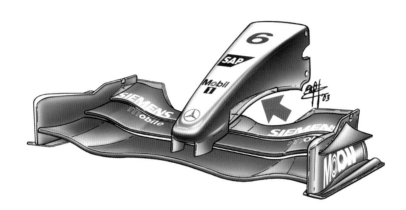

····· 2003년에는 레이스에 출전하지 않았지만, 맥라렌 팀의 MP4-18은 2004년의 혁신적인 경주차 MP4-19를 위한 발판을 마련했다. MP4-19에는 매우 복잡한 이 프런트 윙이 그대로 쓰였다. (Piola)

┊ 논란이 되었던 2006년 페라리의 프런트 윙을 놓고 경쟁자들은 성능 향상을 위해 유연하게 만드는 요소가 담겨 있다고 주장했다. (LAT)

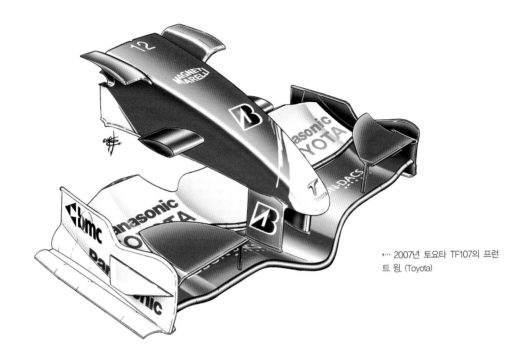

···› 2007년 토요타 TF107의 프런트 윙. (Toyota)

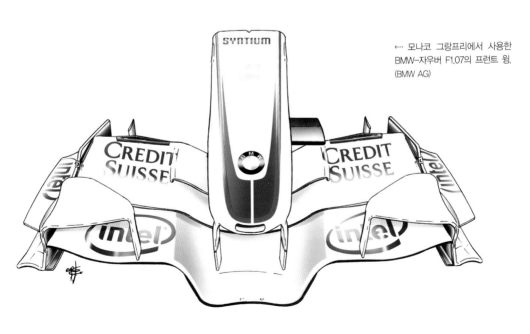

···› 모나코 그랑프리에서 사용한 BMW–자우버 F1.07의 프런트 윙. (BMW AG)

↕ 2007년 맥라렌 MP4-22는 상부 윙 구조가 차의 노즈를 가로지르는 '브리지' 윙 개념을 선보였다. (sutton-images.com)

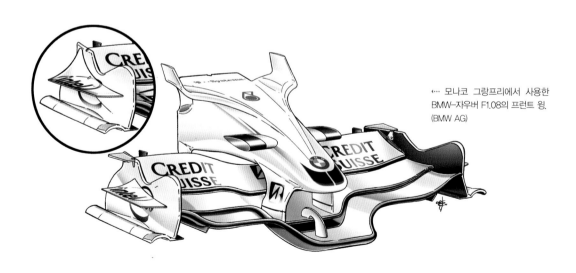

⤺ 모나코 그랑프리에서 사용한 BMW-자우버 F1.08의 프런트 윙. (BMW AG)

←··· 2009년 스페인 그랑프리
에서 BMW-자우버 F1.09의
프런트 윙. (sutton-images.
com)

⋮ 2009년 3월 바르셀로나
시험주행 당시의 브런
BGP001의 프런트 윙.
(sutton-mages.com)

런트 윙은 두 개의 수직 스토크stalk에 연결되어 노즈 아래에 설치되고, 전체 다운포스의 25퍼센트 정도를 차지한다. 이 영역에서 이루어지는 실험은 대단하다. 2003년에 나타난 한 가지 변화는 물결처럼 생긴 맥라렌 MP4-18의 독특한 W자형 윙으로 2004년의 MP4-19에도 쓰였다. 그 후 2007년 MP4-22에는 차의 노즈 부분을 가로지르는 '브리지bridge'형 윙이 선보였다.

| 프런트 윙 엔드플레이트 |

프런트 윙 엔드플레이트는 기본적으로 윙의 측면으로 흘러넘쳐 효율을 떨어뜨리는 공기 흐름을 막는 수직판이다. 프런트 윙 위의 공기 흐름을 유도해 효과를 극

⋮ 2009년 모나코 그랑프리에서 페라리 F2009의 프런트 윙 엔드플레이트. (sutton-images.com)

⋮ 2009년 모나코 그랑프리에서 토요타 TF109의 프런트 윙 엔드플레이트. (sutton-images.com)

⋮ 2009년 모나코 그랑프리에서 BMW-자우버 F1.09의 프런트 윙 엔드플레이트. (sutton-images.com)

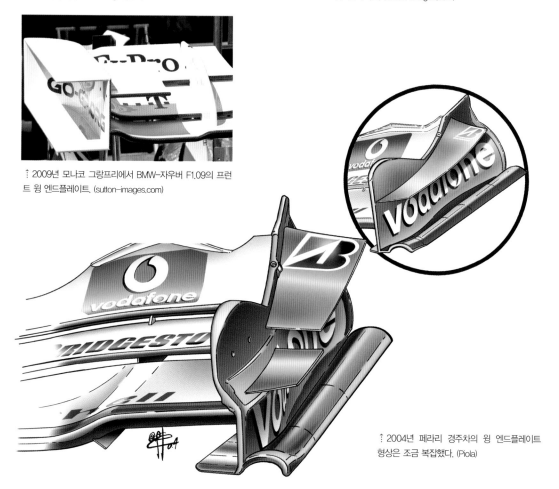

⋮ 2004년 페라리 경주차의 윙 엔드플레이트 형상은 조금 복잡했다. (Piola)

대화하지만, 차 뒤쪽으로 향하는 공기 흐름을 부드럽게 하는 데도 중요한 역할을 한다. 공기 흐름이 최대한 언더트레이와 디퓨저를 향하도록 함으로써 두 부품이 최적의 역할을 하도록 만드는 중요한 부분이다. 공기역학자들의 목표는 항상 모든 부품에서 최고의 효과를 얻는 것이다. 흥미롭게도, 앞쪽 다운포스를 높이면 항력 때문에 생기는 불이익이 아주 조금 커진다. 항력으로 인한 불이익은 차체 뒤쪽에서 생길 수 있으므로, 공기역학자들은 차체 뒤쪽의 공기역학 특성을 높이기 위해 가능한 모든 노력을 다한다. 그렇게 되면 리어 윙의 크기를 더 줄일 수 있으므로 항력은 줄어들고 차의 공기역학 효율은 더 높아진다.

엔드플레이트는 F1 규정을 만드는 사람들이 코너링 속도가 높아지는 것을 억제하기 위해 꾸준히 강제로 규제하고 있는 부분 중 하나다.

2006년 맥라렌 MP4-21의 '악어' 노즈. (LAT)

| 노즈 |

높은 노즈는 티렐Tyrell 팀의 하비 포슬릿웨이트Harvey Poslethwaite 박사와 장-클로드 미조Jean-Claude Migeot가 1990년에 선보였던 것으로 1990년대 후반까지 거의 보편적으로 쓰였다. 지금도 여전히 윙이 아래에 매달려 있기는 하지만 다시 조금 낮아지는 추세다. 이 설계 개념은 프런트 윙 주변의 공기를 유도하고 공기를 효과적으로 언더트레이와 디퓨저를 향해 보내는 것을 돕는다. 맥라렌은 2003년 MP4-18에서 아주 좁고 낮게 떨어지는 노즈를 활용함으로써 다시금 미묘한 변화를 보여주었고, 그 이후 이러한 구성이 보편적인 흐름으로 자리 잡았다.

2004년 시즌 초반에 윌리엄즈 FW26에 쓰인 독특한 '바다코끼리' 노즈는 공기역학적 효율을 더욱 높이기 위한 연구의 신기원을 열었다 하지만 팀은 나중에 평범한 설계로 되돌아갔다. (Piola)

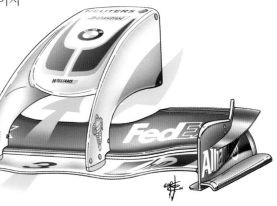

‡ 2009년 2월 새 차 발표 당시의 레드불 RB5의 노즈.
(sutton-images.com)

‡ 2009년 3월 헤레즈 시험주행 당시 르노 R29의 노즈.
(sutton-images.com)

| 서스펜션 |

2001년까지 서스펜션이 공기역학적 효율에 이바지한 것은 항력을 최소화하도록 단면이 날개 모양으로 된 위시본과 스티어링 암을 사용하는 것으로 한정되었다. 하지만 2001년 시즌에 아르헨티나 출신 설계자인 세르히오 린랜드Sergio Rinland 는 자우버 C20에서 최초로 진정한 이중 용골twin-keeled

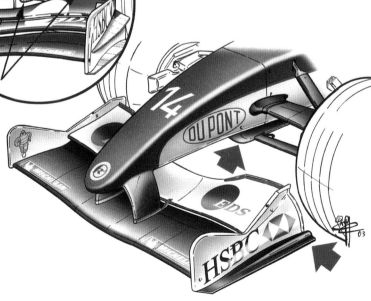

···· 철학의 차별화: 2002년에 재규어는 R3(작은 그림)에 이중 용골 섀시 설계를 채택했지만, 2004년 R4(큰 그림)에서는 다시 단일 용골로 되돌아갔다.
(Piola)

섀시를 선보였다. 일반적으로 하부 서스펜션 암은 섀시 아래쪽 중앙의 한 지점에 연결된다. 그런 이유로 공기 흐름이 부드러워지도록 장애물이 생겼는데, 린랜드는 하부 앞 서스펜션 장착지점을 훨씬 바깥쪽으로 옮겨 용골keel이라고 부르는 두 개의 독특한 장착지점을 만들었다. 용골 사이의 공간이 크기 때문에 공기 흐름이 훨씬 더 부드러워졌고, 그해에 자우버 페트로나스Sauber Petronas 팀 경주차가

↕ 분해한 2002년 맥라렌 MP4-17의 이중 용골 배치. (sutton-images.com)

탁월한 능력을 발휘할 수 있었던 원인 중 하나로 여겨졌지만 개념이 확립되지는 않았다. 맥라렌 팀은 이를 받아들이고 한층 발전시켜, 매우 우아했지만 생산비용은 높았던 MP4-17 섀시에 반영했다. 2005년부터 팀들은 대부분 다시 단일 중앙 장착부로 되돌아갔는데, 그 대신 얇고 속이 빈 V자형 구조의 아래쪽이 모노코크의 기초에 설치되었다.

| 바지 보드/가이드 베인 |

앞 서스펜션이나 바로 그 뒤에 설치되는 수직 판은 터닝 베인 또는 바지 보드라고 부르는데, 이들은 프런트 윙 엔드플레이트와 거의 비슷한 기능을 한다. 처음 선보인 것은 프런트 윙 엔드플레이트의 크기가 작아진 1993년이었다. 바지 보드는 수평으로 설치되기도 하지만 대부분 수

↕ 2003년 타이틀을 거머쥔 페라리 F2003-GA의 복잡한 바지 보드 구조. (Piola)

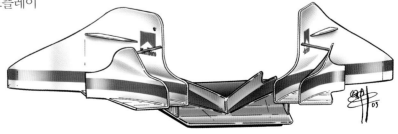

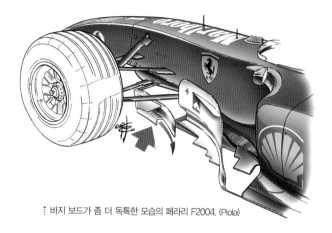

↑ 바지 보드가 좀 더 독특한 모습의 페라리 F2004. (Piola)

↑ 2007년 모나코 그랑프리에 사용된 BMW-자우버 F1.07의 바지 보드.
(BMW AG)

직으로 설치되고, 프런트 윙을 넘어 흐르는 공기 방향에 영향을 주어 차체 뒤쪽에 이르기 전에 흐름을 정리하는 기능을 한다. 1997년에 투입된 페라리 F310B에서 위쪽 끝부분이 독특한 곡선으로 만들어진 바지 보드는 이들의 중요성을 보여주는 사례로, 최초 시험 기간 중에 차의 핸들링에 악영향을 미쳤던 심각한 언더스티어를 줄이는 데 중요한 역할을 했다. 2003년 호주 그랑프리에서 슈마허는 코스를 벗어난 후 바지 보드가 파손되어 우승을 놓쳤다. 같은 시기에 윌리엄스 팀에서 바지 보드를 서스펜션 뒤에 설치할지, 아니면 가이드 베인을 바지 보드 내에 설치할지를 놓고 벌어진 논쟁으로 FW25의 개념에 영향을 주었다. 이는 윌리엄스 팀이 결과적으로 차를 최상의 상태로 만들기 직전에 생긴 일이었다.

↑ 2009년 3월 헤레즈 시험주행 중인 페라리 F60의 바지 보드.
(sutton-images.com)

↑ 2009년 3월 헤레즈 시험주행 중인 브런 BGP001의 바지 보드.
(sutton-images.com)

| 사이드포드 |

운전석과 나란히 놓이는 사이드포드는 단순히 냉각수와 오일 라디에이터를 수용하기 위한 장식적 목적만 있는 것이 아니다. 사이드포드의 내부 형상은 차의 냉각 시스템이 작동하는 방식에 큰 영향을 주고, 차체 측면의 변형 구조로서 차의 안전을 위한 기능도 한다.

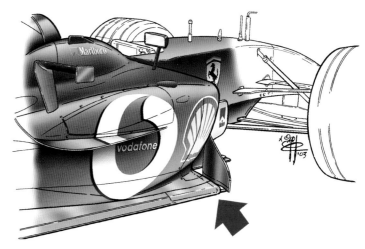

⫶ 페라리는 경쟁자들보다 사이드포드를 더 굴곡지게 만드는 경향이 있다. 2003년 F2003-GA에 쓰인 것 역시 가장자리 부분을 가늘게 만들었다. (Piola)

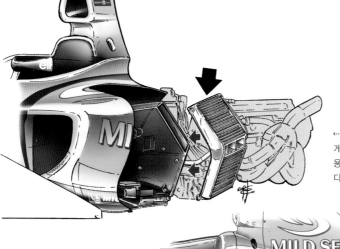

⫶ 2004년에 르노는 R24의 아래쪽 사이드포드를 더 쉽게 만들 수 있도록 이렇게 교묘한 모습의 라디에이터를 사용했다. 1과 2는 각기 다른 형태의 열기 배출구를, 3과 4는 다른 냉각용 창을 보여준다. (Piola)

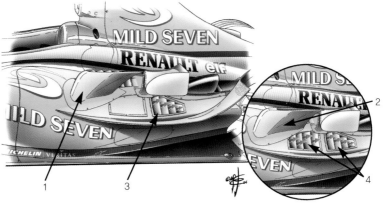

1　　　3　　　　　　　　4

⁝ 사이드포드를 확대한 2009년 맥라렌 MP4-24. (sutton-images.com)

⁝ 사이드포드를 확대한 2009년 르노 R29. (sutton-images.com)

⁝ 2009년 페라리 F60의 언더트레이 앞 연장부. (sutton-images.com)

| 언더트레이 |

차의 바닥 부분, 또는 언더트레이는 지극히 중요한 요소다. 섀시 자체에는 물론 별도의 바닥이 있지만, 언더트레이는 차체 전체 길이의 탄소섬유 소재 틀로서 노면을 마주 대하는 부드럽고 평평한 바닥이 특징이고, 차체 하부의 공기를 앞쪽의 구부러진 부분과 뒷바퀴 사이로 보내는 데 영향을 준다. 따라서 언더트레이 끝부분이 꺾여 올라가 차체 뒤쪽에서 대단히 큰 지면효과 다운포스를 만들어내는 디퓨저의 기능을 시작하기 훨씬 전부터 중요한 역할을 한다.

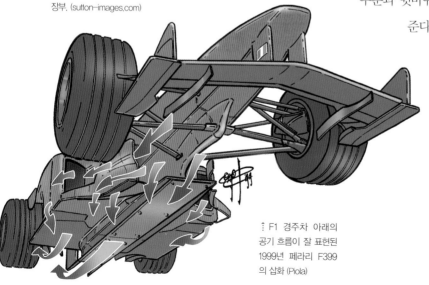

⁝ F1 경주차 아래의 공기 흐름이 잘 표현된 1999년 페라리 F399의 삽화 (Piola)

| 운전석 안전구조|

측면이 높아 드라이버의 머리와 목을
감싸는 운전석 안전구조는 FIA가
1996년 시즌 강제사항으로 정하면서
우선 공기역학적 효율 문제를 일으켰
는데, 이는 안전구조의 두툼한 형태가
항력을 높였기 때문이다. 지금은 모든

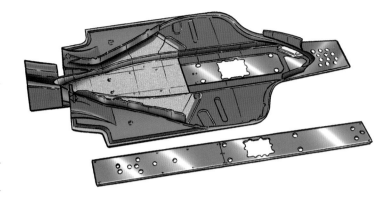

⁞ 언더플로어 또는 언더트레
이라고도 불리는 차체 하부는
상당히 큰 다운포스를 만든
다. 하나로 된 틀은 연석을
타고 넘은 후 손상이 발생하
면 재빨리 떼어낼 수 있다.
모든 경주차의 언더트레이 아
래쪽 중앙에는 재브록
(Jabroc) 나무판을 달아야 한
다. (Piola)

팀이 그런 특성들을 통합하는 우아하고도 효율적인 방법을 찾아냈지만, 주변
의 공기 흐름은 여전히 안전구조가 등장하기 전만큼 뛰어나지는 않기 때문에
뒤쪽 다운포스에 약간 악영향을 준다. 2007년 호주 그랑프리에서 스코틀랜
드 출신 데이비드 쿨사드David Coulthard의 레드불 경주차가 오스트리아 출신 알
렉스 부르츠Alex Wurz의 윌리엄즈 경주차 운전석 위를 스치듯 날아 지나가는
사고가 일어난 후 운전석 측면은 더 높아졌다.

⋯ 필리페 마사(Felipe
Massa)가 탄 2009년
페라리 F60(아래)과 비
교하면, 1995년 게르하
르트 베르거(Gerhard
Berger)가 탄 412T2
(위)의 머리 보호구조
는 훨씬 더 빈약하다.
(LAT)

| 에어박스 |

에어박스는 차가운 공기를 모아 엔진으로 공급하는 역할을 한다. 차가 더 빨리 달릴수록 이른바 램ram 효과가 더욱 커져서 공기가 강제로 흡기장치에 공급된다. 따라서 에어박스의 설계는 공기역학적 효율과 엔진 성능에 있어 모두 중요한 요소다.

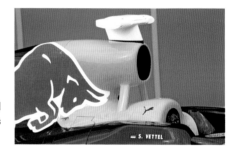

··· 2009년 레드불 RB5의 에어박스. (sutton-images.com)

··· 2009년 맥라렌 MP4-24의 에어박스. (sutton-images.com)

| 윙렛 |

윙렛은 엄격한 규제 속에서도 아직 그런 장치를 사용할 여지가 남아 있는 사이드포드 뒤쪽을 향해 설치되며, 더 큰 다운포스가 필요한 몬테카를로나 헝가로링 같은 서킷에서 쓰인다. 2009년 시즌에 대비해 FIA는 OWG(추월실무그룹)를 통해 사이드포드 주변 차체를 깔끔하게 정리하려고 했지만, 페라리는 재빨리 규정의 빈틈을 찾아내어 허용된 수직 윙렛을 차체 바깥쪽 끝부분에 단 팀 중 하나였다. 다른 팀들도 곧 따라했다.

←·· 2007년 르노 R27의 뒤 사이드포드 윙렛. (sutton-images.com)

←·· 2007년 토요타 TF107의 뒤 사이드포드 윙렛. (sutton-images.com)

↑ 2009년 르노 R29의 앞 사이드포드 베인. (sutton-images.com)

⬅ 2009년 페라리 F60의 앞 사이드포드/언더트레이 미러 장착부/베인.
(sutton-images.com)

↕ 2006년 르노 팀의 R26은 낮은 사이드포드와 곡면 스캘롭을 완벽하게 활용해 뒤 타이어 주변의 공기 흐름을 정리했다. (sutton-images.com)

| 리어 휠 스캘롭 |

뒤 타이어 앞쪽에서 차체가 곡선을 이루며 좁아
져 '콜라병' 효과가 시작되는 복잡한 형태로 된
부분이다. 이 부분의 목적은 공기 흐름을 깔끔
히 정리하고 뒤 타이어 주변의 공기 흐름에 영향
을 주어 디퓨저의 효율을 극대화하는 데 있다.

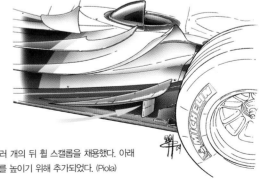

⬅ 2004년 윌리엄스 팀의 FW26에는 여러 개의 뒤 휠 스캘롭을 채용했다. 아래
쪽 스캘롭은 뒤 타이어 앞쪽의 공기 속도를 높이기 위해 추가되었다. (Piola)

::: 2009년 스페인 그랑프리에서 페라리 F60의 디퓨저. (sutton-images.com)

::: 2009년 터키 그랑프리에서 브런 BGP001의 디퓨저. (sutton-images.com)

| 디퓨저 |

언더트레이에서 위를 향해 구부러
진 부분으로, 차 아래에서 억제된
공기를 차체 뒤쪽으로 열어 흩뿌린
다. 규정에서는 1990년대 초반과
마찬가지로 디퓨저가 뒤 차축 선
위로 올라가는 것을 허용하지 않고
있지만, 그럼에도 차의 전체 다운
포스에서 약 50퍼센트를 차지하는
중요한 요소로 차체 아래의 전체
압력 분포에 영향을 준다.

⁝ 맥라렌 팀은 2003년 오스트리아 그랑프리에서 리어 윙이 이례적으로 아래로 처진 형태
를 선보였다. 작은 그림은 프런트 윙 엔드플레이트를 확대한 모습이다. (Piola)

| 리어 윙 |

2004년 이전의 리어 윙은 F1 경주차의 다운포
스 중 약 33퍼센트를 만들어냈다. 이는 최대
1000킬로그램에 이르는 것으로, 탈 수만 있다
면 원치 않은 사람 16명을 더 차에 태울 수 있
다는 뜻이다. 그러나 2004년 시즌에 FIA는 여
러 요소로 구성한 리어 윙을 금지하는 대신 단
두 개의 요소로 만든 윙을 의무화했다. 이에
따라 더 작은 것을 메인 플레인으로 사용해,
더 큰 단일 메인 플레인에서 만들어지는 항력
에 피해를 주지 않고 더 큰 다운포스를 만들 수
있다.

⁝ 페라리 팀은 2006년 시즌이 시작될 무렵 산마리노와 뉘르부르크링
에서 미하엘 슈마허가 우승해 논란이 된 F248에 유연성이 있거나 '팽
창할 수 있는' 리어 윙이 쓰였다는 혐의를 받았다. 페라리 팀과 BMW
팀의 리어 윙은 경쟁 팀 설계자들로부터 큰 주목을 받았지만, 처음에
는 FIA에 의해 합법적인 것으로 여겨졌다. 하중이 실리면 위쪽 요소들
사이의 틈새가 좁아졌다는 주장이 있었다. (LAT)

⁝ 2006년 토요타 TF106의 리어 윙에는 위와 아래 요소 사이의 틈이
좁아지지 않도록 막아주는 분류판이 달려 있었다. (Toyota)

⁞ 2007년 모나코에서 리어
윙을 확대한 BMW-자우버
F1.07. (BMW AG)

⁞ 2009년 터키 그랑프리에서 리어 윙을 확대한 BMW-자우버 F1.09.
(sutton-images.com)

⁞ 2009년 호주 그랑프리에서 리어 윙을 확대한 맥라렌 MP4-24.
(sutton-images.com)

| 거니 플랩 |

거니 플랩은 작고 아주 단순한 장치지만 중요한 효과가 있다. 전설적인 미국 F1 드라이버 댄 거니Dan Gurney와 바비 언서Bobby Unser가 1970년대에 인디애나폴리스 경주에 투입했던 거니 이글스Gurney Eagles를 위해 개발한 이후 거니의 이름을 붙인 이 장치는 90도 각도를 이루는 간단한 금속 띠로 이루어져 있다. 이 돌기는 앞뒤 윙 뒤쪽 끝에 더해져 아주 큰 다운포스가 필요한 서킷에서 획기적으로 큰 다운포스를 만들어낼 수 있다.

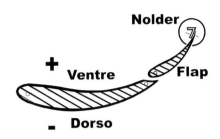

↕ 이 윙 요소 배치는 압력이 높은 영역과 낮은 영역, 그리고 두번째 요소의 뒤쪽 끝 가장자리에 있는 거니 플랩을 보여준다. (Piola)

| 휠 |

F1 경주차의 휠은 항상 항력 문제를 일으켰다. 휠은 차 전체 항력의 3분의 1 이상을 차지한다. 그렇지만 F1에서는 폐쇄형 차체가 허용되지 않기 때문에 아무도 그 부분을 해결할 수 없다.

⋯ 2009년 앞 휠 스피너를 확대한 맥라렌 MP4-24. (sutton-images.com)

바람의 변화

F1이 팀들끼리 절대로 서로의 의견에 동의하지 않고 아무도 스포츠 전체의 이익을 위해서는 일하지 않는 편협하고 자기방어적인 세계라는 이야기는 진실일까? 사실 꼭 그렇지만은 않다. 2009년 시즌에 적용할 새로운 차량 추월 유형과 관련한 규정안이 만들어지던 과정을 통해 공학 상식과 공동의 노력이 F1에 흥미진진한 새로운 지평을 열었던 희망적인 모습을 엿볼 수 있다.

모든 것은 2006년 가을에 있었던 기술실무그룹Technical Working Group, TWG 회의에서 시작되었다. 모든 팀이 기술감독과 선임기술자, 공기역학자를 이 회의에 참석시켰다. 회의에서는 25가지 의견이 다루어질 예정(이 단계에서는 아직 프로드라이브(Prodrive)가 2008년에 합류할 의향을 밝힌 상태였고 슈퍼 아구리(Super Aguri) 팀도 운영되고 있었다)이었는데, 두 시간 동안 진행된 회의에서는 뚜렷한 진전이 거의 이루어지지 않았다. 한 팀이 차의 속도를 낮추기 위해 디퓨저를 바꾸려고 하면, 다른 팀은 바지 보드를 바꾸려고 했다. 그렇지 않으면 타이어나 앞 윙에 관한 의견이 튀어나왔다. 모두 다 생각이 달랐다.

그러자 당시 회의 의장이었던 찰리 화이팅이 천재적인 아이디어를 들고 나왔고, 최상위 팀이었던 페라리, 르노, 맥라렌 세 곳에서 각각 대표자를 소집해

◂⋯ 윌리엄즈 팀 니코 로즈버그(Nico Rosberg), BMW 팀 로버트 쿠비카(Robert Kubica), 르노 팀 페르난도 알론소(Fernando Alonso)가 타고 있는 것처럼 2009년 시즌에는 프런트 윙이 훨씬 넓어지고 리어 윙이 훨씬 작아진 새로운 모습의 차들이 등장했다. (Getty Images)

단도직입적으로 이야기를 나누기로 했다. 각 팀은 팀별 대표자를 지명할 수 있었고, 이에 따라 르노 팀은 팻 시몬즈Pat Symonds, 페라리 팀은 로리 번Rory Byrne, 맥라렌 팀은 패디 로Paddy Lowe를 내세워 핵심 분야에 관한 조사의 틀을 잡기로 했다. 경험이 풍부하고 이미 운영자로서 높은 평가를 받고 있던 그들은 추월실무그룹OWG이라는 이름의 분과 위원회를 운영하게 되었다.

모나코와 헝가로링 같은 악조건의 서킷들이 있었음에도 추월과 관련한 환경은 지난 20년 이상 그래왔던 것보다 특별히 더 나빠지지는 않았지만, 경주차 설계보다 서킷 설계가 추월의 걸림돌이었다는 관측이 나왔다. 그럼에도 항상 팀들에게 책임을 물어 경주차를 변경하도록 한 것은 명백히 불공정한 처사였다.

OWG 위원인 로리 번은 이렇게 지적했다. "발렌시아는 새로운 서킷이었는데, 도대체 추월할 수 있는 곳이 어디에 있었습니까?"

그러나 무엇보다 추월이 쉽지 않아야 한다는 인식은 뚜렷했다. 누구도 농구 경기에서 몇 초마다 한 번씩 골이 들어가 경기의 흥미가 전반적으로 떨어지는 것 같은 현상을 원치 않았다.

로는 이렇게 이야기했다. "누군가 정말 온 힘을 다 했을 때에 가장 훌륭한 추월을 했다고 인정받게 됩니다. 제가 개인적으로 가장 재미있게 보았던 추월은 2000년 스파 프랑코샹 서킷의 레 콩브 코너로 향하는 오르막에서 미카 하키넨Mika Hakkinen과 미하엘 슈마허가 리카르도 존타Ricardo Zonta의 양쪽으로 추월하면서 하키넨이 슈마허를 따라잡아 앞서 나간 것이었습니다."

맥스 모즐리Max Mosley가 전 심텍Simtek 및 르노 팀 엔지니어였던 닉 워스Nick Wirth를 고용해 슬립스트림 상태에서 공기역학적 난기류가 급격하게 낮아지며 이론적으로 추월이 더 잦도록 하는 F1 설계를 제안한 이후에 OWG는 조사에 들어갔다. 그 결과물이 2005년에 AMD의 컴퓨터 유체역학 프로그램과 연계해 만들어진 CDG(centreline downwash generating, 중심선 세류 생성) 윙이었

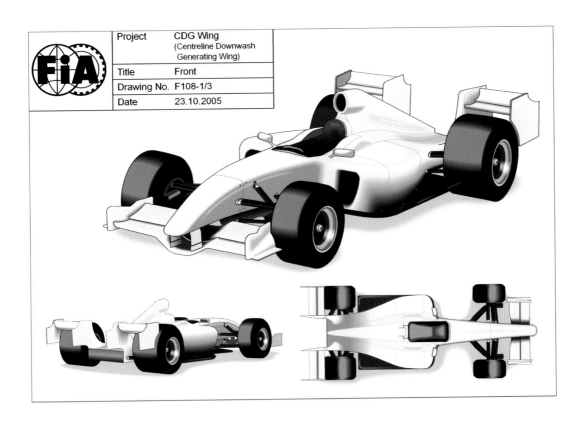

Project	CDG Wing (Centreline Downwash Generating Wing)
Title	Front
Drawing No.	F108-1/3
Date	23.10.2005

다. CDG 윙은 2008년 시즌 규정에 포함할 목적으로 만들어졌다.

하지만 팀들은 CDG 윙의 장점들을 매우 불안하게 여겼고, 그동안 이루어진 연구들을 신뢰하지 않았다. OWG가 구성되었을 때, TWG는 이미 당시 그랑프리 제조업체협회GPMA: Grand Prix Manufacturers' Association(현재의 FOTA)를 통해 다른 연구방법을 찾고 있었다. 전 티렐 팀 공기역학자였던 장 클로드 미조가 운영하던 폰드메탈 테크놀로지스Fondmetal Technologies의 이탈리아 자회사 폰드테크Fondtech가 수행한 연구를 통해 CDG에 결함이 있으며 더 나은 대안이 나올 수 있음이 입증되었다.

이 프로그램은 짧은 기간 동안 진행될 수밖에 없었지만, 팀 감독들은 2006

⋮ FIA가 제안한 CDG 리어 윙 개념은 2005년 여름에 처음 제안되어 2008년에 도입할 예정이었다. (FIA)

년 9월에 만나 2008년 규정에 관한 기본적인 접근을 확정하기로 했다. 모임에서는 CDG 윙이나 GPMA가 내놓을 여러 제안이 다루어질 예정이었다.

CDG에 대한 불신이 확산되면서 2009년까지 새로운 공기역학 규정 도입을 늦추기로 FIA와 합의가 이루어졌고, 관련된 연구 속도는 대단히 빨라져야 했다.

OWG 첫 회의는 2007년 1월에 니스에서 열렸고, 옥스퍼드와 폰드테크의 근거지인 이탈리아 팔로스코에서도 회의가 이어졌다. 기본 연구 예산 50만 유로는 시몬즈가 르노 팀의 플라비오 브리아토레Flavio Briatore를 시작으로 12개 팀 감독 모두가 분담하도록 설득하면서 조성되었고, 연구는 폰드테크가 계속 진행하도록 합의되었다.

첫번째 단계는 연구의 두 가지 핵심 요소인 다운포스 목표와 추월 특성을 향상하는 데 필요한 공기역학 특성을 정의하는 것이었다. 이를 위해 세 개 팀이 무기명 자료를 수용해야 했다. 각 팀은 당시 OWG와 폰드테크에 그들이 필요한 목표치를 제공하기 위해 평균치를 계산하던 화이팅에게 관련된 일정을 제출했다. 이 단계에서는 당시 경주차(2006년 설계)가 한 바퀴를 돌 때 5초씩 더 느리게 만들 계획이었다. 거기에 앞으로 이루어질 기술적 발전과 2009년에 다시 도입될 예정으로 한 바퀴당 1.5~2초 정도 기계적 접지력을 높여줄 슬릭 타이어를 염두에 두어야 했다. 이는 공기역학적 변화를 통해 경주차의 속도를 획기적으로 낮춰야 한다는 것을 의미했다.

일단 이런 사전 자료 처리가 끝나자, 2006년 경주차와 비교해 공기 저항계수는 비슷하게 유지하면서 다운포스를 50퍼센트까지 낮추는 것이 목표가 되었다. 로, 번, 시몬즈는 기본 랩 타임 성능을 2006년 독자 주행 시 저항(앞 차 뒤에 생기는 난기류에 들어서지 않은 상태)과 같게 만들려고 했다.

이 시기의 결정적 요인 중 하나는 맥라렌 팀의 최첨단 시뮬레이터를 사용할 수 있느냐 하는 것이었다. 이 시뮬레이터는 페드로 데 라 로사Pedro de la Rosa가

시험 삼아 몰면서 공기역학 성능 변수의 기준치를 잡는 데 사용되었다. 여기에서의 핵심 요소는 필요한 공기역학 특성이 무엇인지를 결정하는 것이었다.

스페인 출신인 데 라 로사는 바퀴당 주행 시간의 기준치를 비교할 수 있도록 실험적으로 바꾼 옛 바르셀로나 서킷 배치를 따라 여러 번 달렸다. '다른' 경주차를 추월할 수 있는 곳은 가장 추월하기 쉬운 장소로 여겨졌던 첫번째 코너가 전부였기 때문에 그는 한 바퀴마다 2초 더 빨리 달려야 했다. 다운포스가 절반이 되자 줄여야 할 시간은 1.5초로 낮아졌다.

다음 단계는 뒤따르는 차의 균형을 유지하고, 앞서 달리는 차에서 생기는 난기류로 균형이 깨지는 것을 줄이기 위해 '기준'을 찾아 적용하는 것이었다. 그 결과 '추월 시간 이익'은 1초까지 줄어들었다. 시몬즈와 로, 번은 받아들일 만한 지점에 도달했다는 사실에 동의했다. 세 사람은 하룻밤 사이에 추월 관련 문제를 해결할 수 없음을 실감했고, '추월 시간 이익' 목표가 0이 아니었다는 사실에도 동의했다. 다시 농구 문제로 돌아온 셈이었다.

2009년 이전까지는 경주차 한 대가 다른 차 뒤에 바짝 붙어 달리면 그 즉시 소용돌이치는 공기 속에서 앞쪽 다운포스가 40퍼센트 남짓 떨어지기 시작해, 추월하기 위한 시도를 무력화할 정도로 심각한 언더스티어가 생겼다. 그런데 '추월 시간 이익' 수치가 1초로 낮아지면서 감소하는 다운포스는 20퍼센트로 줄어들었다. '난기류 속 저항 효과'를 조사하는 동안 세 사람은 오랫동안 추월할 때 필수적이라고 여겼던 난기류 속에서의 저항 감소가 데 라 로사가 추월할 때에는 큰 도움이 되지 않았다는 사실을 발견했다. 핵심은 두 가지였다. 하나는 손실되는 다운포스의 정도를 낮추는 것(경주차 1.5대 길이만큼 간격을 벌리면 손실은 40퍼센트에서 20퍼센트로 반감한다)이고, 다른 하나는 전체 언더스티어를 만들어내는 것보다 난기류 속에서 균형을 유지하는 것이었다. 재미있는 것은, 그들이 난기류 속의 오버스티어가 끔찍하다는 사실을 알았다는 점이다.

시뮬레이터로 주행한 뒤 데 라 로사의 주관적인 관점에 큰 관심이 쏠렸다. 그는 내용을 정리해 이렇게 보고했다. "이렇게 경주차를 만들면 다른 차를 앞세우고 추격을 계속할 수 있습니다. 주 직선 주로로 향하는 마지막 코너를 지나면서 과거에 일반적이던 문제를 겪지 않고, 앞서 달리는 차의 드라이버가 실수하면 저는 우위를 점할 수 있는 더 좋은 위치에 놓이게 되죠."

이런 기본 자료를 축적하고 나서, 다음 단계에서는 폰드테크 측에 기대했던 변화가 이루어졌는지 확인하는 방법을 만들도록 요청했다. 페라리는 폰드테크가 25퍼센트 축소모형으로 가동식 지면 풍동에서 나란히 놓고 시험할 두 모형을 위한 기준 자료를 제공했다. 그리고 그 결과를 반영해 2004년 몬자에서 두 대의 경주차로 서킷을 나란히 달리며 실험했다. 이 실물 크기 페라리 경주차의 자료는 풍동에서 두 모형의 거동을 검증하는 것은 물론 전체 실험 기법을 검증하는 데도 활용되었다. 이것은 CFD보다 풍동을 활용하는 것이 정당함을 보여주는 중요한 단계였다.

이 시기에 번은 2007년 3월부터 8월 사이 일련의 기간 동안 수많은 작업을 직접 했고, OWG는 주어진 시간과 기술, 예산의 한계 내에서 모든 종류의 아이디어들을 치밀하게 조사해야 했다. 기준 저항은 10퍼센트까지 낮아졌지만, 최종 구성은 목표에 매우 근접했다.

다음 단계는 실제 자료를 맥라렌 시뮬레이터에 다시 입력하여 원래 기준과 비교하는 것이었다. 더 나은 추월 기회 관점에서 데 라 로사는 나아진 것을 즉시 확인할 수 있었다. OWG는 2007년 10월에 제안서를 TWG에 제출했고, 모든 팀이 그 제안에 동의했다.

"그들이 동의하리라고 예상은 했지만, 팀들은 그들이 직접 관여하지 않았던 사안에 관해 의심하기 마련입니다. 특히 자신들의 경쟁자들이 그 사안을 다루었다면 말이죠." 로의 이야기다.

다른 팀들은 개발 속도를 최대한으로 유지했지만, 그들은 이메일을 통해서만 의견을 이야기할 수 있었을 뿐 회의에는 초청받지 못했다. 매우 짧은 일정 동안 그처럼 큰 진전을 이루는 데 중추역할을 했던 화이팅의 원칙은 그대로 이어졌다. 그 결과 정확한 숫자가 나오면서, 추월을 어렵게 만드는 필연적 공기역학 문제의 과학적 정량화가 중점적으로 이루어졌다. 그것은 지난 수십 년 동안 일반적으로 의도했던 것과는 정반대의 효과를 낳는 규정 변경으로 이어졌던 '당연한 걸 왜 묻느냐'는 식의 절차가 아니었다.

로는 자신이 지켜본 것에 관해 이렇게 얘기했다. "다운포스를 낮추려고 했던 최근의 거의 모든 시도는 추월 가능성과 난기류에서의 움직임 측면에서는 퇴보했습니다. 우리가 추월할 기회를 줄이고 싶었다면, 그것이 우리가 찾아야 할 해답이었겠죠……."

OWG의 실증적 연구에서 드러난 핵심 요인 중 하나는 맥스 모즐리와 워스가 연구 수단으로서 CFD에 의존한 것이 문제였다는 점이었다. 일찍부터 OWG는 CFD가 매우 흥미롭지만, 아직 이런 종류의 일에 걸맞게 준비되어 있지 않기 때문에 풍동을 신뢰했다는 데 동의했다. 경주차 뒤쪽의 불안정한 공기 움직임을 연구하기 위해 CFD를 활용할 수 없었기 때문에, 실제 실험과 믿을 수 있는 방법에 의존했던 것이다. 맥라렌의 최첨단 시뮬레이터를 써본 OWG와 폰드테크는 그들의 풍동 연구를 최적화할 수 있었다. 차량 뒤쪽 공기 흐름을 연구하면서 새로운 규정의 모든 비밀이 밝혀지게 되었다.

대표적으로 FIA의 피터 라이트가 토니 퍼넬Tony Purnell과 함께했던 것과 같은 이전의 다른 공기역학적 움직임에 관한 연구들은 '난기류 속에서 저항을 줄이는 것이 효과가 있을까?' 같은 질문에 답을 구함으로써 추월을 도울 수 있는 특성이 무엇인지를 살피는 데 목적이 있었다. OWG는 그러한 질문에 관해 시험하고 답을 얻기 위해 맥라렌 팀의 시뮬레이터를 활용했다. 이로써 실제 드라이버(데 라 로사)를 활용하는 것이 연간 30명의 개발인력을 대체하는 유연한 도구라는 사실이 입증되었고, 노트북 컴퓨터로 하는 모든 시뮬레

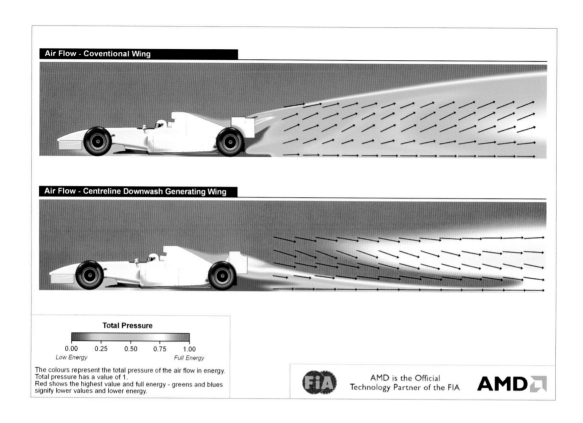

Air Flow - Coventional Wing

Air Flow - Centreline Downwash Generating Wing

Total Pressure

| 0.00 | 0.25 | 0.50 | 0.75 | 1.00 |
| Low Energy | | | | Full Energy |

The colours represent the total pressure of the air flow in energy.
Total pressure has a value of 1.
Red shows the highest value and full energy - greens and blues
signify lower values and lower energy.

FiA

AMD is the Official
Technology Partner of the FIA

AMD

↕ '기본' 리어 윙(위)과 제안된 CDG 윙(아래) 위의 공기 흐름을 비교하는 CFD 일러스트레이션. (FIA)

이션보다 훨씬 훌륭한 해답을 주었다.

또한 시뮬레이션에는 추월을 더 쉽게 함으로써 F1에 볼거리를 주고자 하는 의도는 물론이고 그보다 더 중요한 점이 있었다. 모즐리는 자신이 실행 가능한 대안을 만들었다는 점을 확신하도록 영향력을 쥐고 있음을 분명히 하려고 CDG를 2009년 규정안 일부로 남겨두었다. OWG의 아이디어가 거의 불만 없이 받아들여진 것은 조금 놀라운 일이었다.

일단 번, 로, 시몬즈가 만든 제안서가 모든 팀에 의해 수용되고 FIA에 제출되자, 개발 작업이 진행되기 시작해 마침내 2009년 F1 경주차의 모습이 갖춰졌다.

로는 "우리가 완벽하게 객관적으로 일했다는 것을 보여줄 수 있었습니다." 라고 말했다. "상위 3개 팀이 매우 긴밀하게 협력해 작업하도록 하는 것이 진정한 첫 단계였습니다."

근본적으로 고려한 것은 빠르게 달리는 차 뒤의 난기류였다. 난기류가 어떻게 만들어지고 그 속에서 뒤따르는 차가 어떻게 움직이는지가 중요했다.

제안 가운데에는 로가 '쓸모없는 모든 것'이라고 표현한 요소들을 차에서 배제하는 것이 담겨 있었다. 바지 보드, 라디에이터 공기 배출구, 작은 스포일러, 맥라렌 경주차의 에어박스에 달린 바이킹 혼Viking horn 그 밖에 노즈나 차체 위에 달린 모든 형태의 것들이 포함되었다. 혼다의 코끼리 귀와 갈매기 날개, 토요타의 지느러미, 맥라렌과 BMW의 노즈 혼, 사이드포드 상단 외판도 마찬가지였다. 이들은 당연히 관심의 대상이 되었고, 2009년 경주차 제작에는 차축 사이의 차체에 저항을 일으키는 부가요소들을 줄이는 쪽으로 가닥이 잡혔다.

OWG가 발견한 가장 중요한 것 중 하나는 리어 윙이 차가 만들어내는 난기류 특성을 좌우하는 매우 중요한 장치라는 점이었다.

"사람들은 리어 윙에서 공기가 위쪽으로 올라가는 것이 나쁘다고 생각하지만, 실제로는 프런트 윙 엔드플레이트가 아주 강력한 소용돌이를 만듭니다. 위쪽으로 올라가는 공기는 강력하지만 지면 높이에서 안쪽으로 흐르는 공기는 프런트 윙에서 시작되는 이런 소용돌이에 의해 좌우되지요. 안쪽으로의 그런 흐름은 지면 높이에서 에너지가 큰 공기를 새롭게 만듭니다. 만약 리어 윙 전체를 떼어낸다면 그런 효과는 사라지겠지만, 상황은 더 나빠질 겁니다." 로의 이야기다.

닉 워스가 제안한 CFD 기반 CDG 리어 윙은 중앙 부분이 모두 제거되고 그 대신 두 개의 분리된 리어 윙을 효과적으로 배치해 그와 같은 위쪽으로의 공기 흐름을 제거했다. 그러나 OWG는 그것이 제 역할을 하지 못하는 이유

⫶ 2009년 모나코 그랑프리에서 맥라렌 팀 루이스 해밀턴과 BMW–자우버 팀 닉 하이드펠트(Nick Heidfeld) 사이에 벌어진 근접전은 OWG가 만든 변화들을 보여준다. (LAT)

⫶ 2009년 브런 BGP001의 조절식 프런트 윙 세부 모습. 커버가 씌워진 상태(오른쪽)와 커버를 벗겨 액추에이터와 연결부가 드러난 상태(왼쪽). (sutton-images.com)

가 무엇이냐고 반박했다. 새로운 에너지를 얻은 공기가 난기류를 정리하고 일부 효과를 제거하는 한, 위쪽으로의 공기 흐름이 꼭 나쁜 것만은 아니다.

언더플로어 높이의 변화 역시 요구되는 수준의 다운포스를 만들어내는 리어 윙 패키지의 일부로서 중요한 영향력을 발휘했다. 서로 다른 수많은 바닥 형상이 시도되었고, OWG는 가장 뛰어난 난기류 형태를 만들어내는 것을 선택했다. 디퓨저 부분도 안쪽으로의 공기 흐름에 도움을 줄 수 있도록 훨씬 뒤쪽에 설치되었다.

프런트 윙은 2008년보다 낮게 설치되었고, 너비는 400밀리미터 늘어난 1800밀리미터가 되었다. 이 부분의 핵심은 중앙 부분의 공기역학적 형태가 고정되어 공기 흐름에 영향을 미치지 않고 다운포스를 만들지 않는다는 것이었다. 윙의 설치 지점을 낮추면 위쪽으로의 공기 흐름에 영향을 주는 지면 높이의 안쪽으로 공기 흐름이 잘 만들어지고, 더 넓게 만들어진 윙은 차체 일부로서 좋은 공기 흐름을 먼저 맞게 되었다. 가운데 부분은 차의 앞쪽에서 만들어져 위쪽으로 흐르는 공기가 마지막으로 닿는 부분이며, 더 넓어진 가장자리와 사용 중단된 중앙 부분은 다운포스를 유지하도록 도움으로써, 앞서 달리는 차에서 만들어진 난기류 속을 달리면서도 뒤따르는 차의 균형을 더 좋게 유지했다.

프런트 윙의 또 다른 결정적인 발전은 상하 3도 이내로 제한되기는 했지만 경주차가 주행 중일 때 프런트 플랩을 조절할 수 있도록 허락한 것이었다.

"다른 차로 인한 난기류 속에서 경주차가 오버스티어하면 문제가 생깁니다." 로의 설명이다. "그러면 완전히 엉망이 되겠죠. 그 차의 드라이버는 깜짝 놀라게 될 겁니다. 우리는 그것을 통제할 수 없게 될 것이 걱정되어 조절식 프런트 플랩 개발에 착수했습니다."

필리페 마사는 2009년 바레인에서 이런 이야기를 했다. "솔직히 말하면, 저는 조절식 윙이 추월에 아무 도움이 되지 않는다고는 생각하지 않습니다.

저는 제 차에 조절식 윙을 설치합니다. 뒤따르는 다른 차가 다운포스를 키우면 각도를 키우지만, 그렇게 되면 다른 차의 소용돌이 난기류 속으로 들어가게 되어 큰 오버스티어를 일으킬 수 있죠. 사실 지금은 차체 뒤쪽을 통제하기가 더 어렵습니다."

드라이버들은 난기류 속에서 오버스티어를 막기 위해 앞쪽 다운포스를 감소하거나 차에 남아 있는 언더스티어 경향을 없애도록, 필요하다면 한 바퀴에 단 두 차례 각도 조절이 허용된다.

이 모든 것은 기본 전자제어장치ECU가 통제하므로, 아무도 각 랩에 두 번 이상 프런트 윙을 조절할 수 없을 것이다. 또한 그런 점은 실질적으로 운전자가 어떤 랩에서든 어쩔 수 없이 추월 기회를 선택하도록 만들 것이고, 추월이

지나치게 쉬워지지 않아야 한다는 OWG의 바람을 충족하는 것이다.

　새로운 규정이 강제되자 브런, 토요타, 윌리엄즈 경주차에 쓰인 이른바 두 겹 또는 2층 구조 디퓨저가 논란을 일으켰다. 특히 FIA 국제 최고 법원이 그 장치를 적법하다고 규정해, 다른 일곱 개 팀도 비슷한 구성을 채택할 수밖에 없었다.

　해석의 차이 때문에 디퓨저의 계단식 표면과 기준 평면이 하나로 간주(이의를 제기한 페라리, 르노, 레드불 및 BMW-자우버 팀이 믿었던 대로)되어야 하는지, 아니면 별도의 것으로 간주(브런, 윌리엄즈, 토요타가 믿었던 의견)되어야 하는지에 관한 논쟁이 반복되었다. 후자의 '현명한' 해석은 디퓨저의 공기 흐름 속도를 높이고 효율을 키우도록 만든 배출구나 구멍을 두 개의 독립된 표면 사이의 틈새로서 적법한 것으로 인정받게 했다. FIA의 찰리 화이팅이 줄곧 고집한 것이었고, 2009년 4월에 최고 법원이 비준했다.

레드불 팀 단장인 크리스찬 호너Christian Horner는 청문회 이후 첫 경주였던 중국 그랑프리에 관해 얘기하면서 감상에 젖었다. "일곱 팀이 이중 디퓨저를 선택하지 않은 것은 우연의 일치가 아닙니다. 추월실무그룹에서는 수많은 일이 완료되었고, 규정에는 규정을 통해 이루어야 할 것에 관한 정신이나 본질 같은 것이 있었죠. 우리 관점에서는 확실히 바닥에 구멍을 뚫었던 전례가 불법으로 여겨졌기 때문에 경주차들을 보호하기 위해 다른 방법을 선택해야 했습니다. 우리가 느끼기에는 양쪽에서 제시한 사실들을 가지고 공정하게 이의 제기를 들었죠. 제 생각으로는 규정 내에 모호한 부분이 많다는 것이 핵심이었으며, 세 팀이 받아들인 것이 현명한 해석이었다고 이야기하는 것이 좋다고 봅니다.

우리는 시간과 비용 그리고 차츰 개방되는 주요 개발방식에 있어 우리만의 해법을 만들 수밖에 없었습니다. 경주차의 하부는 차에서 가장 강력한 공기역학 장치이니까요."

마지막 이야기는 브런 팀 소유주인 로스 브런의 몫이 되어야 할 것이다. 그는 2008년 3월 팀 회의에서 엔지니어들이 예상했던(그러나 당연히 그는 공개하지 않은) 디퓨저 설계가 허용되면 규정을 넘어설 것처럼 보였던 다운포스 목표가 2009년 시즌에도 유지되어야 한다고 제안했다. 그의 제안과 그를 유언비어 배포자라고 비난했던 사람들 가운데 르노 팀의 팻 시몬즈가 포함되어 있었던 것은 문서로 잘 정리되어 있다. 그러나 어떤 경우에도 디퓨저가 브런 팀이 빠른 속도를 내는 유일한 비밀은 아니었다.

"우리가 개념을 제시했을 때는 그것이 급진적이라고 생각하지 않았습니다." 그는 특유의 나지막하고 지적인 태도로 이야기했다. "우리는 그것을 기발하다고 생각했지만, 완전히 새로운 해법을 찾은 것은 아니었죠. 시즌이 시작될 때 다른 팀들이 그 개념을 갖고 있었다는 것은 전혀 놀랍지 않았습니다. 정말 놀라운 것은 그보다 나은 것이 없다는 사실이었죠."

③ 섀시
┃ 충실한 다리

엔진을 경주차의 심장이라고 한다면, 섀시는 몸에 비유할 수 있다. 전통적으로 차의 이름은 섀시에 의해 정해졌다. 예를 들어 현역 시절에 포드, 하트, 푸조, 무겐-혼다, 혼다 엔진을 썼던 에디 조던Eddie Jordan의 경주차는 조던 그랑프리 팀이 섀시를 설계하고 생산했기 때문에 조던이라는 이름으로 불렸다. 2005년 알렉스 슈네이더Alex Schnaide의 미들랜드Midland에 의해 인수된 후에는 팀과 경주차의 이름이 미들랜드로 바뀌었다.

현대적인 경주차 섀시는 일체형 또는 모노코크 구조로 되어 있는데, 이는 한 덩어리로 되어 있다는 뜻이지만 실제로는 여러 조각이 결합되어 하나의 독립된 형태를 만든다. 섀시의 기본 목적은 경주차의 다른 모든 부품을 연결하는 다리 역할을 하는 것이다. 즉 섀시는 엔진과 트랜스미션, 서스펜션과 스티어링, 그리고 모든 공기역학적 요소의 장착 지점 역할을 한다. 또한 드라이버가 탈 공간을 제공하고 보호하는 중요한 기능도 하는데, 그 때문에 서바이벌 셀(생존 공간)이라고도 알려졌다.

이러한 기능들을 수행하기 위해 섀시는 비틀림 강성이 매우 높고 대단히 견고해야만 한다. 그렇지 못하면 서스펜션을 통해 가해지는 모든 부하가 드라이버에게 정확하게 전달되지 않을 것이고, 결국 드라이버는 그런 정보들을

⬸ 21세기에 이르기까지 F1 경주차는 엄청난 강도와 뛰어난 구조 강성 및 완결성을 갖춘 복잡한 탄소섬유 복합 소재로 만든 미사일 같은 존재였다. 사진은 2009년에 사용한 토요타 TF109. (Toyota)

3. 섀시 _ 충실한 다리

075

⋮⋯ 파이프 용접 스페이스 프레임 섀시는 1964년까지 대부분 대체되었고, 대부분 팀들은 무게와 강성이 탁월하면서도 강도가 더욱 뛰어난 욕조 모양의 알루미늄 모노코크 구조에 의존했다.
(sutton-images.com)

팀에게 전달할 수 없을 것이다. 섀시가 느슨하면 엔지니어들이 경주차가 제 속도를 내지 못하는 이유를 찾기가 다른 것보다 더 어렵다.

1980년과 1981년에 맥라렌 팀의 존 버나드John Barnard와 로터스 팀의 콜린 채프먼이 탄소섬유 복합소재 모노코크 섀시의 개발을 선도하면서 섀시 생산에 혁명이 일어났다. 파이프 용접 스페이스프레임에서부터 복합소재를 사용하면서 1962년에 첫선을 보인 채프먼의 오리지널 욕조형 알루미늄 판재구조로, 그리고 튼튼한 벌집 모양 알루미늄 구조로 변화했던 섀시 구조는 다시 한 번 획기적으로 강성이 향상되었다. 하지만 복합소재는 중요한 장점이 하나 더 있었다. 상자형 구조의 내부를 복잡하게 강화하지 않아도 되기 때문에 모노코크 구조 너비를 좁힐 수 있게 된 것이다. 공기역학적인 검토 결과 새로운

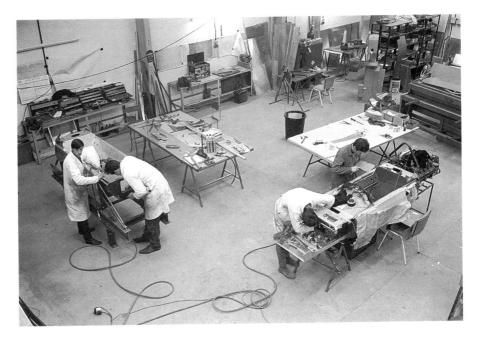

형태가 필요했는데, 복합소재 덕분에 모듈형 구조를 만들게 되면서 매우 시기적절했다는 것이 입증되었다. 설계자들은 경주차 설계를 안에서부터 밖으로 하는 대신, 밖에서부터 안으로 하기 시작했다. 팀의 공기역학자들이 필요로 하는 최적 형태의 윤곽을 잡고 나서 섀시와 엔진 설계자들이 필요한 모든 장비를 부드러운 표면의 외피 안에 꾸려 넣을 수 있게 된 것이다.

가장 큰 영향을 미친 다른 부분 중 하나는 연료탱크 크기다. 2003년에는 한 바퀴로 예선을 치르고 예선 때 사용한 연료상태 그대로 결승을 시작하도록 변경된 규정이 늦게 공지되었다. 경주차를 새롭게 최적화하기에는 규정변경이 너무 늦었던 탓에, 모든 팀은 2004년이 되어서야 새 차를 투입했다. 페라리 설계 책임자 로리 번은 "우리가 F2004를 개발할 때에 가장 먼저 검토한 것 중 하나가 바로 그것"이라며 "그것이 우리 생각과 접근방법을 바꾸었습니다."라고 이야기했다.

복합소재의 또 다른 훌륭한 측면은 생산공정을 정확히 반복하기가 더 쉬워, 섀시 제조업체가 윙처럼 좀 더 작은 부품들을 생산하기 편리하다는 점이다. 펜스키 카즈Penske Cars의 복합소재 전문가인 돈 베리스포드Don Berrisford는 탄소섬유에 관한 몇 가지 미신을 잠재웠다. "탄소섬유는 실제로 시간이 흐르면서 좋아집니다. 수지가 경화되기 때문이죠. 그리고 과거에 알루미늄에 그랬던 것처럼 자로 잴 수는 없겠지만 적층 방식, 두께, 방향은 지정할 수 있습니다. CART에서 우리와 롤라Lola는 CART에서 파견한 커크 러셀Kirk Russel과 함께 복합소재 관련 규정을 정비했죠. 섀시마다 기록을 남기는 것이 필수여서, 마치 비행기를 만들 때처럼 설계도, 숙성 시간 등을 모두 기록했습니다. 아시다시피 스페이스프레임을 만드는 것과 조금 비슷합니다. 부분적으로 강도를 확보하고 나서는 여기저기를 메울 수 있죠."

베리스포드는 반복성도 좋게 평가했다. "전에는 알루미늄 윙 8개 조를 만들면 가장 잘 만든 것과 가장 못 만든 것 사이에 40퍼센트의 차이가 있었습니다. 나중에 우리는 탄소섬유로 시험해 보고 그 뒤로는 항상 탄소섬유로 윙을 만들고 있습니다. 드라이버들은 금세 경주차가 똑같이 만들어지리라는 것을 알았죠. 섀시 하나에서 어떤 것을 수정하든지 다른 것에도 그대로 수정이 이루어집니다."

이러한 새 설계 및 구조 관련 철학은 상식, 경험, 지식, 지능을 겸비한 손재주, 뚜렷하고 논리적인 사고와 같은 공정의 근본적인 요구조건들을 바꾸지는 않았다. 그러나 그 덕분에 방법론과 소재 및 생산공정이 발전했다. 현대적인 F1 경주차는 본질적으로 차를 만들어내기 위해 큰 규모의 인력이 필요한 복잡하고 정교한 물건이다.

르노 팀이 2004년 시즌을 대비해 새로운 R24 경주차를 만들기 시작한 2003년 10월 말은 시즌 마지막 경주가 끝난 지 채 2주도 지나지 않은 시점이었다. R25로 2005년 선수권에서 우승하고 나서 R26을 개발할 때에도 마찬가지였다.

새로운 탄소섬유 모노코크 구조는 설계실 컴퓨터에서 설계가 확정된다고 저절로 만들어지는 것이 아니다. 생산 단계는 절대 운에 따라 진행될 수 없으며, 르노의 엔스톤Enstone 본사 공장에서는 첨단기술이 활용된다. 공정 첫 단계는 팀이 적층 작업이 끝난 후에 첫 섀시를 만들 수 있도록 상부 및 하부 거푸집을 만드는 것을 포함한다.

"50밀리미터 두께의 에폭시 시트로부터 경주차가 탄생하기 시작합니다." 라고 엔스톤 공장 복합소재 책임자인 콜린 와츠Colin Watts는 설명한다. 설계실은 생산될 부품을 복제할 수지 본을 확인하기까지의 과정에 관한 매우 상세한 계획을 세운다. "기술자들은 제공된 디자인에 따라 손으로 에폭시를 절단하고 시트를 나란히 놓습니다. 이어서 그것들을 제 자리에 확실하게 고정하는 역할을 하도록 수직으로 배치된 두 개의 금속 뼈대와 함께 접착합니다. 이 전체 구조를 커다란 비닐 백에 넣어 공기를 빼내고, 오토클레이브autoclave, 가압 처

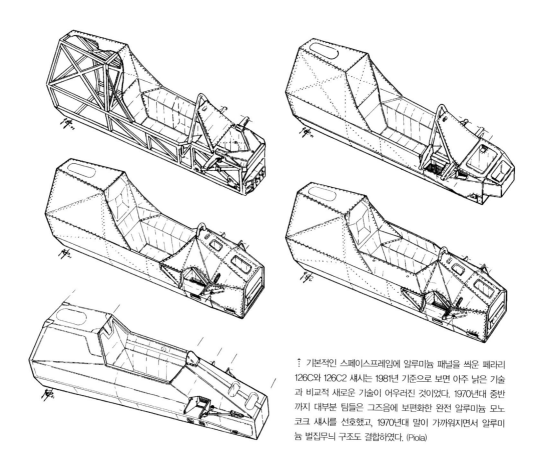

‡ 기본적인 스페이스프레임에 알루미늄 패널을 씌운 페라리 126C와 126C2 섀시는 1981년 기준으로 보면 아주 낡은 기술과 비교적 새로운 기술이 어우러진 것이었다. 1970년대 중반까지 대부분 팀들은 그즈음에 보편화한 완전 알루미늄 모노코크 섀시를 선호했고, 1970년대 말이 가까워지면서 알루미늄 벌집무늬 구조도 결합하였다. (Piola)

리기에서 100psi의 압력을 가해 구워냅니다. 이 수지 공정이 끝나고 나면 전체 구조는 바위만큼 단단해지죠."

이 단계에 이르면 상부 왼쪽과 오른쪽, 그리고 아래쪽 절반의 세 개 개별 부품을 통해 모노코크의 형태가 어떻게 결정될지 조금이나마 짐작할 수 있다.

공정의 두번째 단계는 기계 가공이다. "5축 가공기계 두 개가 작동하게 됩니다."라고 운영감독 존 마들John Mardle은 이야기한다. 이 기계들은 허용오차 0.05밀리미터의 정확도로 작동하고, 섀시 가공을 위한 프로그래밍에만 40시간이 걸린다. "기계들은 컴퓨터로 제어되어 에폭시 구조를 연마하고 깎습니다. 이 단계의 주된 목표는 대략의 형태를 만드는 것이죠. 이어서 결과물이 완벽해질 때까지 점점 더 섬세한 공구를 사용해 나갑니다. 160시간 동안 작업하고 나면 공정 초기에 계단처럼 쌓여 있던 거친 에폭시 시트는 최종 결과물에 90퍼센트 정도 가까이 정교한 모습을 갖추게 됩니다."

다음 단계는 힘들여 빛을 내야 하는 시간이다. 모노코크용 거푸집은 이 최종 본으로 만들기 때문에, 표면을 밀리미터 단위로 완벽하게 만들어야 한다. 아주 작은 흠집조차도 1년 내내 만들어질 여섯 개의 섀시에 그대로 복제될 수 있고, 새 경주차를 만드는 시간을 지체시키는 중요한 문제가 될 수도 있다. 와츠는 "완성된 수지 구조를 전달받으면 그것으로 거푸집 만들 준비를 합니다."라고 설명한다. "아주 가는 사포를 사용해 기계가공에서 남은 흔적들을 제거하고, 부품을 검은색으로 칠한 후 번쩍거릴 정도로 광택 작업을 합니다. 몇몇 부품에는 매우 마찰력이 낮은 소재로 수지에 코팅하기도 합니다. 달라붙지 않는 프라이팬에서 볼 수 있는 것과 조금 비슷한 것이죠."

이 시점이 되면 모노코크의 세 부분은 거푸집으로 만들 준비가 되는데, 이 역시 정밀도가 중요한 작업이다. 공정이 본을 뜨는 단계에 이르기까지, 팀은 섀시 본의 정밀도를 0.05밀리미터 수준으로 맞춘다. "거푸집을 어떻게 만들지 결정해야 하므로, 이어지는 단계는 훨씬 더 복잡합니다." 와츠의 설명이다. "예를 들어 몇몇 커다란 부품들이나 표면 형태가 아주 복잡한 부품들은 분할 거푸집을 한 개 이상 만들어야 합니다." 모노코크는 여섯 개로 나누어진 것을 합쳐 두 개의 거푸집을 만든다. 네 개는 상부, 두 개는 하부 거푸집을 위한 것이다.

도료와 이형제를 칠하는 것으로 본 작업이 완료되면 르노 팀 엔지니어들은 형틀을 만들기 위해 자른 종이 여러 장으로 표면 각 부분을 덮는다. 이 종이들은 복합소재 부서에서 탄소섬유 시트를 정확하게 자르는 본으로 쓰인다. "우리가 쓰는 소재는 큰 시트로 만들어진 탄소섬유의 일종입니다. 영하 18도

에서 냉동 보관됩니다. 소재에는 거푸집 표면이 완전히 매끄러워지도록 수지
가 매우 많이 포함되어 있죠." 이렇게 잘린 탄소섬유 조각들은 수지 본 위에
조심스럽게 놓인다.

탄소섬유 시트가 제자리에 놓이면, 모두 커다란 비닐봉지에 넣고 진공상태
가 될 때까지 공기를 뽑아낸다. 그리고 이 구조를 오토클레이브라고 하는 거
대한 오븐에 집어넣는데, 그곳에서는 약 100psi의 고압으로 구조를 양생한
다. 거푸집 양쪽에는 볼트와 너트를 집어넣어, 이어지는 공정 단계에서 정확
하게 조절한다. 거푸집이 식으면 본에서 조심스럽게 분리한다. 그리고 나면
수지 본은 쓸모가 없으므로 폐기한다. 거푸집은 외부의 날카로운 모서리를
갈아낸다. 그리고 시즌 전반에 걸쳐 새 섀시를 만드는 데 쓴다. 르노는 팀이
여러 섀시를 동시에 만들 수 있도록 모노코크마다 거푸집 두 세트를 만든다.

르노 팀은 뒤따르는 공정이 순조롭게 진행되고 신뢰도를 최적화하기 위해
실물 크기 섀시를 만든다. 하위 조립작업을 책임지고 팀이 새 경주차로 만들

어지는 기계 부품의 실제 크기 복제품을 만들 때 공정 단계마다 감독하는 것은 이언 피어스Ian Pearce의 몫이다. "우리는 위시본, 차체, 연료 시스템을 제외한 경주차의 모든 부품을 완벽하게 복제합니다. 탄소섬유, 목재, 금속, 심지어는 부품 절반 가까이에 사용되는 3D 프린터로 만든 수지 모형에 이르기까지 다양한 소재를 사용합니다. 모든 부품은 실제 쓰이는 것과 100퍼센트 정확하게 복제된 것입니다."

이 공정 덕분에 팀은 첫번째로 만든 진짜 모노코크를 시제품 작업에 사용하지 않아도 되므로, 트랙 테스트를 위해 곧바로 투입할 수 있다. 피어스는 "우리가 실물 모형을 만드는 이유는 아주 많습니다."라고 이야기한다. "우선 모든 부품이 완벽하게 조립되는지 확인해야 합니다. 그 과정이 끝나면 전선을 적절한 길이로 모두 잘라 배선작업을 할 수 있습니다. 이런 부품들은 생산에 오랜 시간이 걸리곤 하므로 우리가 측정한 수치를 정확하게 확인하는 것이 중요하죠. 부품을 모두 넣기에는 물리적인 공간 여유가 매우 작으므로 제조 공차는 놀라울 정도로 정확해야 합니다." 모노코크 모형은 경주차를 만드는 데 쓰이는 것과 같은 거푸집으로 만들고, 품질이 다른 탄소섬유를 사용한다는 것 이외에는 진짜 모노코크와 똑같다. 이렇게 하면 작업하기가 더 쉽고 시간도 약간 벌게 된다.

만들어진 모노코크 모형은 4면 평판에 놓아 비교 기준 역할을 하게 된다. 그 이후로 설계부서에서 나오는 모든 도면은 이것을 바탕으로 한다. 가장 중요한 것은 섀시 아래쪽 부분의 준비다. 이곳에는 무게 배분을 최적화하기 위해 부품 대다수가 들어간다. 팀은 부품들이 도착하는 순서대로 결합한다. 두번째 단계에서는 엔진을 모노코크 아랫부분에 결합한다. 조립작업자들은 섀시 위쪽 부분이 완성되면 접착하지 않도록 주의하며 즉시 아래쪽 절반에 결합한다. 그렇게 해야 모든 것이 제자리에 정확하게 놓였는지 확인할 때마다 모노코크를 떼어낼 수 있다.

↕ 컴퓨터 응용 제조방식을 활용해 정해진 수만큼 절단된 단면의 끝과
끝을 이어 붙여 모노코크 섀시의 기본 형태를 만든다. (Renault F1)

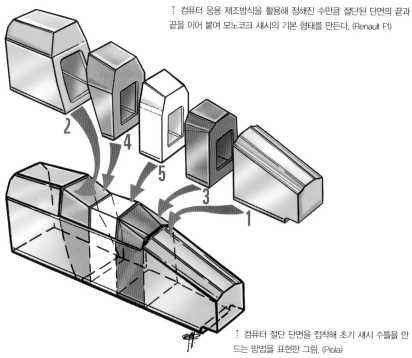

↕ 컴퓨터 절단 단면을 접착해 초기 섀시 수틀을 만
드는 방법을 표현한 그림. (Piola)

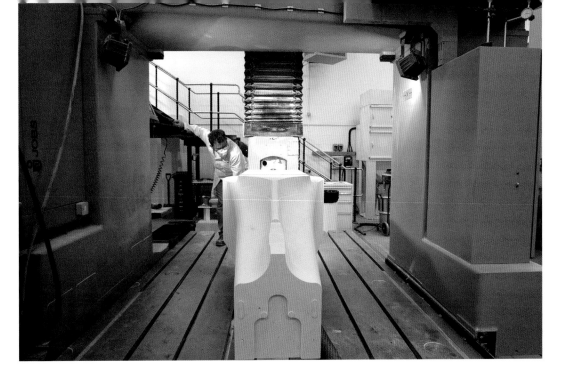

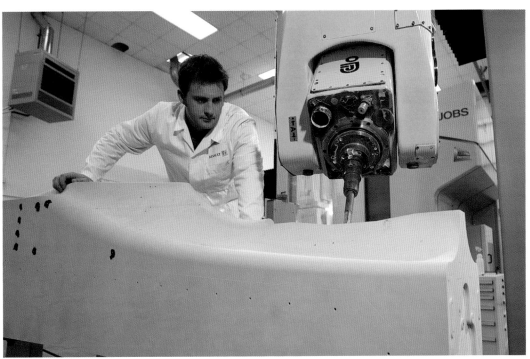

⁝ 함께 결합한 단면들은 새로 만들 섀시를 위한 수틀의 최종 형상을 갖추도록 부드러운 곡면으로 가공된다. (Renault F1)

⠶ 원형 수틀이 완벽하게 만들어지면 이를 이용해 암틀을 만든다. 실제 섀시는 이것을 이용해 만들어진다. (Renault F1)

F1에는 첨단기술이 총동원되지만, 드물기는 해도 가끔 치수가 약간 잘못될 수 있다. 모형을 사용하면 그런 문제들을 사전에 차단할 수 있다. 드라이버들도 시트 형상을 세밀하게 조절하고 운전석 내에서 위치를 잡을 때에 복제품을 사용한다. 팀 정비 책임자 역시 경기가 열리는 주말 동안에 부품을 서둘러 교체해야 할 상황이 되었을 때 특정 부품이 지나치게 손대기 어렵지 않도록 진행상황을 주의 깊게 지켜본다. 모형은 대개 경주에 투입될 첫 섀시가 만들어지기 한 달 전쯤에 완성된다. 하지만 르노 팀의 모형은 새 경주차에 쓰기 위해 개발하는 부품들의 정확도를 측정할 수 있도록 시즌 내내 사용된다.

거푸집과 형틀을 만들고 나면, 복합소재 부서의 극장 영사실처럼 생긴 환경에서 제대로 된 섀시의 생산이 시작된다.

F1 경주차의 섀시는 단순히 한 가지 소재로만 구성되지는 않는다. 탄소섬유, 수지, 알루미늄 벌집무늬 구조를 포함해 최대 다섯 가지 서로 다른 소재가 완제품을 구성한다. 탄소섬유 절단의 첫 단계는 렉트라Lectra 절단기에 각

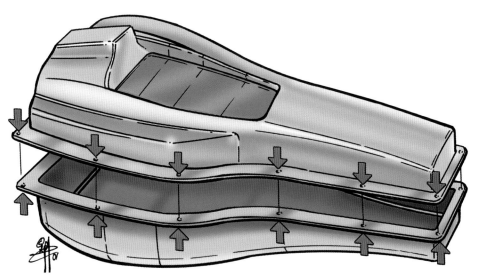

⁝ 현대적인 모노코크 구조는 대부분 두 개의 암틀을 사용해 만들어지는데, 각각 섀시의 반쪽인 이 암틀 두 개를 겹쳐 함께 접착한다. (Piola)

↑ 일단 거푸집이 만들어지면, 그것을 이용해 탄소섬유 직물을 세심하게 겹쳐 섀시를 만드는 작업을 진행할 수 있다. (Renault F1)

부품의 디지털화된 파일을 전송한다. 그러면 소프트웨어가 특정한 소재로 만들 모든 부품을 한데 모으고 최대한 효율적으로 배치한다. 그래도 잘릴 때 소재의 방향만큼은 절대로 바뀔 수 없다. 섬유소재는 그 소재로 만들 부품에 가해질 힘에 따라 특정한 방향으로만 잘라야 한다. 부품들이 모인 것은 '마커 marker'라고 부르는데, 마커가 완성되어야 절단기가 작동을 시작할 수 있다. 르노 팀의 경우 섀시 위쪽 부분을 만들기 위해 거푸집에 쌓아야 할 서로 다른 형상을 최대 500개까지 잘라낸다. 섀시에서 이 부분에 해당하는 마커를 모두 잘라내는 데는 두세 시간이 걸린다.

섀시 자체는 외피, 중심부, 내피의 세 겹으로 구성된 샌드위치 구조다. 외피는 탄소섬유 150~200개의 덩어리 또는 그만한 수의 절단된 형태로 이루어진다. 거푸집이 완성되면 설계실에서 넘겨받은 도면에 따라 탄소섬유 덩어리

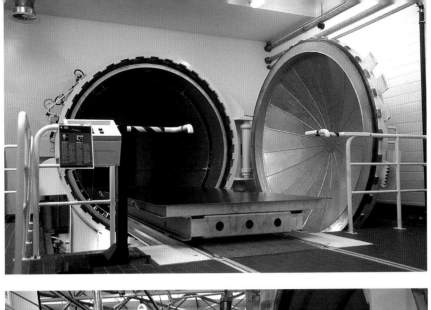

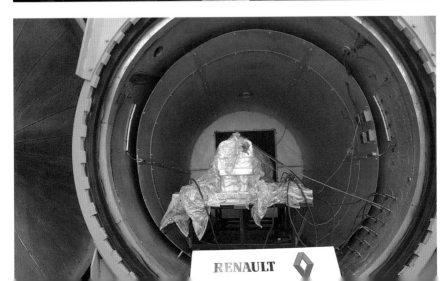

←··· 탄소섬유 섀시는 적층 공정의 여러 단계에서 이처럼 거대한 오토클레이브에서 압력을 가해 특수 가공된다. (sutton-images.com and Renault F1)

를 쌓아 나가는 공정을 시작하는데, 이 조각들의 방향을 맞추기 위해 극도로 세심한 주의를 기울인다. 종류가 다른 탄소섬유가 겹겹이 쌓이고, 섀시 위치에 따라 소재의 양도 달라진다. 엔진 마운트나 롤 후프 같은 몇몇 중요한 부분에는 가해지는 힘을 감당할 수 있도록 더 많은 소재를 써야 한다. 표면을 준비하는 동안, 탄소섬유 덩어리들은 '공기빼기de-bulk'를 위해 오토클레이브에서 고압으로 구워지고, 여러 겹으로 된 소재를 함께 가공한다. 표면이 완성되면 중심부와 내피를 덧붙이기 전에 오토클레이브에서 양생한다.

복합소재 부서의 클린 룸에서 섀시 생산을 위해 소재를 겹쳐 올리는 단계 전반에 걸쳐 오토클레이브는 몇 가지 용도로 쓰인다. 이른바 '공기빼기'라는 일에 쓰이기도 하고, '양생하는' 역할도 한다. 오토클레이브는 사실 탄소섬

‡ 기본적인 탄소섬유 복합소재 모노코크 섀시는 이 2인승 경주차에서도 마찬가지로 인상적인 느낌을 줄 뿐 아니라 한 사람이 들 수 있을 정도로 가볍다.
(sutton-images.com)

유가 '익는' 커다란 가압 오븐이다. 기본적으로 섀시 제작은 단계별로 서로 다른 탄소섬유 조각들을 쌓아올리면서 진행되고, 오토클레이브는 단계마다 중요한 역할을 한다. 부품들은 진공상태에서 각기 다른 온도와 압력이 가해져 소재로부터 공기가 빠진다. 오토클레이브에 들어가는 모든 부품이 같은 과정을 거친다. 거푸집에 차곡차곡 쌓인 탄소섬유는 반드시 공기가 통하는 플라스틱층으로 덮어 공기가 빠져나갈 수 있도록 한다. 그 후 진공 호스를 결합해 오븐에 들어가는 비닐봉지에 넣기 전에 통풍되는 섬유로 덮는다.

오토클레이브로 하는 두 가지 기본 공정은 공기빼기와 양생이다. 공기빼기는 소재의 크기를 줄이고 압축하는 것이다. 핵심은 '단단한' 소재로 완성할 수 있도록 고안된 양생과 크게 다르지 않다. 따라서 공기빼기로는 수지가 흘러 소재가 거푸집 크기에 맞게 줄어들 수 있도록 좀 더 낮은 온도로 조절한다. 덩어리를 구울 준비가 되기 전까지 섀시 표면마다 공기빼기를 두세 차례 해야 할 수도 있다. 굽기는 탄소섬유가 강도와 강성을 얻는 과정이다. 일반적으로 섀시를 처음 양생할 때에는 100psi 정도의 압력으로 최대 180도에서 서너 시간 정도 오토클레이브에 넣는다. 그리고서 온도가 오르면 꾸준히 압력도 높아지는데, 이 작업이 완료되는 정확한 시점은 팀마다 철저한 비밀로 지켜지고 있어 섀시의 성능을 좌우하는 부분이라는 것을 알 수 있다. 중심부와 내피도 마찬가지로 양생 처리되지만, 더 낮은 압력에서 진행된다.

마지막 양생이 완료되어 거푸집을 부수고 최종 부품을 꺼내고 나면, 섀시의 위쪽과 아래쪽 부품들은 최종 기계 가공에 들어간다. 분할된 양쪽 부분은 전용 지그(르노는 휴론 사의 기계를 사용한다)에 설치되고, 탄소섬유와 서스펜션 또는 엔진 장착지점에 필요한 여러 금속 삽입물에 구멍을 뚫는다. 그 뒤로 대형 JOBS 기계를 이용한 작업을 통해 의무 장착하는 카메라의 설치 위치나 연료 주입구 주변 영역 같은 세부적인 것들이 섀시의 내부 단면과 함께 완성된다. 이 작업이 끝나고 나면 두 개로 나뉘어 만들어진 부분들을 접착할 수

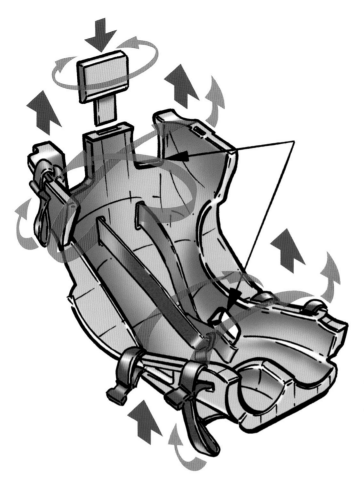

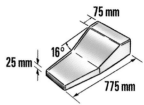

↕ FIA는 사고 발생 시 규정된 5초 이내에
드라이버가 탈출할 수 없을 정도로 폐쇄되
지 않게 하기 위해 모든 F1 섀시의 운전석
이 들어가는 구멍에 정해진 틀을 의무적으
로 사용하도록 했다. (Piola)

←··· 리어 사가 설계한 탈착식 시트 역시 현
재 의무사항이어서, 사고 발생 시 의료진이
드라이버의 자세를 바꾸지 않고 끌어낼 수
있다. 이는 척추를 다친 드라이버에게 매우
큰 영향을 줄 수 있다. (Piola)

있다. 비로소 섀시가 거의 완성되는 셈이다.

서스펜션과 시스템 장착지점을 가공하려면 섀시마다 100퍼센트의 정확성
과 신뢰도로 공정이 반복될 수 있도록 완벽한 정확성을 갖춰야 한다. 이 공정
은 시제품 섀시에서는 3주 정도 걸리지만, 나중에는 섀시당 일주일 정도로 단
축된다.

설계자들은 섀시를 설계하고 생산할 때 반드시 필요한 무게와 강성이 충돌
하는 것의 균형을 계속해서 잡아야 한다. 샌드위치 구조가 두터워질수록 섀
시는 더 단단해지지만 무게는 늘어난다. 중심부가 얇아지면 무게 면에서는

유리하지만, 유연성이 커질 것이다. 섀시 구조의 측면은 반드시 FIA의 승인을 받아야 할 정도로 엄격하게 통제된다. 팀들이 만든 섀시 구조 견본은 FIA로 보내져 다른 경주차가 섀시와 충돌하는 것과 같은 수준의 충격을 가하는 실험을 한다. 이 구조가 일단 강도 시험을 통과하면 시즌 내내 변경되지 않고 고정된다.

겨울 동안 르노 팀의 복합소재 부서는 섀시를 생산하기 위해 문자 그대로 밤낮없이 일한다. 와츠는 "우리는 주야간 교대로 가동하는 10개의 전용 섀시 적층 성형기가 있습니다."라고 설명한다. "클린 룸에는 언제든지 두 개의 상부 거푸집과 두 개의 하부 거푸집이 있어 두 개의 섀시를 동시에 포갤 수 있습니다." 섀시 제작에는 엄청난 노동력이 필요하지만, 사실 복합소재 부서의 일반적인 업무에 비하면 예외적인 일이다. "다른 모든 부품은 대부분 전체 부품

⋮ FIA 의무충돌시험을 위해 준비된 조던 팀 섀시. 차체 중앙부가 아직 검은색 탄소 섬유 상태 그대로다.
(sutton-images.com)

↕ 롤랑 브런서레이드(Roland Bruynseraede), 게르하르트 베르거, 시드 왓킨스(Sid Watkins) 교수, 찰리 화이팅을 비롯한 사람들이 충돌시험 장비를 완벽하게 갖춘 섀시를 준비하고 있다. (sutton-images.com)

을 기술자 한 명이 처음부터 끝까지 만듭니다. 가장 효율적인 방법은 아니지만, 우리 시스템은 최고 품질의 부품을 만드는 데 최적화되어 있습니다. 이는 일관성을 높여줄 뿐 아니라 기술자들에게 자신들의 업무에 대한 진정한 자신감을 부여합니다."

그런 세심한 주의가 차이를 만든다는 점은 F1 설계와 구조의 모든 부분에서 분명해진다.

섀시 설계가 정체되었다고 이야기하는 것이 잘못일 수 있지만, 복합소재 모노코크는 현재 훌륭하게 발전한 상태다. 가장 최근에 이루어진 규격의 중대한 변화는 2008년에 있었다. 2007년 호주 그랑프리에서 레드불 팀의 데이비드 쿨사드의 경주차가 윌리엄즈 팀의 알렉스 부르츠의 경주차 운전석을 가로지르며 부르츠의 머리를 아슬아슬하게 스쳐가는 불쾌한 사고가 일어난 이후, 드라이버의 머리 보호능력을 강화하기 위해 운전석 측면이 20밀리미터 높아지고 길어졌다.

이런 최첨단기술의 결정체를 만드는 사람들 가운데 일부는 완성된 섀시가 다음 단계로 넘어가 FIA의 의무충돌시험(96~99쪽 참조)을 받는 것을 절대로 보려 하지 않을 것이다. 이 시험은 예측 가능한 사고가 일어났을 때 운전자를 가장 안전하게 보호하는 방법을 만드는 데 목적이 있다. 시험은 대부분 FIA의 통제 하에 영국 베드퍼드셔에 있는 크랜필드 충돌시험센터에서 이루어지는데, 해외 팀들은 좀 더 가까운 지역에 있는 비슷한 기준의 시설을 지정할 수 있다. 시험은 극도로 엄격하지만, 1985년에 도입된 이후로 드라이버들의 생명을 구하고 부상에서 보호하는 데 중요한 역할을 했다. 또한 현대적인 F1 기술에서 장점이 가장 알려지지 않은 성과 중 하나다.

FIA 포뮬러 1 구조충돌 시험—1997년 이후

FIA가 의무 새시 구조 충돌시험을 도입한 것은 1985년으로 거슬러 올라가며, 다음과 같은 엄격한 시험으로 구성되어 있다.

시험 1 고정 벽 충돌시험(1985년 도입)

이것은 정면충돌시험으로, 통과하지 못하면 전체 구조를 조정해야 할 수도 있기 때문에 설계자들이 가장 노심초사하는 것이다. 이 시험의 목적은 경주차가 드라이버의 발목과 다리를 적절하게 보호할 수 있는지 확인하는 데 있다.

- 시험 대상 구조: 전체 서바이벌 셀에 부착된 노즈 박스
- 충돌 속도: 초속 12m
- 질량: 780kg
- 변형: 노즈 박스로 한정되어야 하며 소화기 또는 안전벨트 고정부에 손상을 입히지 않아야 한다. 드라이버의 발은 최소한 서바이벌 셀 앞쪽으로부터 30센티미터 떨어져야 한다.
- 최대 평균 가속도(G): 25
- 시험 조건: 소화기를 완벽하게 갖추고 연료탱크는 물로 채운 상태에서 반드시 75킬로그램 무게의 더미를 안전벨트를 채운 상태로 앉혀야 한다. 충돌이 진행되는 도중에 더미의 가슴 부분 감속 가속도는 0.003초 이상 60G를 넘지 않아야 한다.

시험 2 주 전복보호 구조 상부에 대한 정적부하 시험(1991년 도입)

경주차가 전복되어 무게가 실렸을 때 전복보호 후프가 변형되거나 파손되지 않은 상태로 견딜 수 있는 능력을 지녔는지

←⋮→ 이 사진들을 보면서 노즈 부분 충돌시험을 불편하게 느낄 사람들도 있겠지만, 수년간 이루어진 FIA의 안전관련 활동이 효과적이었다는 사실은 의심할 여지가 없다. (John Townsend)

가늠하기 위해 고안된 시험이다.

- 시험 대상 구조: 전체 서바이벌 셀에 부착된 주 전복보호 구조
- 시험 부하: 72.08kN으로, 높이 방향 부하 57.39kN, 길이 방향 부하 42.08kN, 수평 방향 부하 11.48kN를 합한 것이다.
- 변형: 부하가 가해지는 축 방향으로 측정했을 때 50밀리미터를 넘지 않아야 하고, 파손부위가 구조 상단으로부터 수직 방향으로 측정했을 때 아래로 100밀리미터를 넘지 않아야 한다.

시험 3 노즈 측면에 대한 정적부하 시험(1990년 도입)

'밀어내기 시험'으로도 알려진 이 시험은 경주차가 비교적 얕은 각도로 방벽에 충돌했을 때처럼 변형 가능한 에너지 흡수 구조를 갖춘 노즈가 비스듬히 충격을 받는 동안 손상되지 않은 상태를 유지할 수 있는지 확인하기 위한 것이다.

- 시험 대상 구조: 전체 서바이벌 셀에 부착된 노즈 박스
- 시험 부하: 앞쪽 휠 축 55cm 지점에 40kN
- 시험 시간: 시험 부하를 30초 동안 유지해야 한다.
- 변형: 노즈 박스와 서바이벌 셀 사이의 어떠한 구조나 부착물도 파손되지 않아야 한다.

시험 4 서바이벌 셀 양쪽 측면에 대한 정적부하 시험(1992년에 도입)

이것은 '압착' 또는 '쥐어짜기 시험'으로 불리며, 모노코크 새시가 측면 충돌에 대해 적절한 보호능력이 있는지 확인하기

‡ 경주차는 대부분 수평으로 뻗은 상어 지느러미를 닮은 이런 장치를 측면 충돌 보호 구조로 사용한다. 사진은 윌리엄즈 FW24. (저자)

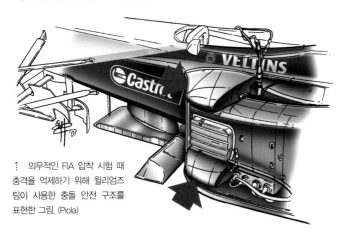

‡ 의무적인 FIA 압착 시험 때 충격을 억제하기 위해 윌리엄즈 팀이 사용한 충돌 안전 구조를 표현한 그림. (Piola)

게를 비교할 수 있도록 같은 조건으로 생산되어야만 한다. 처음 생산된 것의 무게를 먼저 측정하고 나중에 생산된 것은 처음 측정한 무게에서 5퍼센트 이내의 오차 범위를 유지해야 한다.

- 시험 부하: 첫 서바이벌 셀에 대해 25kN, 이후에 생산된 것에 대해 20kN
- 시험 방법: 10cm×30cm 크기의 보호대를 서바이벌 셀과 부하를 가하는 부분 사이에 놓는다.
- 시험 위치: 앞쪽 휠 축과 앞쪽 전복보호 구조 사이의 중앙 지점을 통과하는 수직면
- 시험 시간: 시험 부하를 30초 동안 유지해야 한다.
- 변형: 부하를 제거한 후 변형상태가 유지되는 정도가 1밀리미터를 넘지 않아야만 한다. 나아가 나중에 만들어진 모든 서바이벌 셀의 내피 전체 이동량의 합계는 처음 만들어진 서바이벌 셀에 20kN의 부하를 가한 것에서 측정한 이동량의 120퍼센트를 넘지 않아야 한다.

시험 5 서바이벌 셀 양쪽 측면에 대한 정적부하 시험(1988년에 도입)

이것은 또 하나의 '쥐어짜기 시험'으로, 드라이버의 엉덩이 높이에서 이루어진다.

- 시험 대상 구조: 완성된 모든 서바이벌 셀. 모든 서바이벌 셀은 각각의 무게를 비교할 수 있도록 같은 조건으로 생산되어야만 한다. 처음 생산된 것의 무게를 먼저 측정하고 나중에 생산된 것은 처음 측정한 무게에서 5퍼센트 이내의 오차 범위를 유지해야 한다.
- 시험 부하: 30kN

위해 고안되었다. 시험은 섀시의 길이 방향으로 여러 지점에서 이루어진다. (개리 앤더슨은 어느 날 아침 조던 팀 정비사들이 실버스톤 서킷으로 가는 도중 생울타리에 걸쳐져 있는 파손된 경주차 모노코크를 지나친 이야기를 해주었다. 그것은 F1 경주차 크기였는데, 알고 보니 1990년에 라이프 팀이 만든 섀시(이전에 퍼스트 팀이 만들었던)가 충돌시험을 통과하지 못하자 그냥 버려둔 것이었다고 한다.)

- 시험 대상 구조: 완성된 모든 서바이벌 셀. 모든 서바이벌 셀은 각각의 무

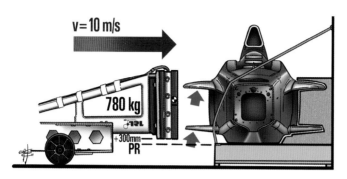

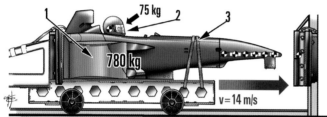

↕ FIA의 엄격한 충돌시험 규정이 많은 생명을 구한 것은 분명한 사실이다. (Piola)

한 이동량의 120퍼센트를 넘지 않아야
만 한다.

시험 7 서바이벌 셀 양쪽 측면에 대한 정적부하 시험(1991년에 도입)

이것도 '쥐어짜기 시험' 중 하나로, 아래
쪽에 대한 충격을 견딜 수 있는 섀시의 능
력을 가늠하기 위한 것이다.

- 시험 대상 구조: 완성된 모든 서바이벌
  셀. 모든 서바이벌 셀은 각각의 무게를
  비교할 수 있도록 같은 조건으로 생산
  되어야만 한다. 처음 생산된 것의 무게
  를 먼저 측정하고 나중에 생산된 것은
  처음 측정한 무게에서 5퍼센트 이내의
  오차 범위를 유지해야 한다.
- 시험 부하: 첫 서바이벌 셀에 대해
  12.5kN, 이후에 생산된 것에 대해
  10kN
- 시험 방법: 지름 20센티미터 크기의 보
  호대를 연료탱크 바닥 아래쪽과 부하
  를 가하는 부분 사이에 놓는다.
- 시험 위치: 연료탱크 바닥 부분의 중앙
  을 통과하는 수직면
- 시험 시간: 시험 부하를 30초 동안 유
  지해야 한다.
- 변형: 부하를 제거한 후 변형상태가 유
  지되는 정도가 0.5밀리미터를 넘지 않
  아야만 한다. 나아가 나중에 만들어진
  모든 서바이벌 셀의 내피 전체 이동량
  의 합계는 처음 만들어진 서바이벌 셀
  에 10kN의 부하를 가한 것에서 측정한
  이동량의 120퍼센트를 넘지 않아야만
  한다.

시험 8 서바이벌 셀 양쪽 측면에 대한 정적부하 시험(1991년에 도입)

이것 역시 '쥐어짜기 시험'의 하나로, 앞

- 시험 방법: 지름 20센티미터 크기의 보
  호대를 서바이벌 셀과 부하를 가하는
  부분 사이에 놓는다.
- 시험 위치: 허리 안전벨트 장착 지점을
  통과하는 수직면
- 시험 시간: 시험 부하를 30초 동안 유
  지해야 한다.
- 변형: 최대 이동량은 20밀리미터이며
  부하를 제거한 후 변형상태가 유지되
  는 정도가 1밀리미터를 넘지 않아야만
  한다.

시험 6 서바이벌 셀 양쪽 측면에 대한 정적부하 시험(1988년에 도입)

이것 역시 '쥐어짜기 시험' 중 하나다.

- 시험 대상 구조: 완성된 모든 서바이벌
  셀. 모든 서바이벌 셀은 각각의 무게를
  비교할 수 있도록 같은 조건으로 생산

되어야만 한다. 처음 생산된 것의 무게
를 먼저 측정하고 나중에 생산된 것은
처음 측정한 무게에서 5퍼센트 이내의
오차 범위를 유지해야 한다.

- 시험 부하: 첫 서바이벌 셀에 대해
  25kN, 이후에 생산된 것에 대해 20kN
- 시험 방법: 10cm×30cm 크기의 보호
  대를 서바이벌 셀과 부하를 가하는 부
  분 사이에 놓는다.
- 시험 위치: 연료탱크 측면 부분의 중앙
  을 통과하는 수직면
- 시험 시간: 시험 부하를 30초 동안 유
  지해야 한다.
- 변형: 부하를 제거한 후 변형상태가 유
  지되는 정도가 1밀리미터를 넘지 않아
  야만 한다. 나아가 나중에 만들어진
  모든 서바이벌 셀의 내피 전체 이동량
  의 합계는 처음 만들어진 서바이벌 셀
  에 20kN의 부하를 가한 것에서 측정

쪽 벌크헤드(격벽) 높이에서 이루어진다.

- 시험 대상 구조: 완성된 모든 서바이벌 셀
- 시험 부하: 20kN
- 시험 방법: 10cm×30cm 크기의 보호
- 대를 서바이벌 셀과 부하를 가하는 부분 사이에 놓는다.
- 시험 위치: 앞쪽 휠 축을 통과하는 수직면
- 시험 시간: 시험 부하를 30초 동안 유지해야 한다.
- 변형: 서바이벌 셀 내피에 구조적인 파손이 없어야 한다.

시험 9 서바이벌 셀 양쪽 측면에 대한 정적부하 시험(1991년에 도입)

이것도 또 하나의 '쥐어짜기 시험'이다.

- 시험 대상 구조: 완성된 모든 서바이벌 셀
- 시험 부하: 20kN
- 시험 방법: 10cm×30cm 크기의 보호대를 서바이벌 셀과 부하를 가하는 부분 사이에 놓는다.
- 시험 위치: 앞쪽 휠 축과 안전벨트 허리띠 고정부를 통과하는 수직면
- 시험 시간: 시험 부하를 30초 동안 유지해야 한다.
- 변형: 서바이벌 셀 내피에 구조적인 파손이 없어야 한다.

시험 10 고정 벽 충돌시험(1985년 도입되어 1998년에 개선)

이 시험은 측면 충돌에 견디는 능력을 가늠하기 위해 고안되었다.

- 시험 대상 구조: 완성된 서바이벌 셀 양쪽 측면에 부착된 측면 충격 흡수 구조
- 시험 속도: 초속 7m
- 질량: 780kg

- 시험 위치: 운전석 입구 틀의 뒤쪽 가장자리 전방 525밀리미터
- 변형: 모든 변형은 충격 흡수 구조에서만 이루어져야 한다. 서바이벌 셀의 손상은 허용되지 않는다.
평균 감속 가속도는 10G를 넘을 수 없다.

시험 11 운전석 테두리 양쪽 측면에 대한 정적부하 시험(1996년에 도입)

운전석에 들어가는 구멍의 완벽성을 가늠하기 위한 또 다른 '쥐어짜기 시험'이다.

- 시험 대상 구조: 완성된 모든 서바이벌 셀. 모든 서바이벌 셀은 각각의 무게를 비교할 수 있도록 같은 조건으로 생산되어야만 한다. 처음 생산된 것의 무게를 먼저 측정하고 나중에 생산된 것은 처음 측정한 무게에서 5퍼센트 이내의 오차 범위를 유지해야 한다.
- 시험 부하: 첫 서바이벌 셀에 대해 10kN, 이후에 생산된 것에 대해 8kN
- 시험 방법: 지름 10센티미터 크기의 보호대를 운전석 테두리 양쪽에 놓는다.
- 시험 위치: 운전석 입구 틀의 뒤쪽 가장자리 전방 200밀리미터

- 시험 시간: 시험 부하를 30초 동안 유지해야 한다.
- 변형: 부하를 제거한 후 변형상태가 유지되는 정도가 1밀리미터를 넘지 않아야만 한다. 나아가 나중에 만들어진 모든 서바이벌 셀의 내피 전체 이동량의 합계는 처음 만들어진 서바이벌 셀에 8kN의 부하를 가한 것에서 측정한 이동량의 120퍼센트를 넘지 않아야만 한다.

시험 12 고정 벽 충돌시험(1997년에 도입)

정면충돌시험과 같은 방식으로 이루어지는 후방 추돌 시험이다.

- 시험 대상 구조: 변속기에 부착된 후방 충격 흡수 구조
- 충돌 속도: 초속 12m
- 질량: 780kg
- 변형: 모든 변형은 뒤쪽 휠 중앙선 뒤쪽 영역에서만 이루어져야 한다.
평균 감속 가속도는 35G를 넘을 수 없으며 최대 감속 가속도는 0.003초 이상 60G를 넘을 수 없다.

⋮ 사진 아래쪽에 있는 검은색 탄소섬유 부분이 후방충돌 안전구조다. 이 부분은 리어 윙 장착 시스템 역할도 한다. (저자)

④ 엔진

공기의 힘

엔진은 경주차의 심장이지만, 사람의 심장이 피를 불어넣는 대신 이 기계 심장은 기본적으로 공기를 불어넣는다. 드라이버를 제외한다면, 차가 전반적인 성능을 낼 때 전체 기계적 구성에서 각 부분이 차지하는 비중은 엔진이 25퍼센트, 섀시가 50퍼센트, 타이어가 25퍼센트다.

로터스 팀과 윌리엄즈 팀이 1970년대 말과 1980년대 초반에 각각 지면효과의 활용에서 비약적인 발전을 했던 시절처럼, 과거에는 출력이 부족한 차라 하더라도 뛰어난 접지력을 낼 수 있다면 더 강력한 엔진을 얹은 차를 이길수 있었다. 하지만 1980년대 말에 이르기까지 주요 팀들이 대부분 강력한 터보 엔진을 갖추며 공기역학이 비슷한 수준으로 널리 확대되면서, 이러한 가능성은 확실히 줄어들었다. 지금은 훨씬 엄격해진 기술 규정 때문에 경주차의 기술 수준이 아주 비슷해졌다. 접지력이 탁월하더라도 전체 시즌을 소화할 수 있는 강력함이 부족하면 출력이 부족한 차가 이기기는 거의 불가능하게되었다. 하지만 어느 규칙이든 예외는 있기 마련이다. 2003년 르노 팀의 광각 V10 엔진은 BMW 팀의 협각 엔진보다 어느 면에서 보더라도 최대 100마력은 부족한 것으로 여겨졌다. 그러나 페르난도 알론소는 엔진의 낮은 무게중심(과 다른 여러 가지)에 힘입은 핸들링의 강점을 살려 헝가리 그랑프리에서

←··· 배기 파이프를 달아 완성된 토요타 RVX-09 V8 2.4리터 엔진은 현대적인 F1 엔진이 얼마나 작고 잘 꾸려져있는지를 보여준다. (Toyota)

우승할 수 있었다.

모든 F1 엔진은 오토 사이클Otto cycle을 바탕으로 작동하는 4행정 방식이다. 엔진은 다음과 같이 작동한다. 피스톤은 엔진 블록이나 크랭크케이스에 위치하는 실린더 내부에서 움직인다. 피스톤의 아래쪽 끝은 크랭크샤프트와 연결되어 있는데, 크랭크샤프트는 크랭크케이스의 길이만큼 움직이고 기어를 통해 실린더 뱅크 꼭대기의 각 실린더 헤드 안에 있는 네 개의 캠샤프트와 연결되어 있다. 실린더 뱅크마다 두 개의 캠샤프트가 있는데, 하나는 흡기 밸브를, 다른 하나는 배기 밸브를 작동한다. 점화시기와 밸브 작동시기를 조절하는 시스템은 밸브가 적절한 시기에 열리고 닫히는 것과 함께 정확한 시기에 스파크 플러그가 연료/공기 혼합기를 점화할 수 있도록 신중하게 설계된다.

흡기행정에서는 피스톤이 아래로 내려가면서 공기와 연료를 실린더 안으로 끌어들인다. 공기와 연료는 이른바 이론 공연비stoichiometric ratio인 14:1의 비율로 혼합된다. 요즘 엔진은 실린더마다 밸브 4개를 사용하는데, 흡기 밸브 2개와 배기 밸브 2개로 구성된다. 이들은 1970년대까지 F1에 쓰인 모든 구조를 대체한 실린더당 2밸브 구조보다 더 효율적이어서 더 큰 출력을 낸다. 현재 규정에서는 실린더당 흡기 3개, 배기 2개씩 최대 5개까지 밸브를 사용할 수 있다. 1980년대에 야마하와 람보르기니 등이 5밸브 구조를 시도했지만 뚜렷한 성과를 얻지 못했다.

흡기행정에서 캠샤프트는 흡기 밸브를 열어 실린더에 공기와 연료 혼합기를 끌어들인다. 피스톤이 가장 낮은 지점인 하사점bottom dead centre에 이르면 두번째 행정인 압축행정이 시작된다. 그러면 캠샤프트는 밸브를 닫아, 올라가는 피스톤이 공기/연료 혼합기를 압축해 온도를 높인다. 이 혼합기가 압축되는 비율인 압축비는 엔진 출력의 핵심 요소 중 하나다. 현재의 엔진에서는 대개 적어도 14:1은 되어야 한다. 피스톤이 행정에서 가장 높은 위치인 상사점top dead centre에 이르면, 점화 시스템이 스파크 플러그를 통해 전기로 폭발을 일으켜 공기/연료 혼합기를 점화한다. 그 결과로 생기는 폭발이 피스톤을 실린더 아래로 밀어내려 세번째 행정인 폭발행정을 이끈다. 화염의 전파와 실린더 안에서 모든 혼합기가 연소되는 효율은 엔진 출력을 결정하는 또 하나의 요소다. 피스톤이 하사점에 이르면 다시 올라가기 시작하는데, 이번에는 배기 캠샤프트에 의해 배기 밸브가 열리므로 연소된 혼합기는 실린더로부터 배출될 수 있다. 배기 파이프가 그것을 운반해 대기로 배출한다. 이 부분의 효율 역시 출력에 큰 영향을 미치므로, 현대적인 경주차용 엔진은 실린더당 한 개의 배기 파이프를 사용하고 훨씬 뒤쪽에서 최대 세 개의 다른 파이프와 연결된다.

이 과정은 엔진이 작동할 때 연속적으로 일어나며, 실린더마다 점화순서 단계에 따라 시간을 달리해 일어난다. 개별 실린더가 점화하는 순서는 가능한 한 엔진이 부드럽게 회전할 수 있도록 설계된다. 일반적으로 12기통 엔진은 훨씬 더 많이 진동하는 경향이 있는 8기통보다 더 부드럽게 회전하는데, 이는 V10 엔진이 훌륭한 절충안이 되는 또 다른 이유다.

이 모든 움직임이 만들어내는 운동은 엔진이 구동계와 연결되는 부분인 크랭크샤프트의 뒤쪽에서 시작한다(제6장 참조).

엔진 부품의 약 63퍼센트는 알루미늄으로 만든다. 실린더 헤드, 크랭크케이스, 오일 팬, 캠 커버, 피스톤, 냉각수 펌프 케이스 같은 여러 부품들이 모두 이 소재를 주조한 것이다. 철은 30퍼센트 정도로, 크랭크샤프트와 캠샤프트처럼 표면경화 처리하는 것과 타이밍 기어 등 생산에 오랜 시간이 걸리는 것들이다. 매우 가볍지만 값비싼 금속인 티타늄은 전체에서 약 5퍼센트를 차지하고 커넥팅 로드, 밸브, 여러 가지 연결장치 같은 부품에 쓰인다. 또 다른 경량 소재인 마그네슘은 여러 가지 케이스를 주조할 때 소량이 쓰인다. 탄소섬유도 공기를 흡기구로 유도하는 통로인 오버헤드 에어박스나 흡기 트럼펫 및 트럼펫 받침 같은 부품에 약간 쓰인다.

↑ 현대적인 F1 엔진에서는 피스톤 측면이 매우 얇고 밸브 여유공간을 확보하기 위해 크라운을 파놓는 것이 일반적이다. (Piola)

이제는 쓰이지 않는 소재 중 하나로 알루미늄 베릴륨aluminium beryllium을 꼽을 수 있다. 이것은 매우 튼튼하고 가볍지만 중요한 한 팀이 반대했고, 설득력이 있는 이유로 금지가 추진되었다. 메르세데스-벤츠 팀이 1990년대 후반에 누렸던 성능 우위를 잃게 된 이유 중 하나가 그 때문으로 여겨졌다.

한때 세라믹이 엔진 소재 기술에 큰 진전을 가져올 것이라는 예측이 있었지만, 현재로서는 그럴 가능성이 적어 보인다. 1980년대와 1990년대에 개발되었다가 FIA가 F1 엔진 규격을 정해 금지시킨 타원형 피스톤도 마찬가지다.

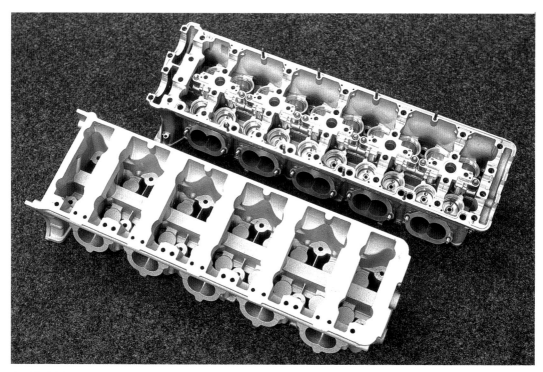

↑ 정밀 엔지니어링이 모든 것을 좌우한다. 사진 아래쪽의 BMW 실린더 헤드는 주조 직후의 모습이고, 위쪽은 기계 가공으로 마무리한 최종 제품이다. (BMW AG)

전 메르세데스-벤츠 팀 엔진 전문가 마리오 일리엔Mario Illien은 소재 기술의 발전이 엔진 성능 향상에 핵심 역할을 했다고 믿었다. "오늘날에는 훨씬 더좋은 알루미늄을 구할 수 있고 주조 기술도 훨씬 좋아졌습니다. 알루미늄 특성이 더 나아졌고 티타늄도 그렇습니다. 게다가 마감이나 코팅 기술도 더 좋아졌죠. 그런 영역에서 나아진 것들이 아주 많고, 그 덕분에 과거에는 더 무거운 부품이 했던 기능을 더 가벼운 부품들로 대체할 가능성이 더 커졌습니다."

2005년까지 F1 규정에서는 엔진은 반드시 자연흡기방식(터보차저를 사용하지 않는)이어야 하고, 최대 배기량은 3리터에 실질적으로 휘발유(1980년대에널리 쓰였던 이색적인 톨루엔 혼합연료가 아닌)를 펌프로 공급해 작동해야 하며,

↑ 1980년대 BMW가 사용한 양산 엔진 실린더 블록 기반의 1.5리터 엔진은 터보차저를 단 것이 가장 돋보였다. (BMW AG)

실린더 수는 최대 10개까지 가능하다고 규정했다. 2006년부터는 V8 2.4리터 엔진을 공급하도록 바뀌었고, 규정이 변경된 첫 시즌에만 특별한 경우에 흡기제한장치가 붙은 V10 엔진이 허용되었다.

혼다 팀의 기발한 V12를 제외하면, 엔진 설계자들은 직렬 4기통, 수평 6기통, V8 구성이 기준이었던 1.5리터 포뮬러를 대신해 1966년에 첫 3리터 F1 규정이 도입되었을 때 높은 출력과 토크 수치를 낼 수 있도록 다양한 해법을 연구했다. 렙코Repco와 포드 팀이 V8을 선택했고, 혼다, 페라리, 마세라티, 웨슬레이크Weslake, 마트라Matra 팀은 모두 V12 쪽을 택했다. 실린더 뱅크 각도를 수평대향 또는 180도 V형 엔진처럼 벌린 두 개의 V8 1.5리터 엔진을 위아래로 놓은 것이나 다름없는 16기통 엔진에 손을 댔다가 실패한 BRM 팀도 V12 대열에 참여했다.

1970년대 르노 팀은 1.5리터 엔진에 터보차저와 슈퍼차저를 사용할 수 있는 허점을 악용하기 시작했다. 이 엔진들은 크랭크샤프트에 달린 압축기(슈퍼차저)나 배기계통에 달린 압축기(터보차저)를 사용해 연료와 공기의 혼합기를 엔진으로 강제 공급함으로써 출력을 극적으로 향상했는데, 1989년에 금지되어 3.5리터 자연흡기 엔진에 자리를 내어줄 때까지 필수적인 것이었다. 그후로, 그 전해 롤란드 라첸버거Roland Ratzenberger와 아이르통 세나의 사망 이후 속도를 낮추기 위해 1995년 FIA가 의무화한 새 3리터 포뮬러가 지금까지 이어지고 있다. 그때까지는 거의 모든 팀이 V10 엔진을 사용했는데, 유일하게 페라리 팀만 V12 엔진을 고집했다. 페라리 팀의 V12 엔진은 더 강력하기는 했지만, 더 길고 무거운 데다 더 많은 연료를 사용했으며 크랭크케이스가 너무 긴 탓에 근본적으로 비틀림 강성이 부족했다. 함께 결합해야 할 배기 파이프도 많았는데, 전체 구성과 엔진이 놓이는 공간에 과도한 열을 발생시킨다는 관점에서 중요하게 고려해야 하는 부분이었다. 마찰이 커서 열을 더 많이 차단해야 하는 등 엔진의 열 특성이 뒤떨어지는 탓에 라디에이터를 키워야

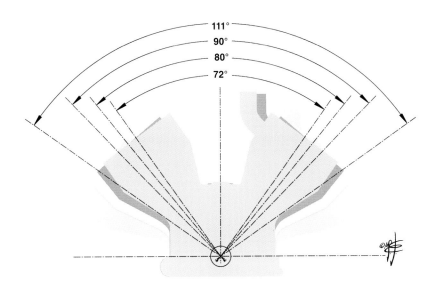

◄··· 최근 몇 년 동안 72도, 80도, 90도, 111도의 네 가지 V자 각도가 시도되었다. 각 배치를 겹쳐놓음으로써 장단점을 알 수 있다. 엔진이 좁아질수록 설계자가 섀시 안에 꾸려 넣기가 더 쉬워지지만, 무게중심은 더 높아진다. V자 각도가 넓어질수록 무게중심은 낮아지지만, 르노는 111도 엔진을 시험하는 과정에서 구성과 진동 문제에 부딪혔다. 코스워스도 광각 엔진을 실험할 때 같은 현상을 발견했다. (Piola)

했고, 그로 인해 생기는 저항이 더 커지면서 공기역학 특성에도 부정적인 영향을 끼쳤다. 결과적으로 약간 더 높은 최고출력을 위해 이 모든 엄청난 대가를 치러야 했던 것이다. 1999년에 모든 팀은 FIA가 실린더 10개를 초과하는 엔진을 금지할 수 있도록 하는 데 동의했다.

실린더 수는 한때 F1의 토론 주제였지만, 1995년부터 2005년까지는 모든 엔진에 실린더 10개가 V자 형태로 배치되었다. 다른 것은 V자의 각도로, 엔진 설계자의 철학에 따라 72도에서 112도 사이였다. 과거에는 엔진 설계자가 각도를 자유롭게 정했지만, 오늘날에는 섀시 설계자와 긴밀하게 작업해야 할 뿐 아니라 V자 각도를 정하고 엔진 주변 부품을 구성할 때에 섀시 설계자의 요청에 응해야 할 때도 있다. 이는 경주차의 부품을 구성하는 모든 것이 무게 배분, 균형, 공기역학에 중대한 영향을 줌으로써 서킷에서의 전반적인 성능이 좌우되기 때문이다.

엔진이 공기와 연료를 끌어들이는 양과 혼합기의 열량은 출력을 좌우하는 두 가지 요소다. 두 요소 가운데 전자는 배기량 제한으로, 후자는 규정으로 정해진 공급 연료의 열량에 따라 엄격하게 통제된다. 따라서 오늘날 F1에서 더 높은 출력을 내려면 엔진 회전을 더 빠르게 하고 혼합기를 더 빠르게 끌어들여야 한다. 하지만 회전수를 높여 최고출력을 높이는 것만으로 모든 문제가 해결되지는 않는다. 회전수가 낮거나 중간 정도일 때도 마찬가지로 중요한데, 그때의 출력이 코너를 빠져나갈 때 차의 가속에 영향을 주기 때문이다. 이는 과거에 쓰였던 12기통 엔진보다 8기통과 10기통 엔진이 더 대중화된 이유를 입증하는 또 하나의 사례다.

코스워스 레이싱Cosworth Racing의 엔진 전문가였던 닉 헤이즈Nick Hayes는 세 가지 배치의 상대적인 단점을 다음과 같이 설명했다. "12기통과 10기통, 8기통 엔진을 실린더가 더 많은 쪽의 관점에서 보면, 일반적으로 실린더가 많을수록 밸브 면적이 더 넓어져서 이론적으로 엔진이 한 번 회전할 때 더 많은 양의 공기를 끌어들일 수 있습니다. 또한 배기량이 정해져 있다면 실린더가 많을수록 부품의 무게가 가벼워져 더 높은 회전수에서도 작동할 수 있게 됩니다. 아울러 그러한 두 가지 장점 덕분에 공기만큼 더 많은 연료를 넣을 수 있고 그만큼 기본 출력도 높아집니다. 하지만 그만큼 무언가를 걷어내기도 해야죠. 실린더가 많으면 그만큼 손실도 커집니다. 표시되는 출력이 더 높게 나타나더라도 엔진과 관련된 것들 전체를 움직이게 하는 데에는 더 큰 힘이 필요하죠. 12기통 엔진을 10기통, 또는 10기통 엔진을 8기통과 비교하는 상황이 되면 각각은 커진 출력 이상으로 손실이 커지므로 실제 제동마력 수치는 달라집니다. 하지만 그보다 영향이 큰 부분이 있죠. 실린더가 많을수록 효율이 떨어지기 때문에 더 많은 연료를 소비해야 한다는 점입니다. 결국 실린더가 더 많으면 얻을 수 있는 것은 적은 대신 잃는 것은 많게 됩니다."

엔진의 보어와 스트로크 역시 중요하다. 보어는 실린더(즉 피스톤)의 지름이고 스트로크는 피스톤이 행정마다 움직여야 하는 거리다. 일반적으로 엔진의 회전수를 높이 올리면 더 큰 출력을 낼 수 있다. 항상 그렇게 되는 것은 아

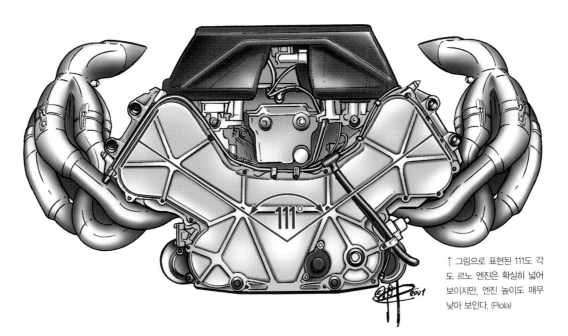

↥ 그림으로 표현된 111도 각도 르노 엔진은 확실히 넓어 보이지만, 엔진 높이도 매우 낮아 보인다. (Piola)

니고, 특히 과거의 V12 엔진에서는 더욱 그랬지만 엔진 설계와 전자장비의 현대적 개선이 도움을 주었다. 과거의 보어/스트로크 비율은 일반적으로 1.3:1로, 코스워스 DFV 엔진이 좋은 예다. 오늘날의 비율은 2.25:1이 기본으로, 스트로크가 매우 짧아진 덕분에 피스톤 면적이 넓어졌다.

8기통 3리터 엔진은 보어가 넓어 힘을 내기 좋고, 짧은 스트로크 덕분에 피스톤이 움직이는 거리가 짧아 회전수를 높이기 좋다. 또한 8기통 엔진은 비교적 길이가 짧아 구성요소들을 꾸리기 쉽고, 토크 특성이 매우 우수하다. 12기통 엔진은 작은 피스톤이 동시에 위아래로 함께 움직이기 때문에 최고출력을 높일 수 있는데, 역사적으로 12기통은 8기통보다 토크가 부족했고 심지어 1970년에 페라리가 만든 전설적인 수평대향 12기통 엔진도 그랬다. 베르나르 뒤도Bernard Dudot는 1989년에 르노 팀이 사용할 새로운 자연흡기 엔진을 설계하여 V10 엔진을 창조해냄으로써 신기원을 이루었다. 이것은 8기통 엔진과 12기통 엔진의 뛰어난 점들을 결합해 절충한 것이었다. 확실히 출력과 토크가 우수했고 V12 엔진보다 더 경제적이면서 길이가 짧고 마찰 손실이 낮았으므로 구성하기가 좋았다. 르노 팀이 만든 유행이 지금은 보편적인 것이 되었다.

그보다 앞서, 르노는 터보차저 V6 엔진의 1986년 버전에서 밸브 구동 시스템으로 더 중요한 혁신을 보여주었다. 메르세데스-벤츠는 1954년에 밸브를 닫기 위해 구식 코일 스프링에 의존하는 대신 밸브가 튀는 것을 극복하는 기계적인 방법을 도입했다. 특정한 속도에서 밸브 스프링이 탄성을 잃고 더는 정확하게 밸브를 제어할 수 없기 때문이었다. 나중에 뒤도는 같은 효과를 내면서도 더 가볍고 훨씬 더 효율적인 방법을 개발했다. 그는 밸브를 닫기 위해 스프링 대신 압축된 공기를 활용했다. 그 기구는 드라이버가 엔진을 가혹하게 쓰면 부서질 수 있는 약한 스프링이 없어, 밸브 계통이 효율을 잃지 않고도 회전수를 훨씬 더 높일 수 있어 더 큰 출력을 낼 수 있었다.

1966년으로 돌아가 보면, 새로운 3리터 F1은 '고출력으로의 회귀'를 표방했다. 규정이 적용된 첫 시즌에는 공공연한 목표였던 400마력을 실제로 냈던 엔진은 없었고, 1967년에 405마력이라는 넉넉한 출력을 뽑아낸 포드 코스워스 DFV V8이 그 수치를 넘어선 첫 엔진이었다. 3리터 경주용 엔진이 발전하면 리터당 150마력으로 당시로서는 놀라운 수준인 450마력을 충분히 낼 수 있으며 그 후로 수년 내에 궁극적인 목표인 600마력에 이를 것으로 예측되었다.

3.5리터 규정이 막바지로 향하고 있던 1994년에는 레이스에 쓰인 것 중 가장 강력한 800마력 엔진을 페라리가 갖게 되리라는 것

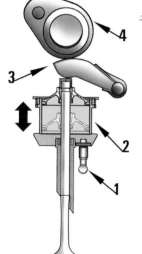
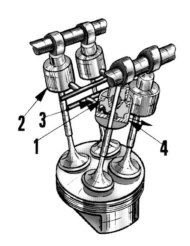

⋮ 1980년대 르노가 선도한 압축공기 밸브 작동방식은 이제 모두 다 사용하고 있다. 왼쪽 그림에서 1은 압축공기 연결부, 2는 태핏 내부에 있는 압축공기 저장공간, 3은 로커, 4는 캠샤프트다. 아래 그림에서 1과 2는 저장공간, 3은 안쪽 압축공기 배관, 4는 밸브 어셈블리다. (Piola)

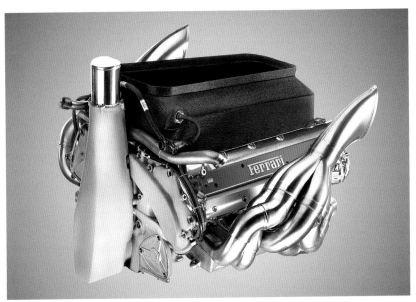

⋯ 우아함과 아주 작은 크기에 놀라게 되는 F1 엔진은 예술 작품이나 다름없다. 2003년 페라리 052 V10 엔진의 모습. (sutton-images.com)

⋮ 현대적인 F1 엔진은 부속장비들과 떼려야 뗄 수 없는 관계다. 2008년 페라리 F2008 엔진, 연료탱크, 라디에이터의 모습.

(sutton-images.com)

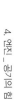

이 보편적인 예측이었지만, 르노의 V10 엔진은 780마력에 가까웠고 메르세데스-벤츠와 푸조가 쓴 비슷한 엔진은 770마력 정도였다. 미하엘 슈마허가 세계선수권 우승을 차지했던 베네통 경주차에 쓰인 포드 제텍 R 엔진은 최고출력이 735/740마력이어서 출력이 전부가 아님을 입증했다.

엔진 회전수가 1만7000rpm 정도까지 치솟은 1990년대 후반에 이르기까지, 새로운 3리터 규정을 따르는 엔진들은 다시 이전 3.5리터 엔진 수준의 출력을 낼 수 있었다.

BMW가 2000년 F1에 다시 뛰어들면서 기준은 다시금 높아졌다. BMW 팀이 2003년에 사용한 P83 엔진은 920마력을 내 대부분의 사람에게 당시 규정을 따른 것 중 가장 강력한 것으로 평가되었다. P83 엔진은 1만9200rpm이라는 놀라운 회전수에서 최고출력을 냈는데, 이는 초당 320회전에 해당하는 것으로 상상을 초월하는 무서운 수치였다.

그러나 사람들이 대부분 궁금해 하는 부분이기는 해도, 최고출력이 전부는 아니다. 마리오 일리엔은 노골적인 출력 수치에 쏠리는 선정적인 시선을 싫어했고, 신중하게 선을 그었다. 그는 "만약 출력, 토크, 운전 용이성 가운데에서 고르라고 하면 단연 운전 용이성이 가장 중요하다고 할 것"이라고 말했다. "물론 가장 뛰어난 성능도 필요하겠지만, 그것이 정말 필요한 곳은 단 두 곳, 드라이버들이 다른 곳보다 한 랩에서 최고속도를 더 오랫동안 내야 하는 초고속 서킷인 몬자와 인디애나폴리스뿐입니다. 나머지 모든 서킷은 높은 다운포스가 중요한 곳이어서 토크 밴드를 고르게 유지함으로써 가능한 한 운전을 편하게 해줄 필요가 있습니다. 만약 랩 타임을 줄이고자 한다면 실질적으로 그것이 핵심이고 따라서 매우 중요하죠."

르노 스포르의 트랙 시험 엔지니어인 악셀 플라스Axel Plasse도 비슷한 견해를 밝혔다. "우리는 엔진의 운전 용이성과 드라이버의 편안함을 가장 중요하게 여깁니다. 엔진 출력에만 집착하지는 않죠. 우리는 모든 조건에서 운전하

←… BMW의 P83 엔진은 920
마력의 최고출력을 낸 F1에
서 가장 강력한 것으로 널리
여겨졌다. 최고출력은 1만
9200rpm에서 나왔다.
(BMW AG)

기 편리한 엔진을 만들어 드라이버들이 불평
하지 않을 수 있도록 노력합니다. 드라이버들
이 모든 것을 잊을 수 있는 엔진을 만드는 것
이 우리의 목표입니다. 종종 엔진만으로는 경
주에서 우승할 수 없다는 이야기를 하지만 엔
진 때문에 질 수는 있습니다. 출력이 10마력
또는 20마력 높은 엔진이 차의 전반적인 경쟁
력을 바꾸지는 못할 겁니다. 하지만 그렇지
못한 엔진은 경쟁력에 영향을 줍니다."

    BMW 팀은 당시 시즌이 끝나갈 무렵, 엔진이 얼마나 복잡한지 조금이나마
이해할 수 있도록 오늘날 F1에서 일반적으로 극비로 여겨지는 더 자세한 정

↕ 뮌헨의 동력계실에서 엔
지니어들이 BMW P84 V10
엔진을 최대 회전 한계인 1만
9000rpm까지 올려 배기 파
이프가 빨갛게 달아오른 모
습. (BMW AG)

보를 공개했다. 엔진을 만들기 위해 1950개의 CAD 도면이 쓰였는데, 도면을 인쇄해 이어붙이면 길이가 1.3킬로미터에 이를 정도였다.

공회전은 4000rpm, 경주 때 최대 회전수는 1만9000rpm이었다. 엔진 무게는 90킬로그램에 못 미쳤다. 한 시간을 전력 질주하는 동안 엔진은 공기 1995m³를 빨아들이고 최대 피스톤 가속도는 1만 G였다. 피스톤 속도는 초속 40미터를 정점으로 평균 초속 25미터였고, 각 피스톤은 정지상태에서 시속 100킬로미터까지 수천 분의 1초 이내에 가속했다. 배기온도는 950도에 이르렀고 공기압축 밸브 구동 시스템의 공기온도는 250도나 되었다.

그러한 수치는 현대적인 F1 경주차의 놀라운 신뢰성을 더욱 날카로운 관점으로 보게 한다. 예를 들어 2003년 시즌이 끝날 때까지 미하엘 슈마허가 몬 페라리 팀 경주차는 단 한 번의 기계고장도 없이 그랑프리에 38번 출전했다.

매우 복잡한 현대적 F1 엔진을 구상하는 기간에 대한 이해를 도울 수 있도록 부연하면, BMW 팀 엔지니어들은 2001년 11월과 12월에 P83 엔진의 개념화를 시작했고 설계 절차는 2002년 1월에 시작해 5월에 완료되었다. 모형 제작은 란츠후트에 있는 BMW 주조 공장에서 3월부터 5월까지 이어졌고, 부품 제조는 4월에 시작해 7월까지 계속되었다. 크랭크샤프트처럼 전통적으로 복잡한 부품들은 3개월 안팎의 긴 시간에 걸쳐 만들어졌다.

엔진 시제품의 최초 조립은 7월에 이루어졌고 첫 실험실 시험은 그달 말일에 수행되었다. 팀에 의해 치러진 시험 및 개발의 첫 단계는 2002년 8월부터 2003년 1월까지 계속되었는데, 처음으로 차에 올려 트랙을 주행한 것은 2002년 9월 18일이었다. 경주 준비를 위한 최종 수정은 2002년 10월부터 2003년 2월 중순까지 이어졌고, 2월 중순부터 스즈카 서킷에서 시즌 마지막 경주가 열린 10월까지 추가 수정이 계속되었다.

2003년 시즌에 BMW 윌리엄즈 팀은 모나코, 유럽, 프랑스, 독일 그랑프리에서 우승하며 세계선수권 정상을 노렸고, 9월 4일이 되기 전에 2004년에 사용할 P84 V10 엔진은 이미 다음 시즌 준비를 위한 첫 트랙 시험을 진행하고 있었다.

엔진 시험의 대상은 모두 업계 스스로 결정한다. 악셀 플라스는 "대체로 시험은 새로 개발한 기술이나 새로운 부품을 검증하기 위한 수단"이라고 설명했다. "시험은 개발 과정에서 없어서는 안 되는 단계이고 엔지니어들이 스스로 시험하지 않고 넘어갈 수 있는 기술 영역은 사실상 드뭅니다.

예측은 팀 내부와 르노 스포르 모두에게 중요하지만, 시험을 대신할 수 있는 것은 없습니다. 실질적으로 어떤 것이 제 기능을 하고 어떤 것이 그렇지 않을지 수치상으로 예측할 수 있도록 하는 것이 점점 더 중요해지지만, 시험은 여전히 필수적입니다.

실험실 시험에서 실제 조건을 최대한 비슷하게 재현하려고 애쓰기는 하지만 한계가 있죠. F1 경주차는 달리고 돌고 가속하지만, 실험실의 엔진은 고정되어 있기 때문에 모든 조건을 가상으로 구현할 수가 없어요.

그렇기는 하지만 실험실은 여전히 엄격한 도구 역할을 합니다. 예를 들어 특정한 엔진의 출력을 다른 것보다 3마력 더 높일 수 있는지를 판단할 수 있죠. 이것은 드라이버가 할 수 없는 일입니다. 실험실 시험은 수량화할 수 있는 변수들만 수량화할 수 있다는 점을 고려하면 컴퓨터와 어느 정도 비슷합니다. 새로운 종류의 연료 특성과 같은 몇몇 변수들은 성능 향상을 평가하기 위한 수치로 쓰기 어렵죠. 반면 운전 용이성과 반응처럼 오직 드라이버만 판단할 수 있는 주관적인 고려사항들이 많습니다. 트랙 시험은 실험실 시험과 실제 경주 사이의 중간 단계죠. 레이스에 활용할 수 있는 부품이나 새로운 기술로 진행되기 전에 마지막 연결고리 역할을 하는 셈입니다."

모든 엔진 제조업체는 트랙에서의 조건을 모의 실험할 수 있는 초정밀 시험 장비를 사용한다. 예를 들어 르노는 첫 트랙 시험에 앞서 엔진 시험을 위해 3단계로 시스템을 활용한다.

첫 단계는 모터 구동 동력계dynamometer다. 이것은 전기모터로 구동되고, 서로 다른 펌프를 시험할 때처럼 엔지니어링 팀이 새 엔진의 주변 부품을 시험할 수 있도록 해준다. 새 엔진의 주요 부품들이 준비되자마자, 이 장비도 엔진의 특정한 부분들이 정확하게 작동하는지 점검하기 위해 쓰인다. 동력계 시험 책임자인 스테판 로드리게스Stephane Rodriguez는 분포를 평가하기 위해 실린더 헤드만 결합한 엔진 블록을 시험하는 경우를 예로 들어 설명했다. "이런 상태에서는 엔진 시동을 걸지 않습니다. 전기 동력계를 사용하면 특정한 기술적 해법을 점검하거나 간단한 내구성 시험을 할 수 있죠. 이 시험은 모든 것이 정확하게 작동하는지 확인하기 위해 고안되었기 때문에 가차 없이 엄격하지는 않습니다."

이 단계가 끝나면 두번째로 열 동력계에 올려지는데, 이 단계는 주요 부품의 완성과 설치 과정에서 이루어져야 하는 조정에 따라 첫 단계가 끝난 후 약 4주 동안 진행된다. 그 후에 첫 시동을 걸게 된다. 로드리게스는 "첫 시동은 아주 특별한 순간"이라고 말한다. "첫번째 목표는 엔진 시동이 걸리는지를 확인하는 것이죠. 그러고서 우리는 윤활계통과 온도와 관계있는 수십 가지 변수들을 점검하고 측정합니다. 또한 첫번째 출력곡선을 그리죠."

첫 시동은 무엇보다도 엔지니어들을 안심시키기 위한 것이다. 처음에는 시동이 비교적 어렵지 않다. 2004년에 사용한 르노 RS24 V10 엔진(과 나중에 나온 모든 엔진)은 온종일 아주 작은 부분까지 분석되었다. 그 뒤에 실제 엔진 개발 프로그램이 시작되고, 프로그램은 두 부분으로 분리된다. 열 시험 실험실은 절대적인 성능에 초점을 맞추는데, 예를 들어 개조한 실린더 헤드나 밸브로 엔진을 시험한다. 특정한 부품들과 엔진 성능은 몇 가지 정밀한 변수에 따라 시험이 이루어진다. 이 수많은 시험을 거치면서 성능 향상 효과가 뚜렷한 부품들만 남는다. 이 시점부터 계속해서 비리샤티옹에 있는 세 대의 동역학 동력계가 종일 가동된다.

↕ 엔지니어들이 성능을 관찰하고 지켜보는 동안, 독일 쾰른에 있는 토요타 F1 엔진 시험 시설에서 엔진 시험이 이루어지고 있다. (Toyota)

동역학 동력계는 마지막 단계이면서, 엔진에는 가장 고된 고문실로 여겨진다. 새로운 설계가 열 동력계에서 만족할 만한 수준의 성능을 발휘하면 동역학 동력계로 옮겨진다. 한 대는 엔진 자체를 시험하고, 다른 하나는 엔진과 변속기를 모두 시험할 수 있다. 이 시점에서의 목표는 엔진의 신뢰성을 점검하는 것이므로, 모든 결과를 확인할 수 있도록 엔진에 가해지는 부하를 꾸준히 높인다. 경기 일정에서 가장 부담스러운 서킷은 이전 시즌에 얻은 경주차 텔레메트리 자료를 활용해 가장 작은 부분까지 재현해낸다. 엔진은 시험에 통과할 때까지 예선 주행 속도로 700킬로미터 주행을 완료해야 한다. "그 후로는 성능 향상을 위해 열 동력계에 올려졌다가 신뢰성을 확인하기 위해 동역학 동력계에 옮겨지는 과정을 반복하게 됩니다." 로드리게스의 설명이다. "균형을 맞추는 것은 어렵습니다. 그래서 우리는 엔진을 개발할 때 성능과 신뢰성 사이에 가장 뛰어난 절충점을 꾸준히 찾아 나갑니다."

2003년에 르노 팀 소속으로 F1에 복귀한 뒤도는 이렇게 설명했다. "엔진을 제어하고 점검하며 차를 달리게 하는 도구는 아주 많지만, 이 모든 도구는 우리에게 아주 많은 질문을 던지고, 답을 찾기 위한 작업에는 새로운 분야가 필요합니다. 아주 흥미롭지만, 새로운 질문들이 많기 때문에 습득한 모든 자료를 분석하고 처리할 새로운 사람들도 많이 필요하죠. 그래서 F1 팀들의 규모가 그처럼 커지고 있는 겁니다.

르노 스포르가 자연흡기 V10 엔진을 쓰기 시작한 1989년에는 인력이 50퍼센트 적었어요. 주요 팀이 모두 비슷한 비율이라고 생각하는데, 자료를 아주 많이 만들어내면 그것을 처리할 추가 인력이 필요해지죠."

레이스에 사용할 수 있다고 확인되면 모든 엔진은 일정상 다음 서킷에 맞춰 준비되고, 엔지니어들은 연료 매핑과 같은 것들이 해당 서킷에 맞춰 조정되었는지 사전에 확인한다. 모든 팀은 이 작업과 더불어 신뢰성 검증을 위해서도 전체 또는 일시적으로 동력계를 사용한다. 일리엔은 "우리는 경주 거리와 특정한 조건을 모의 실험하는 것은 물론, 엔진이 코너를 빠져나올 때 운전 용이성을 잘 이끌어내는지도 확인합니다.”라고 설명한다. 이 단계에서 엔지니어들은 이전에 치른 경주에서 얻은 자료를 바탕으로 각기 다른 서킷의 특성을 프로그램함으로써 다양한 환경을 실증적으로 평가할 수 있다. 따라서 엔진 개발은 대부분 실험실 시험으로 완료되지만, 최종 작업은 항상 트랙 시험을 거쳐야만 완료된다.

최적의 신뢰성을 확보하려는 끊임없는 연구는 새로운 규정이 도입된 2004년에 훨씬 더 중요해졌다. 과거에는 엔진을 마치 전구처럼 간단히 설치했다가 제거했다. 하나가 망가지면 다른 것을 올렸다. 엔진 제조업자였던 브라이언 하트Brian Hart는 1990년대에 이렇게 이야기했다. “트랙에서 엔진을 실험하고 만들 수 있었던 시절은 지나간 지 오래입니다. 오늘날에는 엔진이 마치 타이어 세트처럼 준비되죠. 그저 경주차에 올렸다가 제거하기만 하면 됩니다.”

한때는 단순히 드라이버가 결승 출발 위치에서 좋은 자리를 차지할 수 있도록 일반 경주용 엔진보다 문자 그대로 폭발적인 출력을 내도록 예선용으로 특별히 만들어져 수명이 짧은 ‘수류탄grenade’ 엔진까지 존재했다. 경제적 여건과 2003년부터 전반적으로 강화된 규정 때문에 그런 엔진은 자제하는 분위기가 되었다. 하지만 새로운 규정에 따라 토요일 오후에 한 바퀴를 도는 예선후에 경주차를 파르크 페르메 지역에 보관할 때 팀이 일부 부품을 교체할 수 있게 되면서, 패독에서 엔진과 관련된 작업이 이루어지는 모습을 다시 볼 수 있었다. 메르세데스-벤츠 팀은 기술운영요원에게 승인을 얻어 키미 레이쾨넨의 경주차 엔진에서 미심쩍은 것들을 교체한 일이 몇 차례 있었다.

경주에 투입되는 한 해 동안 이루어지는 개발 과정은 BMW P83 엔진이 거의 1400차례의 기술적 변경이 이루어진 데에서 잘 드러난다.

그러나 2004년 이후로 새로운 규정은 팀이 레이스가 열리는 주말 동안 각경주차에 한 개의 엔진만 사용할 수 있도록 요구했다. 그 기간에 문제가 생기

x

┈┊ 부품 구성은 F1 설계의 중요한 부분이고, 엔진과 변속기가 경주차에서 차지하는 역할이 매우 크기 때문에 차체 뒤쪽 끝부분의 구성을 따르는 것이 특히 중요하다. 사진은 2003년 페라리, 토요타, BAR 혼다, 재규어 팀 경주차의 구성을 보여준다. (sutton-images.com)

면 엔진을 교체한 차를 모는 드라이버는 출발 위치에서 10자리 뒤로 물러나야 했다.

처음에는 낯설었지만 이 아이디어는 새로운 것이 아니었다. 아무런 노력도 하지 않고 비용을 억제한다는 비판에 부딪치자, FIA는 첨단 전자장비를 금지하자는 주장이 높아지던 1993년에 시즌 동안 팀들이 사용할 수 있는 엔진 수를 제한하는 규정 도입을 시도했다. 시즌당 한 팀이 사용할 수 있는 최대 엔진 수를 12개로 제한하는 것을 조건으로 연습 주행부터 결승까지 전체 이벤트 기간에 걸쳐 한 대의 경주차에 같은 엔진이 남아 있어야 한다는 아이디어였다. 예비 경주차를 사용하는 것은 물론 오일 팬이나 실린더 헤드를 제거하는 것도 엔진 교체로 여겼다. 소규모 팀들은 당시에 널리 쓰였던 예선용 '수류탄' 엔진에 반대하기 위해 회의마다 팀당 엔진을 6~8개로 제한하자고 제안했다.

하지만 그 계획은 실현 불가능한 것이었다. 예상대로 FIA 회장 맥스 모즐리가 버니 에클스턴과 함께 페라리 팀의 독주가 끝난 후 시리즈를 자극하려고 대대적인 변화를 도입했던 2002년 겨울에 다시 이야기를 꺼낼 때까지 모든 사람은 그것을 잊어버렸다. 당시에 모즐리는 세 경주에 사용할 수 있는 엔진을 언급했는데, '트랙터 엔진'을 만드는 아이디어를 일축한 사람 가운데에는 르노 팀의 파트릭 포레Patrick Faure가 있었다.

당시 일반적인 F1 엔진은 재생하기 전에 최대 500킬로미터를 주행하도록 설계되었다. 이는 종종 설계상 의도한 차이의 정도에 따라 실린더 헤드나 심지어는 블록을 폐기해야 하는 것을 의미했다. 2003년에 BMW는 P83 V10 엔진을 200개 생산했고, BMW 윌리엄스 팀은 경주 한 번에 투입하기 위해 엔진 10개를 사용할 셈이었다. 엔진은 연습주행과 예선이 끝난 후에 바뀔 예정이었다. 각 엔진은 개당 7500파운드의 값으로 1967년부터 놀라운 역사를 시작한 코스워스 DFV 엔진과는 비교할 수 없을 정도로 비쌌다.

2004년에는 엔진 하나로 최소한 800킬로미터 또는 그랑프리가 한 차례 열리는 주말 내내 사용할 수 있어야 한다는 규정이 모즐리에 의해 의무화되었다. 비용을 줄이려는 의도였지만, 일부는 그런 규정이 엔진 제조업체가 자신들이 가진 엔진을 완벽하게 강화하는 가장 좋은 방법을 찾기 위해 예산을 늘리는 데 영향을 미칠 것이라고 주장했다. 이는 단순히 모든 것을 강화하는 차원의 문제가 아닌 것이 분명하므로, 말은 쉽지만 실제로 하기는 어렵다. F1 엔진에는 5000여 개에 이르는 부품들이 서로 영향을 미치고, 하나를 바꾸면 다른 부품들도 변화를 감당할 수 있도록 바뀌지 않는 이상 부정적인 효과가 생기곤 한다.

게다가 한 팀이 그랑프리가 열리는 주말 동안 주행할 것으로 예상하는 거리에 관한

↑ 모든 F1 경주차는 엔진으로 들어갈 차가운 공기를 모으기 위해 에어박스를 사용한다. 흡기 설계 및 형상은 엔진이 적절하게 공기를 호흡하고 출력을 최대한으로 낼 수 있도록 하는 데 중요한 역할을 한다. (저자)

문제가 있었다. 확실한 것은 금요일에 세 대의 시험용 경주차를 운영할 수 있으므로, 유리한 팀은 더 긴 거리를 소화할 수 있었지만 수명이 더 긴 엔진이 필요하므로 결승 당일에는 불리한 입장이 될 수 있다는 점이었다. 마찬가지로, 몇몇 팀은 경주차와 드라이버를 바라보는 팬들의 즐거움을 빼앗더라도 경주가 열리는 주말 동안 엔진을 2003년 규격에 최대한 가깝게 유지하기 위해 좀 더 짧은 거리를 주행함으로써 유리한 위치를 차지하려 할 수 있었다. 곤란한 상황에 부닥치자, 재정적으로 탄탄한 팀들은 심지어 서킷에 따라 기대수명이 다른 엔진을 고려하기까지 했다. 다른 업체들은 엔진 고유의 신뢰

성에 따라 여러 부품도 수명을 달리할 수 있었다. 또한 한 팀이 10순위 뒤로 밀려나더라도 수명이 짧은 결승용 엔진을 새롭게 준비해 원래 엔진과 교체함으로써 일요일 오후에 열리는 결승에서 선두권을 되찾을 수 있는 더 강력한 수단을 갖게 될 가능성도 있었다.

아울러 팀들이 섀시에 문제가 생기면 엔진을 빨리 교체하기 위해 원래 경주차의 뒷부분 전체를 제거하고 대기 중인 예비 차의 것으로 교체하는 방법을 개발할 가능성도 있었다. BMW 팀의 마리오 타이센은 자신의 팀은 그런 계략을 쓰지 않을 것이라고 단언하며 이렇게 이야기했다. "그런 방법을 중요시하게 되지도 않았고, FW26은 전혀 그런 방향으로 발전하지 않았습니다." 그러나 페라리 팀 엔진 책임자 파올로 마르티넬리Paolo Martinelli는 이렇게 이야기했다. "2004년에는 확실히 엔진이 달라질 겁니다. 그렇게 되면 비용이 획기적으로 줄어들 것이고, 그래야 합니다. 요즘 경주차의 특성을 결정하는 것은 섀시가 아니라 엔진이에요. 전략에 미치는 영향은 클 것이고, 빠르게 교체되는 엔진을 무시할 수는 없죠. 한 가지 중요한 점은 확대된 모의시험을 통해 엔진을 시험하려면 동력계를 훨씬 더 많이 사용해야 한다는 것입니다. 그렇게 함으로써 팀이 섀시와 공기역학 특성을 정하는 데 더욱 초점을 맞춰야 할 시기에 트랙에서 엔진을 개발하는 시간을 줄일 수 있을 것입니다."

엔진의 지속성에 집중해야 할 필요성은 메르세데스-벤츠 팀과 르노 팀이 모두 진행하고 있는 것으로 여겨지는 첨단기술 프로젝트의 자극제가 되었다. 프로젝트는 캠샤프트를 모두 없앰으로써 무게를 훨씬 더 줄이고 무게중심을 더욱 낮추는 것이다. 두 회사는 모든 밸브를 전자식 솔레노이드로 작동하는 엔진에 관한 연구에 착수한 것으로 여겨졌다. 이 개념이 앞으로 어떻게 진행될지는 시간이 지나면 알 수 있을 것이다.

2005년에 모즐리는 엔진이 두 그랑프리 동안 견디도록 하는 것을 의무화했고, 실제로 모든 개념은 완벽하게 제 역할을 해 아무도 규정의 정신에 어긋나

<… 냉각은 엔진 성능을 좌우
하는 부분이다. 이 윌리엄즈
팀 경주차에 쓰인 냉각수 및
오일 라디에이터 중 하나의
커다란 크기에서 발산해야
할 엄청난 열을 뚜렷하게 짐
작할 수 있다. (저자)

<… 과열을 방지하려면 세부
적인 곳에 주의를 기울이는
것이 중요하다. BMW는 금속
가리개와 절연 소재를 사용
해 엔진이 최고 회전수로 작
동할 때 배기구를 빨갛게 달
아오르게 만드는 열로부터
V10 엔진을 보호한다. (저자)

는 어리석은 방법을 시도하지 않았다. 하지만 21세기 초에 비용이 늘어나고 속도가 빨라진 것을 감안해, 그는 차의 속도를 낮출 수 있는 더 나은 방법을 계속해서 찾았다. 그런 방법의 하나는 이미 2004년에 제기된 바 있었다. 엔진 배기량을 다시 한 번 줄이는 것이었다. 다시 한 번 변화의 바람이 불었다.

맥스 모즐리가 내놓은 몇 가지 제안은 엔진을 V10 3리터에서 V8 2.4리터로 줄여야 한다는 그의 독선적인 명령만큼이나 자극적인 효과가 있었다.

첫번째 논란은 2004년 산마리노 그랑프리가 열린 이몰라 서킷에서 불거졌다. 주말이 흘러가는 동안, 이야기가 퍼지면서 부정적인 분위기가 감지되었다. 먼저 미하엘 슈마허가 FIA 도로안전 프로그램 홍보대사 활동을 위해 아일랜드 더블린을 방문했다. 그 후 목요일에 있었던 기자회견에서 현재의 경주차 속도가 느려져야 할 필요가 있다고 보느냐는 질문이 나와 그를 괴롭혔다. 이어서 엔진 배기량과 배치의 변화를 포함한 모즐리의 여러 변경안이 일부 언론 매체에 유출되었고, 다음날 아침 기자실 책상 위에 공식 목록 전체가 올라온 것에 대해 운영주체 대변인이 '모든 언론의 추측을 정정하기 위한 발 빠른 대응'을 한 것은 모든 정치 공작을 감추려는 솔직하지 못한 연막으로 보였다.

엔진 출력을 700~750마력으로 되돌리려는 의도가 분명했다. 그 단계에서 엔진 제조업체들에게 그들이 어떤 소재를 사용할 수 있으며 어떤 제조공정이 허용될 수 있는지 밝혀달라는 요구도 있었다. 또한 표준 전자제어장치ECU에 관한 요구도 있었다. 이는 모즐리가 언제나 특히 큰 관심을 보이던 것으로, FIA가 구동력 제어장치와 같은 전자제어 주행안정장치를 금지하기에 충분할 만큼 실질적인 감시 능력을 확실히 갖출 수 있게 하는 것이었다. 아울러 수동변속기와 클러치 역시 모든 차에 표준 규격 브레이크 디스크·패드·캘리퍼를 사용할 필요가 있다는 의견과 함께 협상에 포함되었다.

규정에는 (핸들링 성능을 제한하기 위한) 섀시 강성 규격, 무게추 사용을 피하기 위한 최소중량 최소 50킬로그램 증가, 코너링 속도와 직선 주로 속도, 접지력 및 제동 성능을 특정한 목표로 맞추기 위한 타이어 및 공기역학적 통합 패키지 도입도 포함될 예정이었다. 이 시즌에 랩 타임을 급격하게 줄였던 타이어 경쟁을 배제할 수 있도록 타이어 제조업체는 한 곳만 허용하도록 했다.

그러자 제안에 격분해 경주차 제조업체 단체인 그랑프리 월드 챔피언십 홀딩즈Grand Prix World Championship Holdings, GPWC는 당시 F1을 운영했던 에클스턴 가문 소유의 회사인 SLEC 홀딩즈와 맺은 양해각서를 파기하고 F1의 미래에 관한 교섭에서 물러났다. 그때 GPWC는 이미 독립된 경쟁 선수권 대회를 제안하고 있었다.

수많은 속임수가 이어졌고, GPWC가 그랑프리 제조업체협회GPMA로 탈바꿈한 후에야 상황이 누그러졌다. GPMA는 엔진 규정이 바뀌어야 한다는 것은 인정하면서도 다른 개선 사항들을 끈질기게 요구했다.

2006년이 될 때까지 모즐리가 더 작은 엔진의 도입을 원한다는 것이 분명해질 즈음, 두 팀이 공기 제한장치를 사용함으로써 최대 6~8차례의 경주에 사용할 수 있도록 출력을 낮춘 V10 3리터 엔진을 유지하는 쪽을 선호하는 것이 걸림돌로 떠올랐다. 하지만 FIA는 그 방법을 사용하더라도 당시 720마력 내외의 출력을 낼 것으로 예상하였던 V8 2.4리터 엔진과 비교하면 여전히 출력(800마력 이상)이 지나치게 높을 것이라고 믿었다.

2004년에 모즐리는 이런 이야기를 한 바 있다. "저와 이야기하는 사람 중 대부분은 여전히 최근 남아프리카공화국에서 맥스 비아지Max Biaggi와 발렌티노 로시Valentino Rossi 사이에 벌어진 모터사이클 승부에 관해 열광하고 있습니다. 그들 대부분은 모토 그랑프리 경주용 모터사이클이 어떤 형태의 엔진으로 달리는지, 무슨 ECU를 사용하는지, 누가 그것을 만드는지 잘 모릅니다. 그들은 경주에서 컴퓨터가 좌우하는 구경거리가 아니라 인간적인 면을 보고 싶어 하죠. 제조업체들은 그 점을 깨닫고 있습니다. 엔진 제조업체 협력사를 포함해 일부 팀들은 두 대의 경주차를 결승 출발선에 올리기 위해 1000명의 인력이 필요하고 1억5000만 달러를 투자합니다. 하지만 그들은 모두 그렇게 해서는 지속적으로 살아남을 수 없다는 것을 알고 있으므로 대화할 준비가 되어 있어요. 그리고 절감된 비용은 더 작은 팀들에게도 전달되어 그들이 사업을 유지하는 데 필요한 비용을 충당할 것입니다."

결국 2006년에 V8 2.4리터 엔진을 사용하는 타협안이 도출되었고, 에너지 음료업계의 거물인 레드불의 디트리히 마테쉬츠Dietrich Mateschitz가 인수해 토로 로소Toro Rosso로 이름을 바꾼 옛 미나르디Minardi 팀은 출력이 제한된 코스워스 V10 3리터 엔진을 사용할 수 있게 되었다. 출력은 900마력 이상에서 가장 우수한 V8 엔진이 750마력을 내는 것으로 낮아졌다. 코스워스 V10 엔진은 출력과 토크가 더 높았지만, FIA가 산출한 등가공식을 적용해 77밀리미터 흡기제한장치를 사용함으로써 회전수가 1만6700rpm으로 제한되었다.

모든 소란이 가라앉은 뒤, 항상 그렇듯 규정 변경은 별다른 문제가 없음이 입증되었다. 하지만 이면에서는 많은 사람이 엄청난 일을 해야 했다. 페라리 팀 엔진 책임자인 파올로 마르티넬리는 "물론 V8 엔진은 완전히 새로운 형태의 것이었기 때문에 무척 어려웠고 많은 노력을 기울여야 했습니다."라고 인정했다. "저는 우리가 각자 F1에서 일상적으로 하듯 최대한 빨리 새로운 엔진을 개발하기 위해 열심히 일했다고 생각합니다. V10 엔진으로 쌓은 10년 동안의 경험과는 다른 학습곡선을 겪었다고 이야기할 수 있습니다. 대부분의 업무, 또는 아주 중요하거나 두드러진 요소들은 거의가 잘 알려진 것이었죠. 이따금 새로운 사항들과 새로운 분야를 발견하고 성능을 높일 수 있는 부분을 찾아내면 기술개발을 위해 전력을 기울여야 합니다."

하지만 르노 팀의 롭 화이트Rob White는 RS26 V8 엔진이 가장 늦게 트랙에 오를 수 있었는데도 매우 기뻤다. "우리가 이전 세대 것을 개조한 경주차에 초기 버전 엔진을 얹은 복합 경주차를 만들지 않겠다는 극단적인 선택을 한 탓에 가장 늦게 트랙에 올린 것은 분명한 사실입니다. 솔직히 말하면 그것은 우리가 아주 잠깐 검토한 사항이고, 곧 우리의 자원을 가장 잘 활용하는 방법이 아니라고 판단했죠. 우리는 규정이 어떻게 될지 알았던 순간부터 첫 경주일에 이르는 시기까지 프로젝트를 구성하는 방법을 검토했습니다. 이전 엔진 프로젝트들로부터 경험을 쌓으려고도 노력했습니다. 사실 우리는 우리가 가진 배경을 바탕으로 우리 팀에게 알맞다고 생각한 일을 했고, 그 점이 우리에게 좋은 결과로 마무리되어 안심했습니다.

이 V8 엔진 패밀리에 관한 작업은 새로운 경험이에요. V8 엔진은 V10과는 다르지만 계보상 아주 중요한 몇 가지 유사점이 있는 것은 분명하죠. 이전 V10 엔진의 많은 유전자가 우리 V8 엔진에 담겼습니다. 저는 그것이 우리가 그 엔진 설계에 접근한 과정 일부라고 생각합니다. 우리는 스스로 공격적인 성능을 설정하려고 노력했고, 신뢰성 또한 세계선수권 출전에 걸맞다고 생각

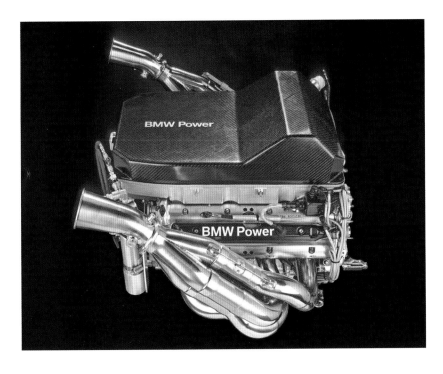

···· 2006년의 P86은 BMW의 첫 V8 F1 엔진으로 무게가 약 95킬로그램이었다. (BMW AG)

한 수준을 통과할 수 있도록 노력했습니다. 물론 V8 엔진 개발에서 겪은 어려움은 V8 엔진에서만 나타나는 현상에 의한 것이었죠. 몇 가지 어려움은 있지만 이면의 모든 물리학적인 부분과 기술적인 측면은 똑같고, 우리는 우리가 가진 인력과 기량, 기술을 V10에서 V8 엔진으로 이전할 수 있다고 확신합니다."

기본적으로 새로운 V8 엔진은 V10 엔진에서 5분의 1을 잘라낸 것이지만, 실린더 뱅크 각도가 90도로 의무화되면서 고유의 특정한 요구조건이 있는 전혀 다른 개념의 새로운 엔진이 되었다. V8은 점화순서가 독특하고 크랭크샤프트 설계가 근본적으로 달라야 한다. 예를 들어 BMW의 P85 V10 엔진에는 오프셋 각도가 72도인 크랭크샤프트가 쓰였지만, V8 엔진은 각각 90도 각도로 배치된 네 개의 크랭크 핀이나 180도 각도를 이루는 네 개의 크랭크 핀을 갖는 것이 특징이다. 기본 양산 엔진은 동적 특성이 더 뛰어나기 때문에 90도 배치 크랭크샤프트가 쓰이지만, 경주차 엔진 설계에서는 180도 배치 크랭크샤프트가 알맞다. 이 설계는 동적인 관점에서의 단점을 상쇄할 수 있어 성능이 높아진다.

대표적으로 기계적 운동특성과 진동은 신세대 V8 엔진의 개발에서 특히 중요한 영역이다. 이전 세대 V10 엔진과는 점화순서와 간격이 다르므로 진동 패턴도 달라진다. V10 엔진은 1만2000rpm부터 1만4000rpm 사이에 위험한 진동영역에 들어선다. 이 회전영역이 오랫동안 유지되지 않고 회전이 빨라질수록 진동이 스스로 누그러지기 때문에 사실상 문제가 되지는 않았다. 하지만 V8 엔진은 특성이 달라, 진동이 가장 커지는 회전수가 V10 엔진보다 높은 약 1만6000rpm부터 시작되어 점점 더 위험한 영역이 된다. 따라서 설계자는 더는 모든 것이 다시 좋아지기 전에 골치 아픈 영역을 지나간다는 관점에서 생각할 수 없다. 만약 설계자가 V8 엔진의 진동 문제를 해결하지 못하면 엔진의 수명은 짧아지고 섀시와 다른 부품에 가해지는 부담도 고려해야

↕ 2007년 시즌에 메르세데스–벤츠 팀이 사용한 일모어(Ilmor) FO108T 엔진은 루이스 해밀턴과 페르난도 알론소가 각각 4승을 거두는 데 힘을 보탰다. (sutton-images.com)

할 사항이 될 수 있다. 이 문제를 처리하기 위해서는 엔진의 개별 부품 각각에 대한 계산과 분석이 완벽하게 신뢰할 수 있어야 한다. 이런 분석은 더 큰 도전 일부에 지나지 않는다. 주된 과제는 전체 시스템의 모의시험에서 각 부품의 작동과 상호작용을 판단하는 것이다.

V8 엔진은 근본적으로 무게가 가벼우므로 악영향을 미치는 진동은 줄여야 한다. 하지만 색다르기 때문에 값비싼 초경량 소재를 찾으려는 설계자의 자연스러운 습성은 규정 때문에 제한을 받는다. 설계자들은 일반적인 철과 티타늄, 알루미늄 합금만 다룰 수 있다.

흥미로운 사실은, 신세대 V8 엔진은 실린더가 두 개 적으면서도 이전 세대 V10 엔진보다 더 무겁다는

↕ 2008년에 BMW가 사용한 V8 엔진은 잠재력과 신뢰성이 있었고, BMW–자우버 팀 드라이버인 로버트 쿠비차 덕분에 캐나다 그랑프리에서 우승했다. (sutton-images.com)

점이다. 이는 흡기 시스템에 이르는 부분과 흡기 필터, 연료 레일 및 인젝터, 점화 코일, 센서 및 배선, 발전기, 냉각수 펌프와 오일펌프를 포함한 엔진 무게가 95킬로그램보다 가벼워서는 안 된다고 규정에 정해져 있기 때문이다. 액체류, 배기 매니폴드, 방열판, 오일탱크, 어큐뮬레이터, 열 교환기(라디에이터), 유압 펌프는 포함되지 않는다.

또한 새로운 규정에는 엔진의 무게중심이 최소한 오일 팬 아래쪽 끝부분으로부터 165밀리미터 위쪽에 있어야 한다고 명시되어 있다. 이전에 설계자들은 경주차의 핸들링에 도움을 줄 수 있을 정도로 10기통 엔진의 무게중심을 낮게 유지했다. 하지만 V8 엔진 무게중심의 가로 및 세로 위치는 엔진의 기하학적 중심에서 +/−50밀리미터 범위에 있어야 한다.

최소 무게와 무게중심의 최저 높이를 강제한 탓에 V8 엔진은 실제로 필요한 것보다 훨씬 더 무거워졌지만, 결과적으로 설계자들은 차의 핸들링에 도움을 주기 위해 더욱 단단한 크랭크케이스를 만들게 되었다. 그리고 그램 단위까지 신경을 쓰지 않아도 되면서 실린더 블록과 실린더 헤드 같은 몇 가지 정적인 부품들을 훨씬 더 견고하게 만들었고, 그 덕분에 각 엔진을 두 번의 경주에 사용하도록 한 새로운 규정을 충족할 정도로 엔진 수명을 늘리는 데 도움이 되었다.

이전에는 엔진의 보어와 스트로크 수치가 극비사항이나 마찬가지였다. 하지만 지금은 실린더 보어가 최대 98밀리미터로 제한된다. 실린더 사이의 간격은 오차범위 +/−0.2밀리미터 내에서 106.5밀리미터로 명시되어 있고, 크랭크샤프트의 중심축은 기준 평면 위로 58밀리미터보다 낮아서는 안 된다.

규정의 또 다른 중요한 변화는 가변 흡기 시스템을 금지한 것이었다. '트럼펫'이라고 알려진 이 시스템은 이전에 경주차의 토크 곡선을 최적화하기 위해 사용할 수 있었다. 우수한 엔진 출력특성을 얻는 것은 파이프 길이가 고정되면서 더욱 까다로운 도전이 되었다. 설계자들은 이제 최대한의 출력과 우수한 운전 용이성 사이에서 타협점을 찾아야 한다. 최적의 파이프 길이는 다양한 요인에 의해 결정된다. 예컨대 트랙 배치와 날씨 모두 중요한 역할을 한다. 팀들은 우선 몬자, 인디애나폴리스, 스파처럼 긴 직선구간이 있어 높은 출력이 관건인 서킷에 알맞도록 흡기 파이프 길이를 정하고, 부다페스트와 모나코처럼 구불구불해서 순수한 출력보다 운전 용이성이 더 중요한 그랑프리 트랙에는 따로 알맞은 길이를 정한다. 궂은 날씨일 때도 마찬가지다. 흡기 시스템은 정의된 그대로 엔진 일부이고 95킬로그램으로 정해진 최대 전체 무게에 포함되지만, 이 또한 예선 때까지 바꿀 수 있다.

가변 배기 시스템과 가변 밸브 제어 시스템도 2006년부터 금지되었다. 엔진의 전기 및 전자장치에 공급되는 전원은 최대 17볼트로 제한되었고 연료 펌프는 반드시 기계식으로 작동되어야 한다. 스로틀 밸브 시스템을 작동하는 액추에이터는 하나만 사용할 수 있다. 연료탱크에 있는 전기 보조 펌프를 제외한 모든 부속 부품들은 반드시 기계적으로 엔진에 직접 연결해 구동해야 한다.

구조적으로는 V8 배치가 V10보다 우수했다. V8 엔진은 V10 엔진보다 짧아서 무게 배분을 최적화할 수 있도록 구성하기가 더 좋을 뿐 아니라 경주차의 뒷부분을 공기역학적으로 정리하기도 더 편리했다.

나아가 그런 배치 덕분에 냉각을 적게 해도 되므로, 결과적으로 라디에이터 면적이 작아져 공기역학 특성이 더 향상되었다. 무게 배분의 개선은 핸들링을 더욱 민첩하게 개선하는 데도 영향을 주었다. 그 덕분에 2005년과 비교하면 직선 구간 속도는 낮아졌으면서도 코너링 속도는 (타이어 기술의 발전과 맞물려) 전반적으로 높아졌고 종종 랩 타임도 단축되었다. 보편적으로 드라이버들은 배기량이 작은 차를 몰고 코너를 돌 때 더 재미를 느낀다.

초기에 있었던 한 가지 옥에 티는 토로 로소 팀의 V10 엔진으로, 특히 비탄토니오 리우치Vitantonio Liuzzi가 바레인과 말레이시아 그랑프리의 연습주행에서 매우 빠른 것을 입증했다. 이는 코스워스 V10 엔진의 토크와 출력이 더 높았기 때문이었다. 그 덕분에 토로 로소 팀 경주차에 윙을 더 많이 활용할 수 있었고, 다운포스 면에서 약간 유리해져 V8 엔진을 얹은 경쟁 팀 경주차의 민첩성과 균형을 이룰 수 있었다. 하지만 곧 메르세데스-벤츠 팀과 토요타 팀이 분노하며 불만을 터뜨렸다.

론 데니스Ron Dennis는 맥라렌 메르세데스 팀을 대변해 이렇게 이야기했다. "우선 V10 엔진을 사용하면서 등가 규정을 따르면 유리할 텐데도 불구하고 V8 엔진을 사용하기로 약속한 모든 팀에 감사합니다. 우리는 각자 V8 엔진을 사용하기로 문서에 서명했습니다. 미나르디 팀에게는 V10 엔진을 사용할 수 있는 특권을 줬는데, 그것은 성능이 아니라 재정적인 이유 때문이었죠. 등가성을 이룰 때에는 엔진과 관련한 몇 가지 조건을 반드시 지적해야 합니다. 그중 하나인 출력은 분명히 달성할 수 있지만, V10 엔진이라면 항상 토크가 더 높을 것입니다. 같은 수치를 얻을 수도 있고 그렇지 않을 수도 있지만, 엔진과 관련한 문제를 일으키는 첫번째 이유는 사람들이 선택한 공식이 아니라 비용 문제라는 점을 기억하는 것이 중요합니다. 그 공식은 V8 엔진을 원했던 사람들에 의해 신중하게 만들어진 것입니다. 그것은 사실을 깔끔하고 분명하게 분석적으로 표현한 것입니다."

그러나 패트릭 헤드Patrik Head는 코스워스 V8 엔진이 V10 엔진보다 나은 선택이라고 믿었다. "제가 보았던 최고 상태로 가동되었을 때의 출력 곡선을 기준으로 판단하자면, V10 엔진은 V8 엔진을 확실히 밑돌았습니다. 좀 더 자세히 설명하면, 경주, 예선, 연습주행 때 바퀴마다 최고의 성능을 낼 수 있을 정도로 스트레스를 적게 받는다는 뜻입니다. 그런 특성은 장점이 뚜렷하죠. 또 다른 것은, 제 생각에는 만약 제조업체 팀 중 하나가 그런 방법을 쓰기로 했다면 훨씬 더 큰 문제가 되었을 것입니다. 코스워스 V10 엔진에는 가변 트럼펫이 쓰인 적이 전혀 없고, 제가 이해하기에는 흡기가 제한되어 낮은 엔진 회전수에서 최적의 조율이 이루어지지 않았기 때문입니다. 그런 엔진을

‹… 2009년에 사용한 토요타
팀의 RVX-09 엔진 (Toyota)

정확히 2005년 규격에 맞춰 사용하도록 승인받았죠. 새로운 규정에 맞춰 최
적화하기 위해 가변 트럼펫을 사용하고 캠샤프트와 포트를 비롯한 모든 것을
다시 만들었을 테니, 만약 어떤 제조업체가 그 방법을 쓰기로 했다면 몇몇 사
람들은 지금처럼 분노를 표출했을 거예요. 코스워스 V10 엔진만 제공되었는
데 그것이 최적화되지 않았다면, 다른 팀이 그 엔진을 사용하지 않을 수 없는
상황이었더라도 마찬가지였을 겁니다. 미들랜드 팀의 콜린 콜레스Colin Kolles
도 똑같이 느꼈을지는 확신할 수 없지만, 그것은 개의치 않습니다."

　BMW 팀의 마리오 타이센 박사는 출력이 제한된 V10 엔진의 장점으로 세
가지를 꼽았다. "하나는 최고출력입니다. 공기 트럼펫에 판을 집어넣는 아주
과격한 방법으로 흡기를 제한하더라도, 최고출력이 어느 정도는 더 높으리라
고 예상합니다. 두번째는 토크가 더 크다는 것인데, 그 덕분에 출발 위치에서
경주차 한두 대 정도는 추월할 수 있거나 코너를 탈출할 때 훨씬 더 빨리 가속
할 수 있습니다. 우리가 바레인에서 보았던 것이 바로 그런 이유 때문이죠.

4. 엔진_공기의 힘

135

세번째 장점은 이 엔진이 수천 킬로미터를 달리기에 충분하므로 기본적으로 예선 때의 속도를 결승 내내 유지할 수 있다는 겁니다. 그런 것들이 기술적 관점에서 보았을 때의 중요한 차이죠."

마테쉬츠와 함께 토로 로소 팀을 공동 소유했던 전직 레이서 게르하르트 베르거는 뉘르부르크링에서 결정적인 이야기를 했다. "저는 다른 사람들이 어떻게 생각할지 모르지만, 메르세데스-벤츠 팀은 우리가 우리 엔진에 하는 일과는 다른 것을 생각했다고 봅니다. 선수권 우승을 위한 노력 같은 것 말이죠. 한편으로는, 우리 엔진을 통제하는 시스템의 목적은 벌칙이 아니라 등가 공식으로 존재하는 것이라고 이해하면 됩니다."

토로 로소 팀이 여섯 경주를 마칠 때까지 전혀 득점하지 못하면서 비난은 잠잠해졌고, 2007년에 토로 로소 팀이 페라리와 V8 엔진 사용계약을 맺으면서 팀들의 사이는 다시 좋아졌다. 그해에 FIA는 제한 회전수를 1만9000rpm으로 정했다.

2008년에는 엔진을 두 경주 동안 유지하는 규정에 작은 변화가 있었다. 이는 팀들이 처음으로 아무 불이익 없이 시즌 내내 규정을 위반할 염려가 없는 엔진을 얻음으로써 신뢰성에 매우 유익한 효과를 가져왔다. 그 후에 다른 규정 위반들이 10순위 뒤로 밀리는 벌칙의 근거가 되었다. 맥라렌 일렉트로닉스 시스템(제5장 참조)이 개발한 표준 ECU 덕분에 가능하게 된 엔진 회전수 1만8000rpm 제한과 함께 최고출력은 800마력 정도로 고정되었다.

엔진 수명 관련 규정은 2009년에 다시 바뀌었다. 이번에는 시즌 전반에 걸쳐 원하거나 필요한 시기에 한 팀이 엔진을 여덟 개까지 사용할 수 있게 되었다. 예를 들어 엔진 하나를 금요일 연습주행 때 고정적으로 사용하는 대신 예선이나 경주 때에는 더 최근에 만든 엔진으로 교체할 수 있게 된 것이다. 하지만 아홉번째 엔진을 사용해야 하는 상황이 되면 10순위 뒤로 밀리는 벌칙이 적용된다.

마찰과 열은 F1 엔진의 전통적인 적이다. 평온했던 1400마력 터보 엔진 시대 이후로 명시 출력이 다시금 1000마력 가까이 올라가면서 윤활유는 속도를 유지할 수 있도록 바뀌어야 했다.

엔진에 쓰이는 오일의 기본 기능은 금속과 금속이 닿는 부분을 윤활하는 데 그치지 않고, 민감한 부분들로부터 열을 발산하는 역할도 한다. 엔진 오일은 모든 온도에서 그 특성을 유지해야 한다. 너무 빨리 증발하지 않아야 하고, 마모되지 않도록 보호해야 하며, 이른바 고온 점도라고 불리는 특성을 통해 모든 부품이 지속해서 오일에 젖은 상태로 윤활이 이루어지도록 해야 한다. 우리가 보아왔듯이, 엔진 내부의 힘은 윤활에 작은 문제라도 생기면 금세 엔진의 문제로 이어질 만큼 매우 크다.

팀들은 특정한 오일 공급 계약을 맺고, 캐스트롤, 쉘, 모빌 같은 주요 업체들은 팀들이 사용하는 엔진을 위해 특별히 개발한 합성 오일 혼합물을 사용한다. 이러한 오일의 제조방법은 보어 및 스트로크 수치나 타이어 화합물 공식처럼 극비사항으로 지켜진다.

흥미롭게도, F1용 오일은 사람들이 예상하는 것처럼 진하지 않고 점성이 낮아서 물처럼 흐른다. 오일이 너무 진하면 저항이 생겨 엔진의 매우 중요한 능력인 회전에 해로운 영향을 미친다. 캐스트롤 윤활 개발 책임자인 데이비드 홀(David Hall) 박사는 이렇게 설명한다. "윤활유는 서로 닿아 움직이는 엔진 부품들 사이의 이른바 마찰계수를 결정합니다. 마찰계수가 낮을수록 모든 부품이 더 쉽고 빠르게 움직일 수 있습니다. 따라서 마찰이 적으면 회전이 더 빨라지고, 더불어 부품들에 미치는 마찰 부하가 낮아져 연료 소비가 줄어듭니다."

중요한 것은 성능과 신뢰성 사이의 타협이다. 너무 묽은 오일은 예상보다 빠른 고장으로 이어질 수 있는데, 이런 현상의 부분적 원인은 묽은 오일이 진한 오일만큼 효과적으로 열을 발산하지 못해서이다. 반면에 너무 진한 오일은 회전을 제한할 뿐 아니라 실제로 차의 전체 무게를 늘린다. 엔진 한 개는 오일 약 10리터를 사용하는데, 그중 7리터는 크랭크케이스와 실린더 부분에 들어간다.

시험하는 동안 엔진 오일은 하루 단위로 교체되고, 종종 오일 업체 파견직원이 오일 양을 실험하고 실험실 분석을 위해 주기적으로 견본을 채취한다.

최적의 윤활유 조성은 특정한 상황의 흐름에 영향을 미치는 트랙 특성 같은 요인을 가지고 컴퓨터의 도움을 받아 결정한다. 몬테카를로 같은 치밀하고 구불구불한 트랙에서는 고속으로 가속했다가 제동하는 사이에 계속해서 변속이 이루어지면서 큰 부하가 걸리는데, 그런 상황에서는 엔진 온도가 보통 트랙에서보다 더 높아지기 때문에 점도가 높은 오일이 공급된다.

이상적인 혼합비율을 찾는 과정은 오랜 시간이 걸린다. 컴퓨터에서 혼합된 오일은 시험을 위해 적은 양이 제조된다. 효과가 뛰어난 것이 입증되면, 윤활유는 규정에 적합한지 확인하기 위해 FIA의 시험을 거쳐야 한다. 그 뒤에야 많은 양이 제조되고 이어서 순도를 꾸준히 관찰한다.

오일 엔지니어의 가장 중요한 업무는 레이스가 열리는 주말에 각 연습주행 세션이 끝날 때마다 분석을 위해 주기적으로 견본을 채취하면서 시작된다. 엔지니어들은 엔진과 변속기 마모의 원인이 되는 금속 찌꺼기가 있는지 확인할 수 있는 정교한 X선 장비를 활용한다. 따라서 특정한 조건에서 일어나는 엔진 손상을 피할 수 있다. 엔지니어들은 오일에 불순물이 섞인 정도에 따라 부품을 바로 교체해야 할지를 결정할 수 있다.

바 퀴 에
기 름 치 기

경주가 진행되는 동안 컴퓨터 텔레메트리는 오일의 성능을 계속 관찰해, 곧 일어날 수도 있는 문제에 관한 더 많은 정보를 알려준다.

일반적으로 경주 시즌이 진행되는 동안 오일 공급업체는 엔진 오일 약 3만 리터와 변속기 오일 3000리터를 제공하는데, 한 팀이 경주마다 소비하는 양은 엔진 오일 200리터, 변속기 오일 75리터 정도다.

오일만큼 중요한 것이 연료다. 공급되는 연료 역시 의무적으로 정하는 FIA 규정을 따라야 한다. F1용 연료는 각 공급업체가 정해진 단위씩 혼합하는데, 공급업체는 단위마다 '인식정보'를 붙여 FIA에 공급해야 한다. 연료와 단위는 간단히 비교할 수 있지만, 경주마다 인증된 것과 똑같은 인식정보가 없으면 불법으로 간주한다. 연료는 당연히 엔진 연소과정의 효율은 물론 그에 따른 전반적 출력에도 큰 영향을 미치기 때문에 정유업체들은 시즌 동안 계속해서 새로운 연료를 내놓는다. 단적인 예로, 쉘은 2003년 인디애나폴리스 경주에서 페라리 팀을 위한 새로운 저유황 연료를 선보였다. 이는 페라리 팀의 시즌 우승 전망을 불확실하게 만든 헝가리 그랑프리의 여파로 장 토드(Jean Todt) 감독이 모든 팀 협력사에 최고의 것을 만들어달라고 요청한 것에 대한 직접적인 대응이었다. 모든 협력사의 노력이 성공으로 이어지면서 페라리 팀은 5연속 컨스트럭터 세계선수권 우승이라는 기록을 세울 수 있었다.

⑤ 엔진 제어장치

▌표준화의 성공

표면적으로는 구동력 제어장치와 일부 엔진 브레이크 제어장치를 없애려고 모든 F1 팀에 정확히 같은 전자장비를 제공하도록 한 일은 무척 강제적이었다. 모든 사람을 항상 만족시킬 수 없다는 것은 누구나 아는 사실이기 때문이었다. 직함에 맥라렌이라는 회사 이름이 들어 있는 사람이라면, 그때까지 2007년 시즌을 망쳐버린 페라리 팀에 대한 적대감이 남아 있을 테니 더욱 노력을 기울였을 것이다. 그러나 협력사인 마이크로소프트와 함께 2008년 시즌이 시작할 때까지 바로 그런 전자장치를 개발한 것은 피터 반 매넌Peter van Manen 박사와 맥라렌 일렉트로닉 시스템즈McLaren Electronic Systems였다.

전자제어 장비의 가장 훌륭한 사례로는 엔진에 관련한 것을 꼽을 수 있다. 맥스 모즐리는 FIA가 효과적으로 수용할 만한 수준의 출력과 성능을 결정하고 골칫거리였던 구동력 제어장치 같은 것들을 제거하기 위해 오랫동안 표준전자제어장치ECU를 도입하고 싶어 했다. 그가 처음으로 제안했을 당시에는 팀과 제조업체들 사이에서 이 장치가 마치 추첨함 속에 숨어 있는 방울뱀인 것처럼 여겨졌지만, 사람들의 평가는 차츰 누그러졌다. 문제는 경주차와 엔진 제조업체들이 엔진과 ECU를 함께 개발하고 제삼자가 평가한 장비만 써야 하는 상황보다는 그동안 해왔던 방식을 선호한다는 점이었다. 2006년 초에

···· 구동력 제어장치가 없으면, 세바스티앙 부르대(Sebastien Bourdais)가 모는 토로 로소 팀 페라리 STR04가 보여주듯이 경주차가 옆으로 훨씬 더 쉽게 미끄러지게 된다. (LAT)

5. 엔진 제어장치 _ 표준화의 성공

있었던 문제 중 하나는 표준 ECU에 관한 정의가 존재하지 않는다는 것이었다. ECU 및 그와 관련된 통합 코드를 모두 바꾸는 것은 매우 어려운 일이었다. 표준 ECU 출시 예정일로 정해진 2008년 1월 1일까지 소프트웨어 팀에게 주어진 시간이 많지 않았기 때문이다.

토요타 팀 단장인 존 하위트John Howett는 2006년에 "기본적으로 제조업체들은 대부분 ECU를 자유롭게 개발하는 쪽을 선호합니다."라고 시인했다. "최소한 ECU 자체의 실제 개발비는 엄청난 규모는 아닙니다. 물론 누군가는 비용을 획기적으로 줄이기 위해 전자장비의 용량을 훨씬 엄격하게 제한해야 할 수도 있죠. 저는 구동력 제어장치처럼 앞으로 제거될 인위적인 보조기능이 없다는 것을 실제로 보장하는 것이 관건이라고 봅니다. 또한 표준 ECU를 사용함으로써 감시가 아주 쉬워지고, 특정한 팀이 이런 능력이 있거나 그렇지 않다는 소문을 피할 수 있습니다. 저는 그 점이 FIA가 실제 표준 ECU를 통합하기를 바라는 이유 중 하나라고 믿습니다. 하지만 우리는 무엇보다 자유로운 상태를 더 선호한다고 생각합니다."

윌리엄즈 팀의 패트릭 헤드는 표준 ECU를 사용하면 일종의 출력 변조가 이루어질 가능성이 사라지리라는 의견에 무조건 동조할 수는 없다고 이야기했다. "만약 우리가 모두 표준 ECU를 사용하면 정직하지 못한 생각을 하는 소수의 사람들은 다른 방법에 관심을 기울이게 될 겁니다. 그것이 바로 변화이죠. 제가 확신하듯이 BMW처럼 직접 ECU를 개발하는 많은 사람들이 거기에서 모종의 연관성과 그들의 시판용 승용차 개발에 파급효과를 줄 흥미로운 도전을 발견하게 되리라고 봅니다. 엔지니어들은 '이건 하면 안 되고, 이 분야에서는 일할 수 없다'는 이야기를 듣거나 이도저도 아닌 형식의 하드웨어가 될 것이 뻔한 물건을 주면 분명히 아주 불쾌할 거예요. 그런 것은 F1다운 것과는 아주 다르죠. 그러나 어쨌든 우리가 받아들이겠다고 이야기한 것이 바로 그런 것이고, 맥스와 버니가 벌이고 있는 일은 아직 진행 중이기 때문에

우리는 곧 그 점을 받아들이게 될 겁니다.”

　　BMW-자우버 팀의 마리오 타이센 박사는 이렇게 이야기했다. “우리는 원래 목적이 인위적인 드라이버 보조기능을 배제하는 데 있음을 이해하고 그 목적을 전적으로 지지합니다. 일반 시판용 승용차에는 쓰이고 있지만 말이죠. 세계 최고의 드라이버들을 보고 싶고, 그들이 한계상황에서 차를 다루기를 바라는 우리로서는 분명히 드라이버 보조기능이 없는 것이 더 흥미진진합니다. 제조업체들과 일부 팀은 1년쯤 전에, 최소한 1년 전에 그것을 실현하는 방법에 관해 얘기한 바 있습니다. 그리고 우리는 인위적인 드라이버 보조기능이 없음을 분명히 하기 위해 FIA가 참관할 수 있는 통제 부분을 활용한다면 그렇게 할 수 있다는 결론에 도달했죠. 요즘은 거의 모든 것이 전자장비와 연결되어 있고 거의 모든 기능이 전자적으로 제어되기 때문에 이런 방식을 따르는 것을 선호합니다. 그래서 새로운 기능들을 시험할 수 있으려면 전자장비에 접근해야 하는데, 그러면 곧 ‘표준화란 무엇인가’ 라는 질문에 이르게 됩니다. '하드웨어의 특정한 영역을 말하는 것인가? 기본적인 소프트웨어 같은 것인가? 응용 소프트웨어는 아닐까?' 하는 식으로 말이죠. 그것은 확실히 어렵고 까다로운 영역이어서, 제가 이야기했듯 우리는 운전자 보조기능이 없으며 거기에 존재한다고 인식할 수조차 없다는 것을 확신할 수 있는 공통된 기준이 만들어지기를 바라지만, 같은 것을 시험과 경주에 쓸 수 있도록 우리 고유의 작업을 할 수 있어야겠죠."

결국 그것이 MES에게 주어진 작업의 배경이 되었다. 2006년 7월에 FIA와 새로운 표준 ECU를 만드는 계약을 체결했을 때, 반 매넌은 그것이 힘든 의뢰였다고 털어놓았다. 그는 "엔진, 변속기, 디퍼렌셜, 스로틀 등을 제어하는 데 필요한 중요한 요건이 무엇인지를 이해해야 하는 문제였습니다."라고 이야기했다. "팀들이 일부러 그들의 파워트레인을 기계적으로 바꾸지 않고도 모든 차이를 감당할 수 있도록 그것을 올바른 방식으로 구성하는 것이 실질적인 도전이었습니다. 일단 한 번 제대로 된 구조를 만들고 나면, 나머지는 팀들이 그것에 대한 의견을 이야기하는 것은 물론 그들 고유의 시스템과 지속 가능성을 비교할 수도 있을 만큼 빨리 그것을 구현하고 충분한 세부사항을 전달하는 데 달려 있었죠."

2006년 말 MES는 각 팀에 상세 규격을 전달했다. 2007년 3월까지 첫번째 시스템이 준비되어 팀들은 자신들의 동력계에서 구동 모의시험을 할 수 있었다. 그해 11월 바르셀로나에서 동계 시험이 시작될 때까지 이어진 검증기간 동안, MES는 시제품을 개선하고 보호 전략을 정리하는 등 당시까지 발생한 문제들을 다루는 작업을 계속했다. 중요한 것은 구조가 항상 정확해야 한다는 점이었다.

비전문가가 이런 상황을 봤다면, 팀들이 모두 V8 2.4리터 엔진을 쓰고 있는 상황에서 모든 엔진에 쓸 수 있는 일반적인 전자제어 유닛ECU을 만드는 것이 뭐가 그리 어려우냐고 이야기했을지도 모른다. 하지만 F1 세계에서 모든 것은 맞춤 제작되므로, MES가 할 수 있었던 작업은 대부분 개별 제조업체에서 준 정보량에 의존해야 했다.

반 매넌은 "엔진 작동에 관한 한 물리적인 공기 흐름, 연료, 점화를 제어하는 방식은 아주 단순합니다."라고 동의했다. "차이점이 드러나는 부분은 코너를 빠져나가며 가속할 때 순간적인 효과를 활용하는 방법입니다. 또한 엔진마다 고유한 설계에 따라 보호 전략이 다릅니다. 그래서 극한상황에서 특정한 취약점을 지닌 엔진이 있을 수 있고 그런 점을 잘 다스리는 데 도움을 주는 소프트웨어가 필요한가 하면, 그 영역에서는 강하지만 다른 부품에서 도움이 필요한 엔진이 있을 수 있습니다.

한편, 정상적으로 작동하는 방법보다는 만약의 시나리오에 대응하는 방법이 중요했죠. 센서 중 하나가 고장이 날 때는 어떻게 처리해야 할까요? 뭔가 고장이 났는데 계속 달려야 한다면 무슨 일이 일어날까요? 바로 그런 상황에서 아주 미묘한 공학적인 부분이 필요할 겁니다.

그렇다면 팀마다 다른 요구조건들을 어떻게 처리해야 했을까요? 전체 과정을 뒷받침한 것 중 하나는 엔진을 제어하는 응용 소프트웨어가 모든 팀에게 뚜렷하게 공개되어야 한다는 사실이었죠. 우리가 전자장비에 사용했던 소프트웨어는 종류와 관계없이 모든 팀이 확인할 수 있어야 했습니다. 따라서 2007년 시즌 동안 선수권에서 경쟁하는 팀들이 있다면, 기능성을 요청하든 그렇지 않든 간에 다른 팀들이 그것을 확인할 수 있게 할지, 그것을 사용할 수 없는 상태로 2008년 시즌으로 넘어갈지를 스스로 결정해야 했습니다. 즉 얼마나 정보를 개방하고 싶은지는 팀의 결정에 크게 의존했습니다. 완전히 그들의 관점에 따른 이기적인 것이었고, 만약 그들이 그것을 2008년에 사용하려고 했다면 그들은 그 사실을 밝혀야 했죠."

스테프니 게이트 스파이 스캔들이 절정에 이르러 맥라렌 팀을 둘러싼 소동이 벌어졌던 2007년은 포괄적인 기술을 이런 수준으로 올려놓고 아무도 손해를 보지 않으리라는 것을 모든 사람에게 설득하기에 결코 좋은 시기는 아니었다.

반 매넌은 마지못해 수긍하며 이렇게 이야기했다. "솔직히 말해 정치적 문제는 우리에게 큰 영향을 주지 않았습니다. 그 일은 우리와 팀들에게 모두 매우 공격적인 개발 요구였기 때문에, 사람들은 그저 일을 진행하기만 하면 됐습니다. 우리는 어쨌든 대부분 팀들과 함께 작업했고 그들 모두 우리를 알고 있었기 때문에 누군가 '난데없이 이 일을 하는 이 친구들은 도대체 누구냐' 고 이야기할 문제는 아니었죠. 그런 배경과 기술적인 상호 존중 덕분에 정치적 문제와 논평들은 우리에게 실질적으로 큰 영향을 미치지 못했습니다."

그러면 2009년용 BMW 팀 ECU를 떼어 맥라렌 팀 경주차에 그대로 쓸 수 있을까?

"그렇습니다. 똑같으니까요. 주어진 전자장비는 모두 똑같습니다. ECU 하나를 고르면 그것으로 어떤 차든지 움직이게 할 수 있습니다. 그들 모두 정

⋯▶ 악의가 담겨 있지는 않아 보이지만 ECU는 핵심 부품이고, 맥라렌 일렉트로닉 시스템즈는 2008년에 FIA를 대신해 표준 ECU를 만들면서 엄청난 도전에 직면했다. (sutton-images.com)

확히 같은 소프트웨어를 사용하기 때문에, 그 프로그램을 다른 차에 얼마든지 사용할 수 있었죠. 차이가 있는 부분은 엔진을 조율하기 위한 정보인데, 그것은 팀들의 몫입니다. 팀들은 그들이 가진 소프트웨어를 이용해 경주차가 최적의 성능을 내도록 조율합니다. 따라서 어떤 팀이 시스템 튜닝을 잘하고 다른 팀이 못한다면 당연히 튜닝을 잘하는 팀의 성적이 좋을 겁니다. 그것이 바로 자동차 경주의 영역이죠."

맥라렌 레이스 팀의 관점에서는 MES 엔지니어들이 그렇게 하는 방법을 실수 없이 찾아내도록 수준 높은 책임감을 강조하기 때문에, 예컨대 BMW 팀이나 혹은 2007년 사건에서 큰 곤욕을 치른 페라리 팀이 맥라렌 레이스 팀과 별개의 조직인 맥라렌 그룹의 독자적인 소프트웨어에 관심을 두지 않게 된다.

반 매년은 "우리는 레이싱 팀과는 완전히 독립되어 있기 때문에, 우리가 직접 운영하는 팀이 없다는 점을 분명히 해야겠습니다."라고 강조했다. "비록 우리가 F1이라는 분야에 참여하고 있는 모든 팀에게 공급한 것은 이번이 처음이지만 우리에게는 레이스라는 분야에서 활동하는 여러 경쟁자에게 공급하는 것이 드문 일이 아닙니다. 전자식 시스템이 우리가 판매하고 있는 매우 정교한 기반기술 중 하나라면, 그것을 이용해 성능을 뽑아내는 것은 레이싱 팀의 몫입니다. 우리는 그들에게 도구를 제공하고, 그것으로 경주에 출전하는 것은 그들이 할 일인 거죠. 우리 관점에서 보면, 모든 경주차가 완주해야 성공적인 경주라고 할 수 있습니다."

처음에는, 일부 팀들이 곧 일어날지도 모르는 바퀴가 헛도는 현상을 감지하는 기존의 휠 센서 고장을 비켜가는 방법을 찾아냈고, 그래서 측정한 속도와 에어박스로 흘러들어 가는 공기의 밀도에 따라 연료 흐름이나 점화를 차단하는 방법으로 구동력 제어장치를 작동한다는 의견이 있었다. 반 매넌은 그런 생각을 재빨리 가로막았다. "간단히 답변하면, 표준 전자장비와 소프트웨어, 그리고 우리의 보호기준이 있다면 팀들은 구동력 제어장치를 쓸 수 없습니다."

그렇다면 드라이버가 오른발로 하는 것 말고 F1에서 더는 구동력 제어장치 같은 것이 없다는 것을 모든 사람이 충분히 확신할 수 있을까?

"그렇습니다. 요즘 경주차들이 비틀거리는 모습만 봐도 알 수 있죠."

그런 보조기능을 없앤 것은 아주 쉽게 이해할 수 있지만, 반 매넌은 엔진 브레이크 제어장치를 금지한 효과에 관해서는 오랜 시간에 걸쳐 설명했다.

"경주차용 엔진, 특히 F1 엔진은 관성이 매우 작아서, 드라이버가 코너에 들어서면서 액셀러레이터에서 발을 떼면 엔진이 빨리 속도를 줄이게 되고 경주차는 제동하는 듯한 모습을 보이게 됩니다. 지난 몇 년 동안 전자장비 분야에서 우리가 했던 일은 그런 엔진 브레이크 현상을 누그러뜨리도록, 만들어지는 토크를 조절하는 것이었죠. 제어 시스템 내에서 그런 감속 효과를 없애면, 그런 일은 드라이버가 직접 해야 합니다. 드라이버가 액셀러레이터에서 발을 떼고 브레이크를 강하게 밟으면서 시스템이 모든 것을 누그러뜨리도록 맡겨둘 수 없으므로, 이제는 드라이버가 두 가지 기능을 잘 조합해야 합니다.

결국 엔진 브레이크 기능과 구동력 제어장치가 함께 없어지면서, 드라이버는 코너에 진입하며 속도를 줄일 때 더 뛰어난 통제 능력을 보여줘야 할 뿐 아니라 코너를 빠져나가면서 가속할 때에도 더 뛰어난 수준의 통제 능력을 발휘해야만 합니다."

FIA가 표준화한 ECU는 공교롭게도 루이스 해밀턴이 맥라렌 메르세데스 MP4-23을 몰고 우승을 차지한 2008년 호주 그랑프리에서 첫선을 보였다. 표준 ECU는 실제로 아무도 알아차리지 못할 정도로 매우 성공적이었다. 하지만 드라이버들은 그들의 경주차가 전자식 시스템의 능력을 최대한 활용할 수 있도록 하기 위해서는 발전이 필요하다고 이야기했다.

반 매넌은 "그것은 근본적으로 성능상 유리한 무언가를 내놓기보다는 발생하는 다른 것들을 처리할 수 있도록 신뢰성을 개선하는 팀들에 해당하는 이야기"라고 설명했다. "경주차의 표준 전자장비에 있어 가장 큰 변화는, 모든 응용 소프트웨어가 모든 이들에게 완전히 새로운 것이어서 모든 팀이 처음부터 완전히 새로운 소프트웨어로 대응하고 조율해야 했다는 것입니다. 어떤 점에서는 그런 것이 많은 팀을 불편하게 만들었죠. 큰 발전이었지만, 모든 이에게 똑같이 영향을 주었습니다.

표준 ECU는 복잡한 시스템이어서 해야 할 일이 많았습니다. 하지만 쓰이는 과정에서 중요한 문제는 전혀 생기지 않았죠. 엔지니어링, 특히 자동차 경주는 본질에서 많은 것을 접목하고 문제가 생기는 대로 해결해 나가는 것입니다. 우리가 11월 초에 동계 시험을 시작하고 11개 팀이 끊임없이 트랙을 돈 것은 우연한 일이 아닙니다. 우리 쪽에서 해야 할 일도 많았고 팀들과 FIA가 해야 할 일도 많았습니다."

하지만 그는 편파성에 관한 의견을 피하려고 열심히 일할 수밖에 없었다는

: 구동력 제어장치가 없다는
것은 이제 드라이버들이 궂
은 날씨에도 보조기능 없이
달리는 도전을 감당해야 한
다는 뜻이다. (LAT)

이야기는 부인한다. "솔직히 말해, 그것은 우리 자신의 이기적인 인간 본성에
의존한다고 이야기하는 게 좋겠습니다. 우리는 우리 시스템 중 어느 것도 고
장이 나지 않기를 바라고, 마찬가지로 완벽하게 공정하면서 모든 구매자에게
개방적이 되고 싶습니다. 그렇게 하지 않는 순간, 사업은 산산조각이 납니다."

바르셀로나에서 치러진 첫 시험에서는 사흘 동안 50차례의 경주에 해당하
는 약 1만 마일이라는 거리를 달렸다. 12월에 헤레즈에서 열린 다음 시험에
서도 마찬가지였다. 그렇게 해서 1월에는 모든 새 경주차가 달리게 되었다.
마치 정해진 일정의 일부인 것처럼……

"아주 혹독한 시험이었습니다. 싸구려로 전락하지 않기를 바란다면, 문제
가 생기는 것을 당연하게 받아들여야 합니다. 가끔은 실패가 낳는 결과를 아

는 것이 좋습니다. 계속 집중할 수 있기 때문이죠."

지금은 아무도 F1 경주차에 쓰인 ECU에 대해 이의를 제기하지 않고, 여러 모로 개발에 들어간 노력의 영향력을 가장 뚜렷하게 입증하고 있다.

반 매넌은 "F1에서 일한 이후로 의심 많은 괴물이 되었고 한순간도 무언가를 놓고 자기만족을 하거나 안주하지 못하게 되었습니다."라고 이야기했다. "하지만 그해 겨울과 2008년 멜버른에서의 경험은 긍정적이었습니다."

맥라렌 일렉트로닉 시스템즈는 1년 뒤 4월 29일에 영국에서 기업 관련 업적과 성과에 대한 가장 권위 있는 상으로 널리 알려진 우수기업 여왕상 혁신 부문을 명예롭게 수상함으로써 궁극적으로 인정받았다.

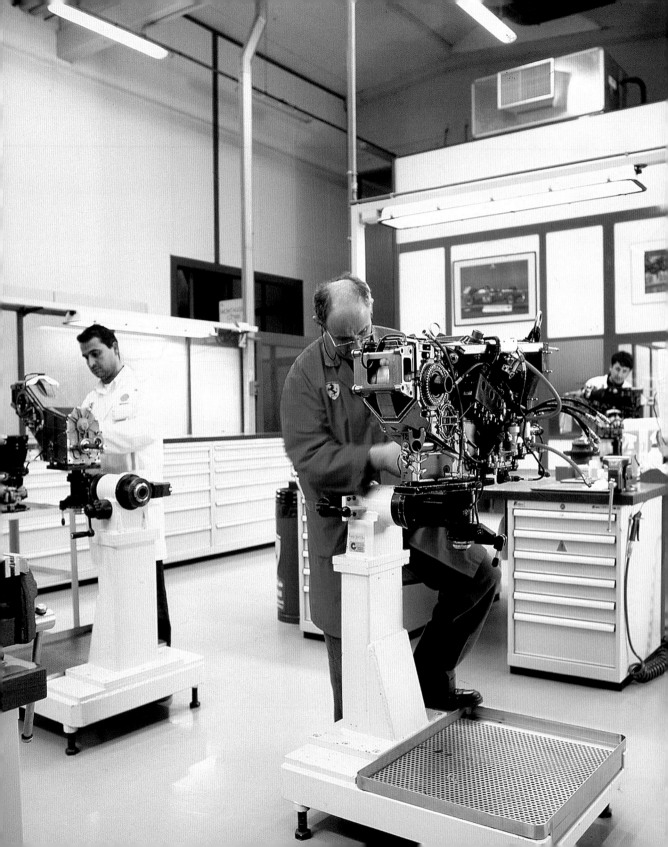

6 트랜스미션
동력의 통로

F1 경주차의 구동계는 엔진과 트랜스미션으로 이루어지지만, 관심을 끄는 것은 항상 엔진이다. 모든 사람은 엔진의 출력이 어느 정도인지 알고 싶어 한다. 엔진은 경주차의 가장 섹시하고, 생기 있고, 관심을 끄는 부분이기 때문이다. 비유적이고 거의 문자 그대로 표현하면, 트랜스미션은 그림자에 감춰진 존재다. 성능 관점에서 수량화하기 어려우므로, 자동차에서도 어딘가 잘못되지 않는 이상 언론의 주목을 받기 어려운 부분이다. 엔지니어나 드라이버 정도나 되어야 어떤 차의 트랜스미션이 가장 빠르게 변속되고 무게가 가장 가벼운지 관심을 가질 것이다. 그래서 기어박스가 경주차에서 가장 극비 기술 중 하나이고 설계자들이 엔진이나 전반적인 다운포스 수치 못지않게 즐겨 토론하는 부분이라는 것을 좀처럼 실감하기는 어렵다. 게다가 가장 뛰어난 설계는 스위스 시계만큼이나 복잡하다.

피스톤 엔진을 쓰는 차는 기어박스가 필요하다. 토크 또는 비트는 힘을 만드는 것은 엔진이지만, 엔진이 직접 바퀴를 굴리거나 구동 기어비가 1:1이라면 차를 움직이기에는 힘이 충분하지 않다. 바꾸어 말하면, 차가 정지한 상태에서 엔진이 정확히 한 번 회전을 하더라도 구동축이 정확히 한 번 회전해 차가 전진하도록 할 수 없다는 뜻이다. 차를 정지상태에서 움직이게 하고 엔진

←⋯ 마라넬로에 있는 페라리 팀 트랜스미션 부서의 티끌 하나 없이 깨끗한 모습이 마치 고급 개인병원을 연상케 한다. (Getty Images)

회전속도를 차의 주행속도에 맞추면서 계속 움직이게 하려면 일련의 서로 다른 기어비 조합이 필요하다.

예를 들어, 만약 1단 기어의 기어비가 3.4:1에 불과하다면 차가 움직이기는 하겠지만, 엔진은 순식간에 최고 회전수까지 치솟아 굉음을 내고 차의 전반적인 속도는 심각하게 제한될 것이다. 기어비가 각각 1.9:1과 1.4:1인 2단과 3단 기어가 있다고 하더라도, 운전자가 고속도로에서 정속 주행을 하고 싶을 때처럼 여전히 기어비가 충분하지 않은 때가 있다. 그럴 경우 운전자는 기어비가 1:1인 4단 기어가 필요할 것이고, 차가 정속 주행 속도에 이르러 편안하게 달리려면 적어도 기어비 0.75:1 정도의 오버드라이브 기어가 필요하다.

일반 승용차와 경주용 차는 요구조건이 다르다. 시판용 수동변속기 차는 대부분 전진 5단 변속기(요즘 나오는 일부 차들에는 6단 변속기가 쓰인다)가 쓰인다. 그런 변속기의 기어비는 엔진의 폭넓은 최고출력 회전수 범위(파워 밴드)를 최대한 활용할 수 있고, 최고단 기어비가 오버드라이브 기능을 해 고속 정속 주행 때에는 조용하고 연료를 절약할 수 있도록 적당한 간격을 두고 있다. 일반적으로 보통 승용차의 기어 사이에는 1000rpm에 해당하는 간격이 있다. 경주용은 이보다 간격이 더 좁아야 하고, 그러면서 성능을 극대화해야 한다. 모든 F1 엔진은 파워 및 토크 밴드가 비교적 좁다. 따라서 경주차의 기어비는 엔진이 이 범위 내에서 작동하도록 구성해 최상의 성능을 이끌어내야 한다. 그런 이유로 경주차는 모두 비교적 기어비 간격이 좁은 전진 7단 기어를 사용하고, 드라이버는 항상 엔진을 '펄펄 끓는' 상태로 유지할 수 있다. 특정한 서킷의 코너에 맞춰 차의 기어비를 조절하는 것은 거의 예술과 같다. 최근에는 엔지니어들이 컴퓨터의 도움과 넓은 기어비 범위의 도움을 받아 경주차가 논의 대상이 되는 트랙에 실제로 투입되기 훨씬 전에 이 과제를 해결한다. 결국 기어비 변경은 사소한 수준에 머물 가능성이 크다.

기어박스에는 엔진으로부터 기어박스로 동력을 전달하는 입력축이 있다.

↕ 2009년 르노 R29 기어박스 어셈블리.

입력축에는 기어 한 세트가 달려 있는데, 별개의 축에 달린 또 다른 기어 한 세트는 앞뒤로 자유롭게 움직여 운전자가 선택한 기어 단에 따라 입력축에 있는 기어와 함께 서로 다른 시점에 서로 다른 기어 조합을 이룬다. 운전자가 기어 레버의 위치를 바꾸면 기어박스 내의 기어 선택장치가 움직여 기어가 조절됨으로써 원하는 기어비 조합이 만들어진다. 그러면 구동력은 두번째 축 끝의 피니언 기어로 전달되고, 거기에 맞물린 크라운휠이 구동력의 방향을 90도 꺾어 구동력을 굴림 바퀴로 전달하는 드라이브샤프트를 회전시킨다. 모든 F1 경주차는 뒷바퀴 굴림 방식이다.

경주차가 원을 따라 돌 때에는 안쪽 뒷바퀴가 바깥쪽 뒷바퀴보다 더 지름이 작은 원을 그리며 돈다. 코너를 돌 때에는 안쪽 바퀴와 바깥쪽 바퀴가 서로 다른 경로를 따르기 때문에, 안쪽 바퀴가 바깥쪽 바퀴와 같은 속도로 회전하거나 같은 양의 일을 하지 않을 수 있는 특별한 방법이 뒷받침되어야 한다. 그런 방법이 없으면, 불가능한 것은 아니지만 차가 제대로 회전하기가 몹시 어려워진다. 이것을 가능하게 하는 기계장치가 바로 디퍼렌셜이다.

F1용 디퍼렌셜은 설계자들이 차의 핸들링에 큰 영향을 미친다고 인식하는 매우 복잡한 부품이다. 일부 디퍼렌셜에는 디퍼렌셜을 잠금으로써 급가속할 때 바퀴가 헛돌지 않도록 도와주는 기계식 차동 제한 기능이 들어 있다. 디퍼렌셜이 완전히 잠기면 젖은 노면에서도 이상적으로 가속할 수 있지만, 디퍼렌셜이 잠긴 차는 코너를 돌아 나가기가 대단히 어려울 수 있다. 그런 차는 항상 언더스티어 경향을 나타내는데, 출력이 부족하면 더욱 그렇다. 오늘날의 F1 경주차는 전기유압식 차동 제한 디퍼렌셜을 사용해, 엔지니어나 드라이버가 스티어링 휠의 버튼을 이용해 계속해서 조금씩 조절할 수 있다. 전기유압식 디퍼렌셜은 좌우 바퀴로 전달되는 토크 배분을 제어해 차의 진행방향을 조절할 수 있다.

토크 배분은 주어진 상태에 따라 다르다. 예를 들어 경주차가 가속하는 동안 출력이 부족할 때와 제동하는 동안 힘이 넘치는 반대 상황에서 조절되는 정도가 각기 다르다. 이런 상황에서 차동 제한 디퍼렌셜은 운전자가 하는 스티어링 조작과 더불어 발생하는 요yaw나 회전운동을 유도하거나, 요를 억제하고 안정성을 높일 수 있다. 전기유압식 디퍼렌셜은 FIA의 엄격한 규정을 준수하는 장치로서, 엔지니어가 주어진 일련의 특성들을 설정하기가 더 쉽다. 경주차의 온보드 컴퓨터는 각 출력축으로 전달되는 토크를 조절하는 유압을 통제하는 무그Moog 밸브를 제어하고, 전자 센서는 바퀴 회전속도의 차이를 관찰한다.

엔진으로부터 변속기로 동력을 전달하고 운전자가 변속되기를 원할 때 동력을 순간적으로 분리하려면 또 다른 기계장치가 필요하다. 이 장치는 클러치clutch라고 하는데, 클러치가 없으면 차가 달릴 수도 없고 기어를 변경할 수도 없다.

클러치는 엔진 뒤에 있는 원판에 설치되며, 플라이휠flywheel이라고 하는 이 원판은 크랭크샤프트와 볼트로 연결되어 있다. 클러치에는 클러치 외부 덮개의 일부인 압력판과 클러치 내부에 설치되는 마찰판(클러치 디스크)이 있다. 변속기 입력축은 두 판을 모두 관통한다.

운전자가 기어를 변경하고 싶다면 엔진과 변속기 사이의 연결을 끊어야 한다. 엔진과 변속기가 연결된 상태는 클러치 커버에 있는 스프링에 의해 유지되는데, 스프링은 마찰판이 플라이휠과 맞닿도록 미는 역할을 한다. 운전자가 클러치 페달을 밟으면 클러치 액의 유압이 클러치 압력판을 마찰판과 닿도록 밀어 순간적으로 플라이휠 표면으로부터 마찰판을 떼어낸다. 클러치를 작동하는 시간 동안 동력 전달이 끊어지므로 운전자는 기어를 변경할 수 있다. 운전자가 클러치 페달에서 발을 떼면 동력 전달이 계속된다.

탄소섬유 마찰판을 세 개 이상 사용하는 F1용 클러치는 사람 손바닥 너비보다 약간 더 클 정도로 아주 작은 부품이다. 엔진 및 섀시 설계자들이 계속해서 크랭크샤프트 회전축 위치를 낮춤으로써 엔진의 무게중심을 낮추고 있기 때문에, 클러치의 크기는 매우 중요하다. 이 부분에서 제한요소로 작용하는 것 중 하나가 클러치의 지름인데, 대표적인 AP사 제품의 지름은 약 100밀

↕ 와인잔과 샴페인 병의 코르크 마개가 이 삭스(Sachs) F1 클러치의 멋진 배경이 되고 있다. 클러치는 지름 111 밀리미터로 매우 작지만 900마력 이상의 동력을 전달할 수 있다.
(ZF Sachs AG, Germany)

리미터다. F1용 클러치에서, 현대적인 트랜스미션은 윗단으로 변속할 때에는 클러치를 작동하지 않아도 될 만큼 매우 부드럽다. 또한 클러치를 사용하면 아랫단으로 변속할 때나 가장 큰 부하가 걸리는 레이스 출발 때 충격이 작으므로 부품들이 철저하게 보호된다.

지난 20년 동안 기어박스는 F1 경주차의 핵심 부품으로서 폭넓은 발전이 이루어졌다. 이제는 단순히 엔진의 회전운동과 출력을 전진운동으로 바꾸는 수단으로만 여겨지지 않고 더 중요한 요소가 된 것이다.

기어박스는 큰 부하와 높은 온도를 견뎌내야 할 뿐 아니라 구조의 기능도 해야 한다. 따라서 부품의 저항력과 기어 어셈블리의 신뢰성이 경주차의 전반적 신뢰성에 중요한 역할을 한다. 이것이 오늘날 기어박스가 고가의 시계만큼 세부적인 부분까지 주의를 기울이며 탁월한 정밀성을 지니도록 만들어지는 이유다.

1950년대에 엔진 위치가 차체 앞쪽에서 뒤쪽으로 옮겨지면서 알맞은 트랜스액슬transaxle의 개발이 필요해졌다. 트랜스액슬은 동력을 전달하기 위해 엔진 뒤쪽에 장착하는 기어박스와 디퍼렌셜의 조합을 말한다. 엔진이 앞쪽에 있었던 이전 시기에는 대개 기어박스가 엔진 뒤쪽에 장착되었고, 이 변속기는 긴 프로펠러 샤프트를 거쳐 뒤 차축에 있는 디퍼렌셜과 연결되었다. 엔진이 앞쪽에 있는 차 가운데 일부는 기어박스를 디퍼렌셜과 함께 뒤쪽에 장착함으로써 무게 배분과 차의 핸들링의 균형을 맞췄다. 존 쿠퍼John Cooper의 쿠퍼 팀과 콜린 채프먼의 팀 로터스가 만든 신세대 경주차들은 잭 나이트Jack Knight, 콜로티Colotti, 나중에는 휴랜드Hewland 사의 트랜스액슬을 독점 사용했다.

초기에 해당하는 당시에는 트랜스미션이 그저 동력을 도로로 전달하는 역할만 했다. 그러나 1966년에 3리터 규정이 도입되면서 서스펜션 부품이 변속기에 장착되어 새로운 역할이 생겼고, 경주차에서 구조적인 기능도 하게 되어 종합적인 관점에서 설계가 이루어지게 되었다. 그러나 ZF 변속기의 부서지기 쉬운 특성이 아킬레스건으로 작용하는 바람에, 채프먼의 혁신적인 로터스 49 경주차로 1967년 세계선수권에 출전한 로터스 팀은 우승을 놓치고 말았다.

1960년대 들어 미국의 천재 트랜스미션 설계자인 피트 와이스먼Pete Weismann은 잭 브래범과 긴밀하게 협조해 다른 것들과 함께 자동변속기를 실험했다. 이는 자동변속기가 두각을 나타내기 시작한 21세기 초반보다 훨씬 앞선 시도였다. 미래를 향한 또 다른 신호탄은 마치March 팀 설계자인 로빈 허드Robin Herd가 마치 721X 경주차에서 양쪽 끝에 웨이트를 단 역기 같은 느낌을 줄이려는 과정에서 나왔다. 그는 관성의 극치를 찾는 과정에서 뒤 차축 중심선 앞쪽에 기어박스를 배치하면 무게가 차축을 중심으로 집중되어 차의 핸들링이 나아진다는 것을 발견했다.

가장 중요한 발전은 1975년에 페라리 팀이 그해 우승을 차지한 312T 경주차에 기어박스를 가로 방향으로 장착하면서 이루어졌다. 이것은 기어박스를 동떨어진 존

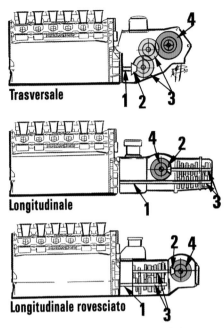

⁝ F1 기어박스의 세 가지 핵심 구성을 보여주는 그림. 맨 위 그림은 가로배치 방식으로, 기어가 기어박스를 가로질러 움직인다. 가운데 그림은 디퍼렌셜이 기어 앞쪽에 있는 일반적인 방식이다. 맨 아래 그림은 사람들이 선호하는 시스템으로 기어가 디퍼렌셜 앞에 있어 휠베이스 안에 자리한다. 1은 주축(主軸), 2는 부축(副軸), 3은 기어, 4는 디퍼렌셜이다. (Piola)

⟵ 1988년에 맥라렌 팀은 혼다 V6 엔진의 낮은 크랭크샤프트 중심축의 장점을 최대한 살렸고, 그런 점을 고려해 크기가 작은 3축 기어박스를 특별히 만들었다.

(sutton-images.com)

재로 내버려두지 않고 차에 통합해 구성하려는 의도적인 노력의 첫 성공 사례 중 하나로 꼽힌다.

엔지니어 마우로 포르기에리Mauro Forghieri는 기어 뭉치가 엔진과 뒤 차축 사이에 차체 가로 방향으로 배치되도록 설계했다. 그 결과 엔진과 기어박스를 결합한 부분의 길이가 획기적으로 짧아졌고 차의 균형과 트랙에서의 성능이 향상되었다.

포르기에리의 설계는 페라리 경주차를 구성하는 과정에서 다른 이유 때문에 재래식에 가까운 세로배치 기어박스로 되돌아간 1987년까지 유지되었다. 세로배치 기어박스에서 기어 뭉치는 뒤 차축 선 뒤에 일렬로 배치되었다.

1980년대 후반은 트랜스미션 분야에서 실험의 시기였다. 남아프리카 공화국 출신인 와이스먼은 1988년 시즌에 열린 16차례 경주에서 15번 우승한 MP4/4 경주차의 설계를 위해 맥라렌 팀의 고든 머레이Gordon Murray와 협력하면서 활동을 재개했다. 그들이 설계한 변속기는 혼다의 V6 터보 엔진에 맞춰 매우 낮은 크랭크샤프트 중심선을 최적화한 것이었다. 같은 남아공 출신인 베네통 팀 설계자 로리 번은 기어 뭉치가 뒤 차축 중심선 앞에 있는 세로배치 기어박스를 내놓았다. 케이스가 종 모양인 오일탱크와 변속기를 분리해 주조한 덕분에 기어를 조작할 수 있는 경로가 둘로 나누어지면서 변속 속도는 더 빨라졌다.

한편 윌리엄스 팀은 첫 가로배치 변속기를 만들어 주드Judd 엔진을 사용한 FW12에 올렸다. 이 모든 작업이 진행되는 동안, 존 버나드와 고인이 된 하비 포슬릿웨이트 박사는 페라리에서 가장 중요한 기어박스 개발을 위한 실험을 했다. 기어를 변경하는 극적인 새 방식을 창조한 것이다. 1974년에 신형 로터스 76의 기본 5단 휴랜드 FG400 기어박스에 장착해 채프먼이 실험했던 변속용 유압 시스템은 성공적이지 못했다. 로터스 76은 페달이 네 개였는데, 오른쪽 끝에는 액셀러레이터, 왼쪽에는 기본 클러치, 가운데에는 서로 연결된 두

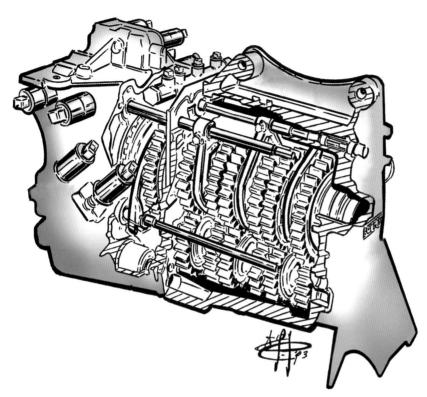

←… 존 버나드와 하비 포슬릿 웨이트가 설계한 1989년식 페라리 트랜스미션은 손끝으로 전기유압식 변속장치를 조절함으로써 F1에 혁신을 가져왔다. 오늘날에는 모든 경주차에 쓰이고 있다. (Piola)

⋮ 1989년식 페라리 640의 스티어링 휠에 변속 패들 레버가 보인다. 20년이 흐른 지금, 훨씬 더 복잡한 2009년 BMW-자우버 F1.09의 스티어링 휠(아래)에서도 변속 패들은 여전히 돋보인다. (sutton-images.com)

개의 브레이크 페달이 있었다. 그 덕분에 드라이버인 로니 페테르손Ronnie Peterson과 재키 익스Jacky Ickx는 오른발이나 왼발을 선택해 브레이크 페달을 밟을 수 있었다. 채프먼은 오른발로 액셀러레이터를 밟고 왼발로 브레이크 페달을 밟는 두 페달 제어방식이 최선이라고 굳게 믿었다. 클러치 페달은 출발선에서 움직이기 시작할 때에만 필요했다. 출발한 뒤에 변속할 때에는 드라이버가 일반적인 기어 레버 위의 버튼을 눌러 클러치를 작동했다. 이 클러치는 시동 모터로 구동되는 펌프가 만들어낸 유압으로 작동했다.

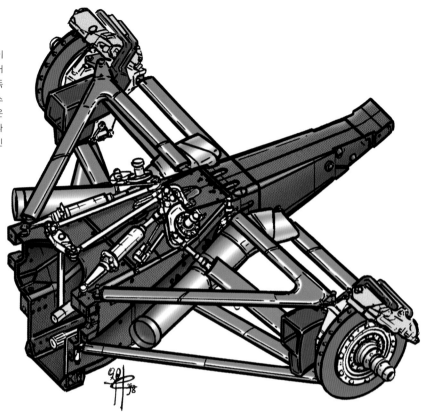

하지만 시스템은 실패로 돌아가 금세 퇴출당했다. 1978년 독일 게트락 Getrag 트랜스미션을 사용한 로터스 79에서도 같은 시도가 있었지만, 여전히 시스템을 뒷받침할 만한 기술이 없었던 탓에 사용이 중단되었다.

1980년대가 막바지를 향하면서 변화가 생겼다. 엔진 제어장치 분야에서 출력 향상과 함께 이루어질 엄청난 진전을 가능하게 한 것 같은 종류의 전자 제어 시스템을 트랜스미션에도 적용할 수 있게 된 것이다. 페라리에서는 버나드와 포슬릿웨이트가 전자제어 시스템을 활용하는 데 착수하면서 '클러치 없는' 변속이라는 채프먼의 개념을 부활시켰다.

그들은 혁신적인 개념으로 이것을 가능하게 했다. 전기유압식 시스템의 스티어링 휠 장착 기어 선택 패들은 기어박스의 전자식 밸브로 신호를 보내고,

이어서 개별 기어 선택을 위한 유압 액추에이터와 클러치 기계구조를 동시에 작동했다. 기어 뭉치는 뒤 차축 중심선 뒤에 일렬로 배치되었다. 따라서 모든 드라이버는 전통적인 H자 모양 게이트 안에서 기어 레버를 앞뒤로 움직이는 사이에 순간적으로 액셀러레이터에서 발을 떼는 대신, 발로 페달을 밟은 상태로 스티어링 휠 바로 뒤에 있는 패들만 조작하면 되었다. 이후로 팀들은 이 기술을 독자적으로 해석한 변속기를 개발하게 되었고, 드라이버의 취향에 맞춰 차마다 다르게 설정할 수 있었다. 예를 들어 2003년 BAR 팀의 젠슨 버튼은 오른쪽 패들로 아랫단으로 변속하고 왼쪽 패들로 윗단으로 변속하는 것을 선호했지만, 팀 동료인 자크 빌너브Jacques Villeneuve는 패들 하나로 윗단으로 변속할 때에는 당기고 아랫단으로 변속할 때에는 미는 방식을 좋아했다.

페라리의 기술은 불가피한 문제가 생길 정도로 혁신적이었다. 소프트웨어 문제가 생기면 변속이 7단에서 2단으로 이루어져 회전수가 급격히 솟구침으로써 문자 그대로 엔진이 산산이 부서지는 일이 잦았다. 버나드와 포슬릿웨이트는 페라리 팀이 1989년에 처음 선보인 639 경주차의 모노코크에 전통적인 변속용 연결기구를 위한 구멍을 하나도 뚫지 않았을 정도로 시스템의 장점을 확신했고, 모든 이가 그들의 아이디어를 받아들이면서 그들이 옳았다는 것이 역사적으로 입증되었다. 1989년 자카레파구아에서 열린 브라질 그랑프리에 데뷔하기에 앞서 전체 레이스 구간을 달리는 데 실패하자, 일반 트랜스미션을 위한 긴급 장치를 설계하지 않은 버나드의 고집에 대해 심각한 의문이 제기되었다. 심지어 드라이버인 나이젤 만셀Nigel Mansell은 아예 중도 탈락을 예상하고 일찍 출발하는 항공편을 예약할 정도였다. 결과는 정반대로 나타나 만셀은 결승에서 우승했고, 신기술은 찬사를 받았다. 곧 모든 이들이 그 기술을 받아들였고, 일부는 작동을 위해 유압장치 대신 공기압을 이용했다. 변속 속도와는 별개로, 완벽하게 정리가 된 이후 이 매력적인 신기술은 엔진 과회전에 대한 공포를 없애고 변속 오류를 과거의 일로 만들었다.

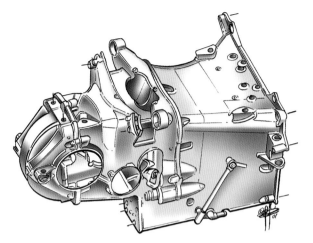

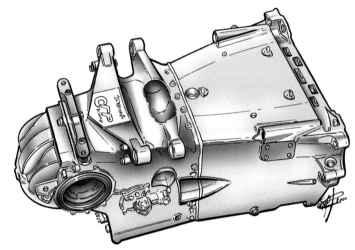

←⋯⋮ 미나르디 팀은 대단히
모험적이었다. 위 그림은 팀
이 2001~2002년에 사용한
일반 기어박스 케이스이고,
아래 그림은 위의 것을 대체
한 티타늄 케이스다. (Piola)

　다음 단계로의 발전은 기어박스 케이스에 신소재를 사용한 것이다. 이번에
도 혁신적인 아이디어는 버나드에게서 나왔다. 1994년에 그는 페라리 412T1
에 기존의 주조 마그네슘 대신 티타늄 합금 가로배치 변속기를 얹어 실험했
다. 또한 1989년의 원형 설계에서 일곱 개였던 전자제어 밸브를 이 기어박스
에서는 단 두 개로 줄였다. 이는 소재와 기어박스 케이스의 실제 구조에 관한
후속 연구로 이어졌다. 출력이 획기적으로 높아지자 기어박스 케이스는 매우

높아진 출력과 공기역학적 개선으로 코너링 속도가 높아지면서 커진 동적 부하에 대응해야 했다. 엔진 기술에 쓰인 것과 비슷한 얇은 두께의 알루미늄 케이스가 마그네슘 케이스를 밀어냈는데, 약간 더 무겁기는 하지만 탁월한 강성이 무게의 불리함을 상쇄했기 때문이었다.

오래지 않아 버나드는 1998년 애로우즈Arrows 팀 경주차에 탄소섬유 복합소재 케이스를 실험하기 시작했다. 비슷한 시기에 앨런 젠킨스Alan Jenkins도 같은 시즌에 출전한 스튜어트Stewart 팀 경주차에 비슷한 개념으로 작업을 진행했다. 두 케이스는 모두 균열과 강성 문제에 시달렸고, 폴 스튜어트Paul Stewart는 나중에 케이스를 알루미늄으로 다시 바꾸면서 자신의 신출내기 팀이 제대로 다루기에는 너무 섣부른 기술이었다고 인정했다.

페라리 팀은 그 후 훨씬 더 비싼 주조 티타늄을 실험했다. 공교롭게도 페라리와 협력한 팀은 재정난을 겪고 있던 미나르디로, 2000년과 2001년에 실험용 쥐 역할을 했던 팀이었다. 처음에 이 협력관계는 알루미늄 합금 기어 케이스와 탄소섬유 서스펜션 장착 구조를 결합한 구성을 만들었고, 2001년 중반에 미나르디 팀이 주조 티타늄 케이스를 선보였다. 나중에 페라리 팀은 그것을 독자적으로 발전시켜 하나로 된 기어 케이스, 종 모양 케이스, 서스펜션 마운트 케이스를 만들어 2002년 F2002 경주차에 독점 사용했다. 주조 티타늄은 강도와 강성이 뛰어나고 무게가 가장 가볍다는 것이 장점이다. 따라서 무게 배분이 유리하고 차체 뒤쪽 구성이 자유로워 경주차의 핸들링이 개선된다. 코일 스프링 대신 토션 바가 스프링 기능을 하는 페라리의 주조 티타늄 변속기에는 엔진으로부터 최종 구동장치로 이어지는 입력축 양쪽에 매우 작은 댐퍼가 놓였다. 이 새로운 초소형 장치는 영국 출신 존 서튼John Sutton이 만든 것으로, 동력을 적게 소비하고 더 빠르게 변속할 수 있었다.

2003년 맥라렌 팀은 새로운 MP4-18을 시험하면서 A 규격에서는 전통적인 세로배치 트랜스미션을, X 규격에서는 서튼이 설계한 새로운 탄소섬유 장

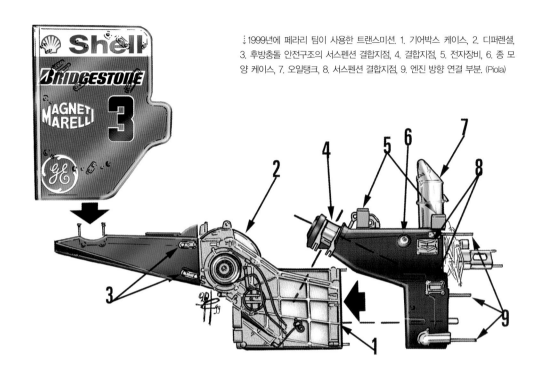

1999년에 페라리 팀이 사용한 트랜스미션. 1. 기어박스 케이스, 2. 디퍼렌셜, 3. 후방충돌 안전구조의 서스펜션 결합지점, 4. 결합지점, 5. 전자장비, 6. 종 모양 케이스, 7. 오일탱크, 8. 서스펜션 결합지점, 9. 엔진 방향 연결 부분. (Piola)

치를 결합했다. 이 차는 경주에 출전한 적이 없지만, 더욱 발전한 MP4-19는 서튼이 설계한 혁신적인 새 트랜스미션을 이어받았다.

　다음 단계의 중요한 진전은 윌리엄즈 팀이 이른바 '끊김 없는 변속' 기술을 개척하면서 이루어졌다. 이것이 사실상 그 기술을 FIA가 금지할 때까지 1990년대 실험했던 DAF 사의 기술에 바탕을 둔 무단변속기, CVT의 후손이었을까? 패트릭 헤드는 그런 생각을 재빨리 가로막았다.

　"아닙니다. 전혀 관계없어요. CVT는 항상 같은 엔진 회전수를 유지하려고 하지요. 끊김 없는 변속을 추구한다는 것은 실질적으로 변속을 매우 빨리 감지하고 제어함으로써 변속하는 도중에 엔진과 뒷바퀴 사이의 구동력이 전혀 방해받지 않는 것을 뜻합니다.

　작동은 아직 이전 단을 사용하고 있는 동안에 곧 변속할 단의 기어를 준비

하는 식으로 이루어집니다. 따라서 낮은 단 기어로 달리고 있는 동안에 시스템은 높은 단 기어에도 동력을 전달합니다. 이전 기어에서 회전이 지나치게 높아질 때 엔진이 회전을 억제하는 것과 마찬가지로, 변속할 단 기어가 동력을 넘겨받으면 이전 기어의 연결을 해제합니다."

이 모든 일은 매우 빨리 일어났고, 르노 팀의 롭 화이트가 '파편 시간'이라고 표현했던 기간을 포함해 모든 시스템 개발이 예상과 다르게 진행되지는 않았다. 이것은 모든 사람이 1980년대 말과 1990년대 초에 전기 유압식 트랜스미션을 개발하면서 겪었던 일과 같았다. 안토니 포커Anthony Fokker가 제1차 세계대전 당시 조종사가 비행기 프로펠러 사이로 총을 발사할 수 있게 해준 동기화 기어를 개발했을 때 직면했던 문제들과도 다를 바 없었다.

헤드는 이야기를 이어나갔다. "우리는 1000분의 1초 단위를 다루고 있고,

⋮ 2006년 바레인 그랑프리에서 F1에 데뷔한 니코 로즈버그는 끊김 없는 변속이 이루어지는 트랜스미션이 쓰인 이 윌리엄즈 코스워스 FW28 경주차를 몰고 최고속 랩 기록을 세웠다.

(sutton-images.com)

‡ 토요타 팀 엔지니어들이
퀼른에 있는 연구시설에서
트랜스미션을 개발하며 철저
하게 시험을 하고 있다.
(Toyota)

처음에 그것은 동기를 완벽하게 만드는 차원의 문제였습니다. 일부 팀은 일
시적인 변속기 동력계 시험에 600만 달러 이상을 투자했지만, 우리 윌리엄즈
팀에는 변속기 동력계가 없습니다. 그래서 트랙 바깥에서 어려운 방법으로
배우면서 동계 시험 프로그램에 큰 피해를 주었죠."

오히려 개념 관점에서 보면 끊김 없는 변속은 아마도 암스트롱 시들리
Armstrong Siddeley 같은 일반 도로용 차와 코너트Connaught 같은 1950년대 경주
차에 쓰인 옛 프리셀렉터preselector 변속기의 배경이 된 철학으로부터 더 큰
영향을 받았을 것이다. 프리셀렉터 변속기는 드라이버가 원하는 다음 단을
미리 선택할 수 있지만 작동하려면 클러치를 조작해야 했다.

끊김 없는 변속의 목표는 단순하고 논리적이다. 패트릭 헤드는 "엔진으로
부터 동력 전달이 끊어졌다가 다시 연결되기 전에 트랜스미션이 다른 기어로
바뀌는 변속 과정은 0.03초 남짓한 시간 동안 진행됩니다."라고 설명한다.

← 이 각도에서 2008년 맥라렌 MP4-23에 쓰인 변속기를 보면 현대적 F1 변속기의 작은 크기를 뚜렷하게 확인할 수 있다.
(sutton-images.com)

"이는 0.03초 동안 구동계통에서 에너지 전달이 지연된다는 뜻입니다. 따라서 옆 방향으로 가속할 때에는 변속하는 순간부터 시스템이 에너지를 회복할 때까지 변속이 전체적으로 영향을 미치는 시간이 최대 0.09초에 이를 수 있습니다. 변속할 때마다 0.09초를 빼앗긴다는 것은 엄청난 손해라고 할 수 있죠. 동력을 전달하지 않는 시간이 0.09초나 된다는 뜻이니까요. 변속을 쉴 새 없이 해야 하는 이몰라 같은 트랙에서는 특히 손해가 막심할 수 있습니다. 최악의 예를 든 셈인데, 그런 곳에서 끊김 없이 변속이 이루어지면 한 바퀴를 달리는 동안 최대 0.4초까지 시간을 벌 수 있습니다."

경주나 시험 도중에 기어비를 변경해야 한다면, 뒤 서스펜션과 윙 어셈블리를 포함한 트랜스미션 전체를 엔진으로부터 분리한다.
(sutton-images.com)

6. 트랜스미션_동력의 통로

167

그 정도 성능 향상 효과를 얻기 위해 엔진 출력이 100마력은 더 높아야 한다는 점을 고려한다면 끊김 없는 변속의 중요성은 뚜렷해진다.

윌리엄즈 팀은 2006년 시즌을 앞두고 코스워스 엔진을 사용한 FW28 경주차를 선보이기에 앞서 3년 동안 개념을 연구했고 18개월 동안 실제 시스템을 개발했다. 혼다 팀과 맥라렌 팀 역시 조금 다른 시스템을 사용할 준비를 마쳤고, 페라리 팀과 르노 팀도 그런 시스템을 개발하고 있었다. BMW는 1999년부터 2005년까지 이어지다가 2005년에 BMW가 페터 자우버의 자우버 팀을 인수하면서 끝을 맺은 윌리엄즈 팀과의 밀월관계를 통해 가르침을 얻은 후, 윌리엄즈 팀의 것을 바탕으로 만든 시스템을 그해 후반에 선보일 준비를 했다.

2008년 시즌에 대비해 FIA는 엔진에서 그랬던 것과 같은 방법으로 기어박스의 수명을 제한하기 시작했고, 트랜스미션은 네 차례의 경주를 치르는 동안 사용했다. 문제가 생기면 결승 출발 때 다섯 순위 뒤로 밀려나는 벌칙을 받았다. 그와 함께 기어 크기와 무게의 최소치도 규정되었다. 이 때문에 팀들은 대부분 기어박스를 다시 설계할 수밖에 없었다.

윌리엄즈 팀의 패트릭 헤드는 《F1 레이스 테크놀로지F1 Race Technology》와의 인터뷰에서 "네 차례의 경주를 치를 수 있을 정도의 신뢰성을 얻으려면 엄청나게 세밀한 부분까지 신경을 써야만 합니다."라고 이야기했다. "그런데 기어를 더욱 더 좁게 만들기 위해 기어 제조방식과 기어강(鋼)을 개선하는 데 많은 노력을 기울이고 나니, 갑자기 규정에 따라 기어 너비를 12밀리미터로 만들어야 한다는 소리를 듣게 된 겁니다. 어떻든 한계가 훨씬 더 높아진 거죠.

네 번의 경주를 치르기 위한 기어박스를 개발하기 위해 많은 기술적 자원이 투입되어 왔습니다. 몇몇 다른 팀들도 얘기했듯이, 그러면 이전 규정에 따라 개발했을 때보다 훨씬 더 많은 비용을 들여야 합니다.

제 생각에는 사람들이 더 많은 기어박스를 공동으로 사용해야만 하고 이전에 그랬던 것보다 더 많은 것을 공유해야 한다는 사실을 깨닫고 있다고 봅니다. 그렇다 보니 이 규정이 실제로 비용 절감에 도움이 된다고 생각하는 사람은 거의 없죠."

⑦ 전자장비

중요한 요소들을 기록한다

연습주행이나 경주가 끝난 뒤에 경주차의 텔레메트리 기록을 자세히 살피는 데 오랜 시간을 들이지 않는 F1 드라이버는 없다. 그들 가운데 일부는 운전석에 스파이처럼 숨어 있는 첨단장비가 자신이 실력을 발휘하지 못하거나 운전 중에 저지른 실수에 대한 변명의 여지를 없애기 때문에 싫다고 공공연하게 이야기하기도 한다. 오래전에는 엔진 회전계에 드라이버가 확인할 수 있는 경고등이 있어서, 엔진 회전속도를 지나치게 올려 팀 매니저가 격분하기 전에 경고등을 끄는 속임수를 쓰곤 했다. 하지만 오늘날에는 팀이 차고 뒤에서 텔레메트리로 감지할 수 없도록 드라이버가 운전석에서 할 수 있는 일이 거의 없다.

그러나 전자장비가 드라이버들에게 도움을 준 것도 사실이다. 전자장비는 엔진에서 점화시기와 연료량 측정이 정확하게 조절되도록 돕는다. 액셀러레이터 페달과 엔진 사이를 기계적으로 연결하지 않은 플라이 바이 와이어Fly by wire 스로틀 역시 효율을 극대화할 수 있도록 모든 것이 전자장비에 의해 이루어진다. 미국 출신 F3000 드라이버 타운젠드 벨Townsend Bell은 BAR 팀 경주차를 처음으로 시험주행해 보고 이렇게 이야기했다. "여러분도 아시겠지만 놀라운 차입니다. 실제로는 경주차에 버튼 하나를 더한 것과 마찬가지일 뿐

◀… 과학자의 시대 토요타 팀의 피트 모습은 F1 경주차를 운영하는 데 텔레메트리와 컴퓨터가 중요한 21세기의 다른 모든 팀과 차이가 없다. (sutton-images.com)

인데, 마치 일반 케이블이 있는 것과 똑같은 느낌이 스로틀에 남아 있도록 해주는 스프링 시스템을 정말로 만들어낸 거예요."

그리고 눈에 보이지 않는 드라이버 지원 기능 중 하나인 트랙션 컨트롤이 있다. 액셀러레이터 조절과 접지력 수준 사이의 균형을 오로지 드라이버가 결정해야 한다고 믿는 순수주의자들은 오랫동안 이 장치를 혐오했다. 트랜스미션에 쓰인 전자장비가 변속 실수를 과거의 일로 만들었던 것처럼, 트랙션 컨트롤은 분명히 몇 년 동안 실력이 뒤처지는 드라이버들이 뛰어난 드라이버들을 따라잡을 수 있도록 도와주었다. 1994년 금지되었던 이 장치는 금지가 거의 불가능하다는 것이 밝혀지면서 2001년 스페인 그랑프리 때부터 다시 허용되었다. 모든 것이 다르리라고 생각했던 사람들은 주어진 성능의 한계 내에서 달라진 것이 거의 없음을 확인하고는 놀랐다. 윌리엄즈 팀 기술감독인 패트릭 헤드는 당시에 "트랙션 컨트롤로부터 얻을 수 있으리라고 여겼던 성과의 90퍼센트는 모든 팀이 갖춘 능력 내에서 아주 쉽게 이룰 수 있다고 생각합니다."라고 관찰한 바를 피력했다. "결국 실제로 보게 되는 것은 어느 팀의 트랙션 컨트롤이 다른 팀의 것보다 더 낫거나 더 자연스럽거나 타이어에 손상을 적게 주는가의 여부입니다. 그것은 아마도 아주 사소한 차이겠지요. 사실 트랙을 달릴 때의 순위가 아니라 출발선에서의 위치를 지켜보고 있다면, 새 타이어를 끼운 상태에서는 아마도 트랙션 컨트롤 스위치를 끄면 좋은 랩 타임 기록을 낼 수 있을 겁니다. 트랙션 컨트롤은 사실 타이어 상태를 더 오랫동안 유지하고 관리하기 쉽게 해줄 뿐이죠. 저는 이미 미쉐린이 트랙션 컨트롤을 사용하면 그렇지 않을 때보다 실제 마모가 더 심하다는 걸 밝혀냈다고 생각하지만 말입니다. 제 생각에는 팀마다 결과가 다르리라고 봅니다."

트랙션 컨트롤로 이룬 성과를 일부 팀들이 속였다고 주장한 이후, 몇몇 사람들은 전자장비 사용의 자유가 커진 것이 F1의 도덕성을 높여주었다고 믿었다. 헤드는 이렇게 말했다. "몇몇 사람이 사안을 회피하고 있을 우려는 있습니다. 속임수라고 얘기하지는 않겠습니다. 페라리가 실질적으로는 트랙션 컨트롤이나 다름없는, 구동력을 제어하는 뭔가 영리한 시스템을 갖고 있다는 이야기를 한 적이 있었어요. 실제로 규정을 꼼꼼히 살펴보면 바르셀로나에서 경기를 치를 때까지는 두루뭉술한 표현으로 아주 많은 다른 내용이 다른 항목에 쓰여 있었습니다. 드라이버가 반드시 경주차를 아무 도움 없이 혼자 몰아야 한다는 것만큼이나 기본적인 표현으로 말이죠. 누군가 트랙션 컨트롤이면서 합법적인 것을 찾아낼 수 있을지 알아내기가 어려웠습니다. 페라리 팀 경주차가 서킷을 달리면서 엔진의 출력을 조절한다는 이야기가 있었습니다. 바퀴가 강하게 헛도는 곳에서 엔진 출력을 떨어뜨린다는 것이죠. 물론 그것의 합법 여부를 가리는 것은 아주 미묘한 문제라고 말할 수 있어요. 하지만 저는 그것이 어떤 것이고 어떻게 작동했는지는 모릅니다. 지금은 팀들이 속임수를 쓸지도 모른다는 이야기가 많이 불거져 나오지 않습니다.

옳건 그르건 간에, 작년과 재작년에는 분명히 모든 사람이 페라리가 FIA로부터 인정을 받았다고 믿었다는 사실을 명심해야 합니다.”

바퀴가 헛돌지 않도록 하는 트랙션 컨트롤은 세 가지 중요한 기능을 가지고 있다. 코너를 빠져나갈 때 구동력을 높이고, 타이어 마모를 줄이며, 경주차가 자신을 도우리라는 것을 아는 상태에서 드라이버가 차의 성능을 극한까지 발휘할 수 있게 하는 것이다. 후자와 관련된 부분을 반박한다면, 하인츠 하랄드 프렌첸Heinz-Harald Frentzen이 1999년 헝가리 그랑프리에서 자신의 프로스트Prost 팀 경주차로 스핀한 것이 그가 경주차의 움직임을 비틀어 멋지게 네 바퀴를 미끄러뜨린 중요한 순간에 트랙션 컨트롤이 방해했기 때문이었다는 사실을 떠올리면 이해가 쉬울 것이다.

시스템은 센서를 이용해 바퀴의 회전속도를 감지하고, 바퀴가 헛돌기 시작하는 것이 감지되면 개별 실린더에 동력을 끊는 식으로 작동한다. 센서들은 독립적으로 앞뒤 바퀴의 회전속도 차이를 측정하고 정보를 수집한다. F1 경주차는 드라이버가 코너로 더 잘 진입할 수 있도록 돕기 위해 오버스티어 특성이 있도록 조율되는 경향이 있지만, 바퀴가 헛도는 정도가 미리 정해놓은 범위를 벗어나는 것을 감지하면 차에 있는 제어 컴퓨터가 개별 실린더에 공급되는 연료를 차단해 출력을 떨어뜨린다. 드라이버가 급한 코너를 힘차게 가속하며 빠져나갈 때에 마치 엔진이 폭발할 듯 터지는 소리를 종종 들을 수 있는 이유다. 그렇지 않으면, 뒷바퀴가 항상 최상의 구동력을 유지하도록 트랙션 컨트롤이 홀수 실린더의 연료만 차단하고 있다. 제동력 배분을 조절하는 것처럼, 트랙션 컨트롤의 작동 정도는 스티어링 휠에 있는 장치로 조절할 수 있다.

트랙션 컨트롤 소프트웨어를 정밀하게 프로그램하기 위해 폭넓은 시험이 이루어진다. 윌리엄즈 F1 팀 기술감독인 샘 마이클Sam Michael은 "프로그램이 완벽하게 제 기능을 해야만 드라이버에게 맞춰 의도했던 이점을 얻을 수 있습니다."라고 말한다. "하지만 드라이버가 모든 것의 기준이라는 점이 가장 중요합니다. 드라이버는 사용할 수 있는 모든 전자장비를 활용해 경주차의 성능을 최대한 뽑아내야 합니다. 결국 항상 드라이버의 기량이 기술적 요인보다 더 중요합니다."

분노한 FIA가 마침내 트랙션 컨트롤을 감시하는 것이 거의 불가능하다는 점을 인정하면서 부활은 다시금 승인되었다. 2003년을 지나는 동안 다시 금지되어야 한다는 의견이 대두되어 2004년에는 뚜렷하게 제시되었지만, 어느 순간 상황을 악화시키기보다는 유지하는 것이 나으며 새로운 금지규정 도입이 불가피하다는 것에 반대한다는 의견에 모든 사람이 동의했다. 기술의 진보란 그런 것이다.

트랙션 컨트롤을 지지하는 팀과 드라이버들이 이야기하는 주된 쟁점 중 하나는 안전성을 높여준다는 것으로 특히 젖은 노면에서는 더욱 그렇다. 토요타 팀 드라이버였던 랄프 슈마허Ralf Schumacher는 "트랙션 컨트롤이 있으면 더 안전하다는 점에는 의심할 여지가 없습니다."라며, "트랙션 컨트롤이 없으면 사고가 훨씬 더 자주 일어날 것"이라고 했다.

2003년에 트랙션 컨트롤을 유지하는 것에 대응하는 방안 중에는 2004년에 론치 컨트롤launch control과 완전 자동기어박스 같은 드라이버 지원 장비를 금지하는 것이 있었다. 론치 컨트롤은 순수주의자들의 심기를 불편하게 만드는 또 다른 시스템 중 하나다. 전자장비의 프로그램이 드라이버를 대신해 전체 출발 과정을 관리하기 때문에, 드라이버는 경주 시작에 앞서 스티어링 휠에 있는 버튼으로 장비를 작동하고 차가 출발할 때 스티어링 휠을 붙잡고 있기만 하면 된다. 미리 설정한 이상적인 엔진 회전속도와 클러치 연결 과정이 컴퓨터로 조절되어 나머지 부분을 해결한다. 2002년 모나코 그랑프리에서 데이비드 쿨사드는 훨씬 더 좋은 출발로 시작해 예선 1위였던 후안 파블로 몬토야Juan Pablo Montoya를 제치고 우승을 차지했다. 스코틀랜드 출신인 그는 우승 소감에서 "저와 별 상관없는 일"이었다며 "이번에 우승하게 해 준 워킹의 맥라렌 팀 컴퓨터 과학자들에게 감사합니다."라고 밝혔다.

순수주의자들은 항상 론치 컨트롤이 드라이버에게서 레이스 도중 추격하는 중요한 수단 중 하나를 빼앗아 갔다고 주장했고, 2003년에는 개별 팀 시스템의 효과가 이러한 관점을 확실히 뒷받침했다. 특히 르노 팀은 페르난도 알론소와 야르노 트룰리Jarno Trulli가 대포알처럼 빠르게 출발할 수 있도록 해주는 무적이나 다름없는 시스템이 있었다. 2006년을 거치면서 르노 팀은 대부분 사람들에게 업계에서 가장 뛰어난 출발용 소프트웨어를 가진 것으로 평가되었다.

1990년대 초에 인기를 얻은 이후, 반자동 전기유압식 기어박스는 차내 컴퓨터를 통해 변속 시점을 사전 프로그램할 수 있도록 발전했다. 덕분에 드라이버들은 언제 윗단이나 아랫단으로 변속할지 결정하는 부담을 덜 수 있었다. 또한 경주에서 출발하거나 피트 스톱하는 동안 드라이버가 시동을 꺼트리지

↕ 2002년 모나코 그랑프리에서 데이비드 쿨사드는 출발부터 경주 내내 맥라렌 경주차 론치 컨트롤의 우월함을 이어가 우승했다.

(sutton-images.com)

않도록 보장했다. 이것은 전자장비가 결정적인 역할을 하는 또 하나의 예로, 경주가 치러지는 동안 1만 번 남짓 이어지는 변속에 매번 0.02초밖에 걸리지 않을 정도로 매우 정교한 기술이었다. 그러한 장점은 새로운 규정에서도 남을 듯했지만, 2004년 이후로 드라이버들은 변속하기 위해 직접 변속 패들을 조작해야 했다.

현대적인 F1 경주차는 모든 부품의 작동, 효율, 상태를 계측하기 위해 전략적으로 배치된 원격 계측 센서로 가득하다. 팀들은 원한다면 거의 수백 개의 센서를 가동할 수 있고, 시험 단계에서는 종종 그렇게도 한다. 그러나 경주 중에는 대개 최대 25가지 기능을 관찰한다. 엔진 회전수, 냉각수 및 오일 온도, 오일 압력 및 유압 밸브 작동 시스템의 압력, 스로틀 열림, 스티어링 휠 회전, 브레이크 온도, 브레이크 마모도와 반응 지체, 서스펜션의 움직임과 부하, 가속도 등 모든 종류의 변수에 대한 관찰이 이루어진다. 만약 어떤 팀에게 종 모양 클러치 케이스 내부 온도와 같은 특정 부분의 문제가 생기더라도, 적절한 해결방법을 확인하고 구현할 때까지 관찰할 수도 있다.

이러한 방법을 통해 수집한 정보는 차내 기록 시스템에 저장된 뒤, 세 가지 방법으로 전송된다. 우선 각 경주차는 정보를 실시간으로 피트에 전송하기 때문에 경주차가 트랙에서 움직이는 시간 내내 끊임없이 정보가 전달된다. 이 방법을 통해 엔지니어들은 공기역학적 압력의 중심, 롤 강성, 차체 지상고와 같은 규정된 변수 내에서 경주차가 작동하고 있는지를 가늠할 수 있다.

두번째 방법은 정보를 저장하고 경주차가 한 바퀴 돌 때마다 대개 피트 앞 수백 미터 거리에 설치되는 레이더 표지를 통과하면서 컴퓨터로 직접 내려받는 것이다. 이것은 팀 피트 차고에 설치된 안테나로 신호를 수집하는 차내 발신장치를 작동하게 된다. 이 안테나는 엔지니어들의 컴퓨터에 직접 연결되어 있다.

마지막 방법은 경주차가 피트에 멈췄을 때 활용한다. 엔지니어는 자신의 휴대용 노트북 컴퓨터를 경주차의 차내 시스템에 간단히 연결해, 순간 최대 1200만 비트의 정보를 내려받을 수 있다. 이 세번째 방법은 안전을 위한 보호망이다. 나머지 두 방법은 경주차에서 전달되는 무선 송신에 의존하는 만큼 아주 확실한 방법은 아니고, 종종 건물에 가려지거나 트랙의 기복 변화, 외부 전자장비의 간섭 때문에 무선신호 수신에 장애를 받을 수도 있다. 특히 몬테카를로 같은 시가지 서킷에서는 문제가 될 수 있다.

2003년에 다시 금지되기에 앞서 2002년에 잠깐 사용되기는 했지만, 1994년 시즌에 맞춰 FIA는 양방향 텔레메트리 통신을 금지했다. 1993년 맥라렌 팀이 MP4/8에 처음 사용한 양방향 텔레메트리는 차와 피트에 있는 엔지니어 사이의 무선 연결을 가속화해 정보를 경주차로부터 내려받을 수 있는 것은 물론 트랙 바로 옆에 있는 엔지니어들이 다시 정보를 경주차로 올릴 수 있었다.

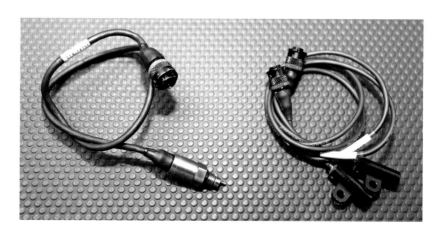

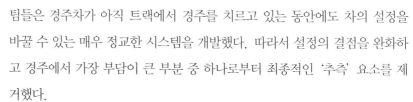

···→ 현대적인 F1 경주차에 쓰이는 일반적인 센서들. 포스 인디아 팀 VJM01에 쓰인 것들이다.
(sutton-images.com)

⋮ 경주차 앞쪽 파일럿 관과 연결된 이 센서가 경주차 앞쪽을 흘러 지나가는 공기 속도를 측정한다.
(sutton-images.com)

팀들은 경주차가 아직 트랙에서 경주를 치르고 있는 동안에도 차의 설정을 바꿀 수 있는 매우 정교한 시스템을 개발했다. 따라서 설정의 결점을 완화하고 경주에서 가장 부담이 큰 부분 중 하나로부터 최종적인 '추측' 요소를 제거했다.

2002년에는 시스템이 이렇게 작동했다. 어떤 팀은 경주차에 있는 여러 개의 전자제어 변수를 바꾸기 위해 피트에서 디지털 레이저 통신장치를 거쳐 개입했다. 차에 있는 레이저 하나가 정보를 발신하고, 피트에 있는 다른 하나도 같은 방법으로 작동한다. 그러나 규정상 이전에 드라이버가 혼자서 관리(그리고 실제로 아직도 그런)했던 시스템만을 사용할 수 있었다.

이것은 중요한 차이점이었다. 예를 들어 1970년대를 돌아보면, 드라이버가 운전석에서 안티 롤바 설정 같은 것을 조절할 수 있었다. 마리오 안드레티 Mario Andretti는 인디애나폴리스 경주에서 익숙해진

습관을 마음껏 활용했다. 그는 달리는 동안 로터스 경주차에 쓰인 롤바를 이런 방식으로 조절함으로써 그가 몬 모든 경주차의 설정을 자유롭게 조절했다. 그러나 2002년 규정에서는 기계적이 아니라 전자적인 방식으로만 조절할 수 있도록 했다.

말레이시아와의 돈독한 관계를 통해 자우버 페트로나스 팀으로 F1에 발을 들여놓은 엔지니어 잠만 아메드Zamman Ahmed는 이렇게 설명했다. "양방향 텔레메트리를 통해 우리가 조절할 수 있었던 것은 엔진 관련 주요 변수들이었습니다. 엔진 회전수, 압력, 온도, 연료 혼합비율, 트랙션 컨트롤, 엔진 브레이크, 변속 같은 것들이었죠. 중요하게 여겨진 다른 것들은 섀시 성능이었는데, 주로 유압 디퍼렌셜과 제동력 배분이었습니다."

양방향 텔레메트리는 필요한 시기와 부분에 따라 팀이 드라이버에게서 통제권을 가져올 수 있도록 해주는 두 가지 주기능을 가지고 있다. 다른 방법으로는 해결할 수 없는 문제가 발생할 때 경주차가 계속 움직일 수 있게 해주고, 차의 성능에서 특정한 측면을 향상하게 하는 것이다. 그 덕분에 팀들은 문제점을 예측할 수 있게 되었다. 미나르디 팀 엔지니어인 앤디 틸러는 다음과 같이 예를 들었다. "만약 결승 마지막 랩에서 유압에 문제가 생긴 것을 알아차렸다면, 변속이 이루어지지 않도록 할 수 있습니다. 그냥 그렇게 하면 어떻게 해야 하는지 드라이버에게 설명해주는 것보다 더 빠를 수 있죠. 그 사이에 드라이버는 기어를 변경하고 뭔가를 부서뜨릴 수도 있으니까요."

양방향 텔레메트리가 경주에 도움이 된 중요한 예로는 2002년 모나코 그랑프리에서 메르세데스 팀 엔지니어들이 데이비드 쿨사드의 경주차 엔진에서 사소한 문제를 발견했던 때이다. 당시 그의 경주차는 겨우 3분의 1바퀴만큼의 거리를 달리는 사이에 연기를 내기 시작했다. 모든 사람이 선두를 달리고 있던 스코틀랜드 출신 레이서가 안타깝게 주저앉을까 절박하게 지켜보고 있던 상황에서 적절한 조절이 이루어진 덕분에, 그는 경주를 그대로 이어나가 기억에 남을 우승을 차지할 수 있었다.

마니쿠르 서킷에서는 닉 하이드펠트의 자우버 페트로나스 C21이 센서 고장으로 트랙션 컨트롤에 문제가 생겼다. 그는 구동력 상실로 인한 성능 저하를 겪었지만, 성능이 약해지는 문제였을 뿐 해결할 수 없는 것은 아니었다. 그는 시스템을 잠깐 껐고, 팀은 최소한 문제를 완화할 수 있는 해결책을 찾기 위해 노력했다.

2002년 시즌에 자본이 충분한 팀들은 모두 실시간 시스템을 활용하고 있었다. 페터 자우버는 양방향 텔레메트리가 다시 금지된다는 것이 발표되자 2003년 시즌에 그런 팀의 대열에 합류하기 위해 600만 달러에 가까운 금액을 투자했다. FIA는 틸리가 요약해 이야기한 다음과 같은 내용 때문에 우려했다. "만약 코너마다 디퍼렌셜이 다르게 작동하도록 선택하고 싶다면, 피트에서 작업이 진행되었습니다. 그렇게 하고 싶다면, 드라이버가 경주차를 몰고 있는 도중에 실제로 컴퓨터에서 항목을 찾아 고르면 그대로 할 수 있었으니까요. 그러기 위해 작동장치와 센서들이 있는 가장 정교한 시스템이 필요했겠지만, 원한다면 수동으로 할 수 있었습니다." 또한 어떤 팀이 다른 팀의 경주차를 전자적으로 조작하려는 시도를 할 수 있는 장비의 가능성에 대한 우려도 있었다.

결국 지금의 팀들은 경주차에서 피트로 정보를 전달하기만 하는 방식으로 되돌아왔다. 대부분 드라이버와 피트 사이에 선박과 육상 사이를 연결하는 것과 같은 방식의 VHF 라디오 통신을 활용한다. 드라이버의 헬멧에는 스티어링 휠에 있는 버튼으로 조절하는 마이크가 달려 있다. 드라이버는 이 버튼을 눌러야만 이야기를 할 수 있지만, 따로 움직이지 않아도 언제든 피트의 이야기를 들을 수 있다. 통신은 특정 주파수로만 이루어지고, 대개 경주가 진행되는 동안에는 팀 감독만 드라이버에게 이야기하게 된다. 모든 통신 내용은 경쟁 팀들이 도청할 수 없도록 암호화된다. 원격 센서는 초당 100번 정도의

신호를 보낸다. 실시간으로 흐르는 정보의 자료량은 한 바퀴당 1MB 정도이고, 거의 실시간으로 내려져 엔지니어들에게 전해지는 데이터는 0.5MB 정도다.

↕ 현대적인 F1 경주차의 앞쪽에는 다양한 센서들이 가득하다. (sutton-images.com)

그러나 레이스트랙과 팀 공장 사이에서 펼쳐지는 실시간 컴퓨터 연결은 완전히 자유롭다. 따라서 트랙에 있는 엔지니어들은 경주차가 달리는 동안 공장으로 정보를 직접 전달할 수 있고, 프로그래밍이나 설정에 문제가 있다면 공장에 있는 엔지니어들은 바로잡을 수 있는 해결책을 만들어내기 위해 팀의 설비를 최대한 활용할 수 있다. 물론 움직이고 있는 경주차에서는 이런 일을 할 수 없다.

1994년에 있었던 논쟁 이후로 FIA는 컴퓨터 소프트웨어와 차에 실려 있거나 그와 연결할 수 있는 모든 시스템에 대해 경주에 앞서 참관인들이 반드시 검증하도록 했다. 매 시즌이 시작할 때에 팀들은 각자의 시스템을 두 가지 다

↑ 의사소통은 경주의 결과를 좌우한다. 레이스 전반에 걸쳐, 선임 팀 엔지니어와 전략가들(사진은 토요타)은 드라이버에게 계속 알려주기 위해 피트 벽에 있는 스크린을 이용해 자료를 살펴본다.
(sutton-images.com)

른 수준 가운데 선택해 검사를 받을 기회가 주어진다.

'옵션 1'을 선택하면 시스템이 기술규정을 준수하고 있는지 확인하기 위한 컴퓨터 소스 코드의 완벽한 점검이 뒤따른다. 그러면 FIA는 그 프로그램을 복사해 기준으로 삼기 때문에, 경주에서 프로그램을 업로드할 때 초기의 기준 프로그램과 비교해 인증된 소프트웨어에 어떤 변화가 이루어지지 않았는지 확인할 수 있다. 변화가 있다면 '옵션 1 재점검'을 통해 다시 검사를 받아야 한다.

'옵션 2'는 시즌 시작 전에 제어 소프트웨어를 덜 상세하게 점검하지만 탑재하는 소프트웨어의 점검은 세밀하게 이루어진다. 경주에서 프로그램을 올릴 때 FIA는 복사본을 받아 따로 보관한다. 이 복사본은 언제든 상세하게 검사가 이루어질 수 있는데, 시즌이 끝난 뒤에도 가능하다. '옵션 2'를 선택한 팀들은 계속해서 다시 인증을 받지 않고도 소프트웨어를 주기적으로 갱신할 수 있다.

어떤 팀이 '옵션 2'를 선택하면 언제든 전체 소스 코드 검사의 대상이 될 수 있고, 어느 경우에나 모든 하드웨어는 반드시 검사를 받는 것은 물론 시즌이 진행되는 동안 쉽게 변경사항을 감시할 수 있도록 문서화해야 한다.

FIA가 팀들의 컴퓨터 소프트웨어를 조사하기 위해 고용한 독립업체인 리버풀 데이터 리서치 어소시에이츠Liverpool Data Research Associates Ltd., LDRA는 소스 코드에 대해 다음과 같이 설명했다. "컴퓨터 명령은 대개 기계어라고 부르고, 내부적으로는 이진수라고 하는 숫자 0과 1이 계속되는 형태로 표시됩니다. 이 명령의 형태는 사람이 이해하기 매우 어려워서, 우리에게 좀 더 친숙한 형태의 명령으로 표현할 수 있도록 고안된 것이 컴퓨터 언어입니다. 이런 언어로 작성한 프로그램을 흔히 소스 코드라고 하죠. 컴퓨터는 소스 코드를 직접 사용할 수 없지만, 컴파일러라고 하는 또 다른 프로그램을 활용해 컴퓨터가 이해할 수 있는 기계어로 변환할 수 있습니다. 기계어가 컴퓨터의 메모리에 올려지면, 처리장치는 소스 코드로 표현된 명령을 실행할 수 있죠."

전자장비는 팀들이 속임수를 쓰기에 가장 좋은 영역으로, 논란이 많았던 1994년 시즌 이후 FIA에게 오랫동안 우려의 대상이 되었다. 과거에는 소스 코드가 기밀사항이라고 주장하며 공개를 거부한 팀들에게 벌금이 부과되었다. 맥스 모즐리 FIA 회장은 이에 동의하지 않는다. "몇몇 사람들은 소스 코드를 기밀사항이라고 여깁니다. 예컨대 대규모 자동차 회사들이 그들의 승용차에 비슷한 소스 코드를 사용하기 때문이죠. 우리의 입장은 단순합니다. 서스펜션 기하구조처럼 우리가 점검하지 않아도 되는 사항들이 있지만 규정 위반을 감출 수 있는 영역이 있기 때문에 우리는 어떤 영역이든 점검해야 합니다. 그래서 우리 입장이 단순하다는 겁니다. 경주 때에 그 소스 코드를 가져

오면 우리는 그것을 점검할 자격이 있는 것이죠. 만약 우리나 그것을 살펴볼 누구에게도 보여주고 싶지 않을 정도로 소스 코드가 비밀스럽다면, F1 경주에 그런 코드를 쓰지 않으면 됩니다. 우리는 다른 모든 경쟁자에게 공정하도록 그 코드들을 살펴봐야 하니까요."

규정 제2조 6항에 따라 경주차가 규정을 준수하는지 운영요원에게 확인을 받는 것은 출전팀의 의무다. 따라서 팀들은 기술운영요원이 요구하는 정보를 공개하지 않을 수 없다. 시즌이 진행되는 동안, 기술운영요원은 100차례 남짓한 불시 점검을 할 것이다.

전자장비는 드라이버들을 감시하는 데에도 쓰인다. 경주차에는 부정 출발을 감지하도록 센서가 달려 있다. 한편으로는 스티어링 휠에 피트 스톱 때 드라이버가 피트 내 주행속도 제한장치를 작동하는 버튼이 있어, 경주차는 규정이 허용하는 것보다 더 빨리 달릴 수 없다. 하지만 제한장치는 고장이 잘 나는 것으로 알려졌는데, 자우버 페트로나스 팀이 2002년 캐나다 그랑프리에서 정지 후 출발 벌칙을 세 차례 받으며 고생한 것이 가장 유명한 사례다.

열정의 억제

서스펜션은 F1 경주차에서 가장 부하가 많이 실리는 주요 부품 중 하나이면서 간과하기 쉬운 부분이기도 하다. 서스펜션의 구조적인 완벽성은 경주차의 성능을 좌우하는 요소 중 하나다. 경주차가 코너링할 때 걸리는 부하가 수평이나 수직 방향이든, 가속이나 감속할 때 만들어지든 관계없이 노면과 타이어의 접촉에서 시작되어 휠/타이어를 통해 섀시로 전달되고, 차축/수직부재 어셈블리와 서스펜션 암을 거쳐 결국 푸시로드에 의해 스프링/댐퍼까지 이르면서 흡수된다는 것을 생각하면 그 중요성을 알 수 있다. 또한 구조 안정성은 타이어가 트랙과 접촉하는 방식에 분명히 중요한 영향을 미친다.

서스펜션 수직부재는 몇 가지 역할을 맡는다. 기본적으로는 섀시와 서스펜션 암의 바깥쪽 끝부분 사이에 기하학적으로 최적의 위치를 잇는 다리 역할을 한다. 그러나 차축이 회전하는 휠 베어링을 담고 있으면서 차축에 달린 디스크를 잡는 브레이크 캘리퍼의 설치 지점 역할도 한다. 아울러 브레이크를 냉각하는 기능도 있다. 따라서 서스펜션 수직부재는 무엇보다도 충분한 강도를 지녀야 한다. 2002년에 재규어 팀 R3 경주차가 처음 선보였을 때 뒤쪽 수직부재가 변형된 것은 매우 심각한 문제 중 하나였다.

수직부재는 설계자가 선택한 기하구조에 의해 결정된 지점들을 입체적으

⋯ 기하적으로 타협을 하더라도 F1 경주차의 뒤쪽 끝부분에서는 공기역학적 청결함이 가장 중요하다. 2009년에 쓰인 브런 BGP001은 특히 깔끔하게 구성되었다. (sutton-images.com)

로 연결해야 한다. 서스펜션 기하구조는 서스펜션이 움직일 때 서스펜션 암들이 실제로 이루는 각도를 말한다. 따라서 수직부재는 서스펜션이 움직일 때 비틀어지지 않아 기하구조에 영향을 미치지 않으면서도, 힘을 견딜 만큼 구조적으로 매우 튼튼해야 한다. 만약 부하가 걸렸을 때 결합지점이나 구조 전반 중 어느 쪽이라도 변형된다면, 기하구조에 영향을 미칠 뿐 아니라 타이어와 댐퍼 사이를 잇는 부하 경로 상에 비정상적인 움직임이 생긴다. 그러면 댐퍼로 통제할 수 없는 움직임이 생기는데, 이는 스티어링 조작에 영향을 미친다. 즉 드라이버가 차의 움직임을 제대로 느낄 수 없고, 코너링 때 걸리는 부하를 줄이기 어려우며, 요철을 지날 때 민감하게 반응하거나, 이 모든 문제가 함께 발생할 수도 있다. 제동이나 가속, 코너링할 때에는 휠 베어링에 걸리는 부하 역시 매우 크므로, 수직부재는 이런 것들도 견딜 수 있을 정도로 튼튼해야 한다. 제동하는 동안에 탄소섬유 브레이크 디스크는 빨갛게 달아올라 1100도 이상의 열을 내므로, 수직부재는 이런 어려운 환경도 감당해야 한다. 그와 동시에 브레이크 패드와 디스크의 마찰 때문에 생기는 온도를 500도 범위로 유지하기 위해 브레이크 냉각 덕트를 달거나 스스로 덕트 역할을 해야 한다.

또한 업라이트와 캘리퍼는 드라이버가 605킬로그램인 경주차를 스파 프랑코샹 서킷의 라 수르스 헤어핀 커브처럼 시속 300킬로미터 이상에서 시속 45킬로미터까지 속도를 낮춰야 할 때 제동에 따른 부하를 견딜 수 있어야 한다. 이때의 제동력은 엄청나서, 브레이크 디스크가 서스펜션 암에 달린 수직부재를 비틀 정도다. 이 부분이 조금이라도 변형되면 경주차는 급제동 때 매우 불안정해진다.

뒤쪽 수직부재가 엔진 출력에서 비롯되는 힘을 감당해야 하는 것과 달리, 앞쪽 수직부재는 섀시 위쪽에 결합하는 스티어링 랙과 휠 사이를 연결하는 스티어링 암의 결합지점을 포함해야 한다. 이 부분에는 지나친 움직임이나 변

형이 생기지 않도록 해야 하는데, 그런 현상은 드라이버가 차를 통제하는 데 악영향을 줄 수 있을 뿐 아니라 경주에서 그가 한계와 싸우는 동안 부정확한 피드백을 만들어내 상황을 오해할 수 있기 때문이다.

오늘날에는 매우 가볍고 튼튼한 브레이크 캘리퍼 같은 금속기반 복합소재로 수직부재를 만든다. 이전에는 철사로 절단한 티타늄과 주조 티타늄이 쓰였는데, 1960년대 승용차인 트라이엄프 헤럴드Triumph Herald에 독점 사용되었던 부품으로부터 1980년대에는 가공 강철 제품으로 발전했다. 티타늄 가공은 용접이 극도로 어려운 소재 특성 때문에 한때 실패한 것으로 여겨졌다. 더욱이 그러한 부품 문제는 1974년 키알라미 서킷에서 피터 렙슨Peter Revson, 1980년 호켄하임 서킷에서 파트릭 드파이에Patrick Depailler의 사망에 원인을

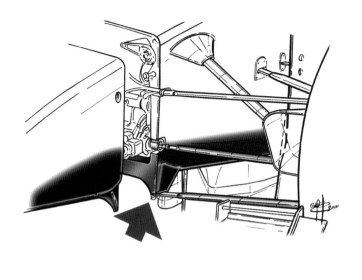

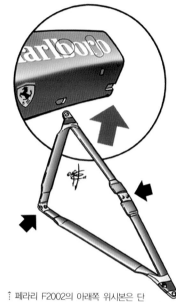

↑ ↓ 2001년 세르히오 린랜드는 '이중 용골' 섀시 개념을 개발했는데, 자우버 팀 C20 섀시에서는 측면을 따라 곧게 뻗어내려가 아래쪽 앞 서스펜션 위시본이 결합하는 별도의 결합지점을 만들어냈다. (Piola)

↑ 페라리 F2002의 아래쪽 위시본은 단일 용골 섀시 앞쪽 아래의 일반 결합지점에 연결된다. (Piola)

제공한 것으로 여겨진다. 기술 개선 덕분에 금속기반 복합소재가 주류로 떠오르기 전에는 한동안 티타늄이 널리 쓰이기도 했다. 페라리 팀의 금속기반 복합소재 수직부재는 티타늄 부품보다 20퍼센트 더 가벼우면서 값은 두 배다. 획기적인 감량 효과의 예를 보면 장점을 더 쉽게 이해할 수 있을 것이다. 페라리 경주차의 티타늄 소재 앞쪽 수직부재가 1.1킬로그램이었던 데 비해 금속기반 복합소재 수직부재는 900그램에 불과하다.

알루미늄과 탄소섬유를 혼합한 금속기반 복합소재 부품은 생산이 매우 까다로울 뿐 아니라 비용도 많이 들고, 공정에서 몸에 해로운 가스가 발생하기 때문에 가공 단계에서 주의를 기울여야 한다.

이 부품에서 중요한 요소는 스프링 하중량unsprung weight이다. 실질적으로 서스펜션 암에 연결된 바퀴 사이에 매달려 있는 차의 섀시는 스프링 상중량sprung weight이다. 바퀴와 서스펜션 암 바깥쪽에 있는 모든 것들은 스프링에 걸리지 않은 상태다. 스프링 하중량의 위치가 낮으면 낮을수록, 요철과 기복을 지나갈 때에 경주차의 핸들링에 영향을 줄 가능성이 줄어든다.

2001년 페라리 팀이 경주차의 앞 서스펜션 푸시로드를 더 보편적인 위치인 아래쪽 위시본의 바깥쪽 끝부분에서 앞 수직부재의 결합지점으로 옮기면서 중요한 변화가 이루어졌다. 이 변화에 따라 부하가 수직부재로부터 댐퍼로 더 직접 전달될 수 있게 되었다. 뒤 수직부재에서는 흔히 쓰였던 방법이지만, 뒤 서스펜션에는 스티어링 기능이 없었기 때문에 회전 관절이 필요 없었다. 이러한 변화 덕분에 드라이버는 스티어링을 통한 감각을 훨씬 더 잘 느끼게 되었다.

일부 서스펜션 암에도 복합소재가 쓰이는데, 철제보다 400그램 정도 더 가벼운 탄소섬유 암이 좋은 예다. 오늘날에는 위쪽 및 아래쪽 위시본wishbone(닭의 목과 가슴 사이 뼈를 닮아서 붙은 이름)을 쓰는 것이 보편적이다. 두 암은 단순한 판에 결합해 섀시와 연결되며 실제로는 위아래로의 움직임이 매우 제한되

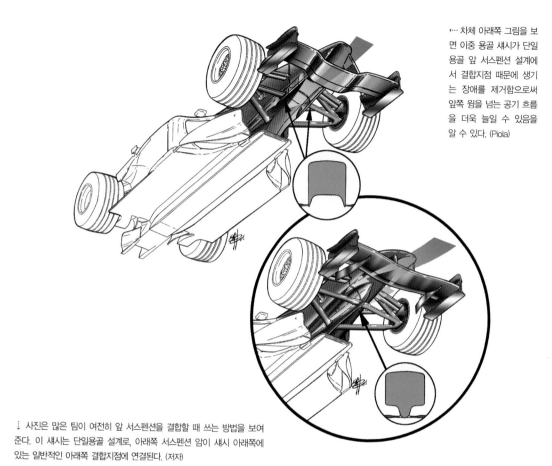

⋯ 차체 아래쪽 그림을 보면 이중 용골 섀시가 단일 용골 앞 서스펜션 설계에서 결합지점 때문에 생기는 장애를 제거함으로써 앞쪽 윙을 넘는 공기 흐름을 더욱 늘일 수 있음을 알 수 있다. (Piola)

⋮ 사진은 많은 팀이 여전히 앞 서스펜션을 결합할 때 쓰는 방법을 보여준다. 이 섀시는 단일용골 설계로, 아래쪽 서스펜션 암이 섀시 아래쪽에 있는 일반적인 아래쪽 결합지점에 연결된다. (저자)

어 있다. 암이 아래쪽 위시본이나 수직부재의 아래쪽 부분과 결합한 막대를 위아래로 움직이면 섀시에 연결된 스프링과 댐퍼가 작동한다. 이 막대는 사선 각도로 작동해 댐퍼를 밀기 때문에 푸시로드라고 부른다. 과거의 적용사례에서는 댐퍼가 섀시 바닥에 연결되었는데, 효율과 안전성 문제로 쓰이지 않게 된 후 움직이는 방식이 반대인 풀로

드pullrod가 쓰였다.

서스펜션 암은 공기역학적 효율을 극대화
하기 위해 풍동 실험으로 결정된 에어로포일
단면을 지니고 있으며, 공장 설비에서 효율
과 강도를 시험한다. 시험은 부품이 충분한
강도를 지니고 있음을 확인하기 위해 실제 트
랙에서 겪을 것으로 예상하는 것보다 훨씬 더
큰 부하로 이루어진다.

스프링의 목적은 경주차가 요철을 통과할
때 필요한 순응력을 제공하는 것이고, 댐퍼
의 목적은 지나친 순응력을 흡수하고 누그러

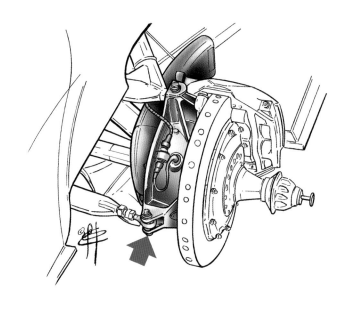

뜨리는 것이다. 팀들은 최적의 타협점을 찾을 때까지 탄성률이 각기 다른 스
프링으로 실험한다. 스프링의 탄성률은 압축하거나 비트는 데 필요한 힘의

⁝ 다른 팀들은 페라리가 앞
서 앞쪽 수직부재에 주조 티
타늄을 사용하자 뒤를 따랐
다. (Piola)

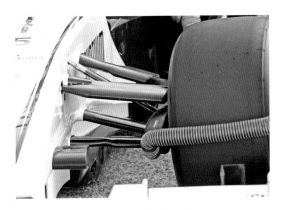

⁝ 2009년 BMW-자우버 F1.09에 쓰인 앞 서스펜션.
(sutton-images.com)

⋯➛ 2009년 브런 BGP001에 쓰인 앞 서스펜션. (sutton-images.com)

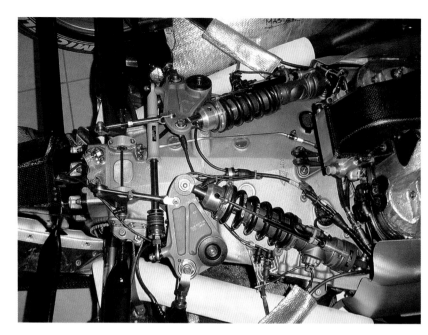

…⫶ 윌리엄즈 FW24의 뒤 서스펜션은 절묘한 구성의 걸작으로, 엔진 커버 아래에 모든 것을 배치함으로써 차의 뒤쪽 형상을 최소화했다. 사진에서는 푸시로드, 코일 스프링/댐퍼 유닛, 작은 앤티롤 바와 연결된 로커를 볼 수 있다. (저자)

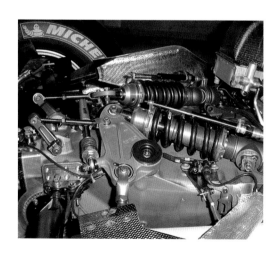

양이라는 관점에서 표현된다. 몇몇 스프링은 탄성률이 증가하는데, 이는 가해지는 부하에 따라 특성이 달라진다는 뜻이다. F1에는 서로 다른 생각을 가진 두 개의 파벌이 존재한다. 일부 설계자들은 여전히 코일 스프링을 사용하고, 페라리를 비롯한 다른 팀 설계자들은 기계적 구성 때문에 토션 바를 선호한다. 토션 바는 1970년에 콜린 채프먼이 로터스 72에 처음 사용했다.

충격을 누그러뜨리는 것은 경주차의 성능에 큰 영향을 미치는 부분이다. 댐퍼는 매우 정교하며 폭넓게 조절할 수 있다. 편리하게 기계적 구성을 할 수 있도록, 몇몇 댐퍼에는 독특한 유압액 저장 탱크가 있다.

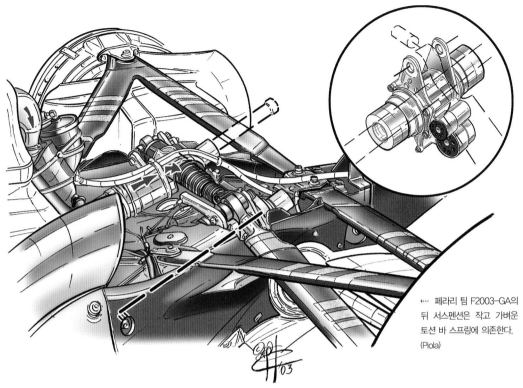

··· 페라리 팀 F2003-GA의
뒤 서스펜션은 작고 가벼운
토션 바 스프링에 의존한다.
(Piola)

··· 일부 팀은 앞 댐퍼를 모
노코크 맨 위에 설치했지만,
윌리엄즈 팀은 FW24에서 섀
시 안쪽에 해당하는 발 놓는
공간 뒤에 배치하는 것을 선
호했다. (저자)

서스펜션 푸시로드는 스프링과 분리된 댐퍼를 연결하는 로커rocker를 작동한다. 댐퍼는 댐퍼 로드가 작동하면 압축되는 유압액을 사용한다. 액의 점성과 댐퍼 내부의 밸브 작동에 따라 저항하는 정도가 달라질 뿐 아니라 그에 따라 각기 다른 작동 특성을 나타낼 수 있다. 팀들은 적합한 완화 기준에 이를 때까지 주어진 회로에 지루한 시험을 계속하는데, 세밀한 조정은 드라이버의 몫으로 남겨둔다.

서스펜션을 든든하게 만드는 또 다른 방법은 오늘날에는 토션 바 형태를 취하고 있는 앤티롤 바anti-roll bar를 사용하는 것이다. 이것은 경주차가 코너링할 때 작동한다. 만약 앤티롤 바가 뻑뻑하게 설정되어 있다면 코너를 도는 동안 차체가 옆으로 기우는 일이 줄어들 것이다. 만약 설정을 조금 완화한다면 차체가 옆으로 기울어지는 데에 약간의 영향만이 있을 것이다. 스프링은 이와는 반대 방향으로 힘을 미치기 때문에, 경주차가 끝까지 기울어져도 바닥이 노면에 닿지 않게 유지된다.

서스펜션은 경주차에서 가장 조절이 자유로운 부분 중 하나다. 차가 설정된 상태는 다른 말로 핸들링이라고 알려진 트랙에서의 움직임에 엄청난 영향을 주고, 주어진 서킷에 경주차를 완벽하게 설정하는 것이 목적이다. 완벽한 핸들링이란 차의 균형—앞쪽과 뒤쪽 사이의 접지력 차이—이 똑같이 맞는 것이다. 달리 말하면, 경주차가 코너를 따라 중립적으로 움직이며 앞뒤가 모두 똑같이 접지력 한계에 이르는 것이다. 언더스티어나 오버스티어를 판단하는 데 영향을 미치는 요인은 타이어의 미끄럼 각이다. 이것은 드라이버가 차가 진행하도록 목표하는 방향이 아니라 실제로 타이어가 향하는 방향을 뜻한다. 앞 타이어의 미끄럼 각이 뒤쪽보다 크다면 언더스티어가 일어나고, 뒤 타이어의 미끄럼 각이 앞쪽보다 크다면 오버스티어가 일어난다고 이야기한다. 실제로는 언더스티어는 차체 앞쪽이 바깥쪽으로 미끄러지는 경향을 보이며 코너를 넓게 도는 것을 뜻하고, 오버스티어는 차체 뒤쪽이 바깥쪽으로 흐르

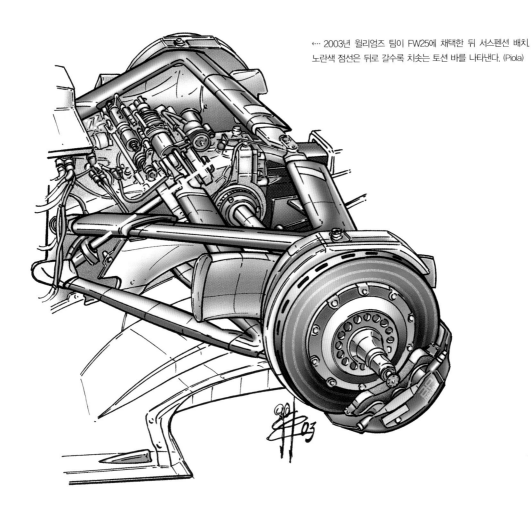

··· 2003년 윌리엄즈 팀이 FW25에 채택한 뒤 서스펜션 배치.
노란색 점선은 뒤로 갈수록 치솟는 토션 바를 나타낸다. (Piola)

면서 차체가 제자리에서 돌지 않도록 드라이버가 반대 방향으로 스티어링을
수정해 돌려야 하는 상태다.

　핸들링이 중립에 가까울수록 경주차는 더 빠를 뿐 아니라 최상의 성능을 내
며 달리기가 더 쉽다. 또한 언더스티어나 오버스티어가 나는 차보다 타이어
를 더 잘 활용할 수 있다. 실제로는 어느 정도 언더스티어와 오버스티어가 나
타나기 마련이다.

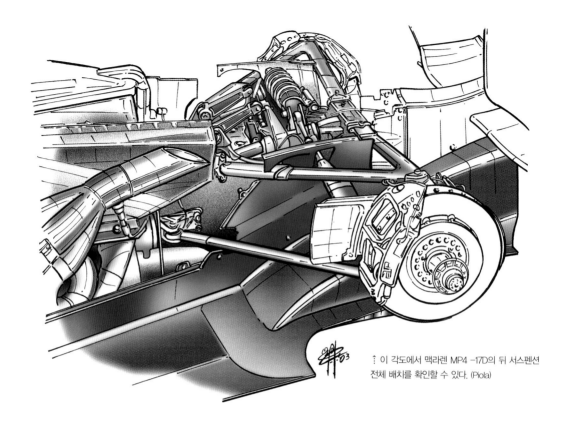

：이 각도에서 맥라렌 MP4 −17D의 뒤 서스펜션 전체 배치를 확인할 수 있다. (Piola)

　핸들링 특성에 영향을 미치는 요소는 서스펜션 설정의 부드럽고 단단한 정도다. 한편으로는 고르지 못한 노면에서 충격을 충분히 흡수할 수 있거나 드라이버가 경계석을 무난히 넘을 수 있을 정도로 부드러워야 한다. 반면 차체가 노면에 닿는 것을 막기 위해 어느 정도 단단하게 설정할 필요도 있다. 부드럽게 설정된 경주차는 구동력을 살리기 좋고 경계석도 부드럽게 넘어갈 수 있지만, 코너에서는 차체가 출렁거릴 수 있다. 반면에 지나치게 단단하게 설정된 경주차는 요철을 넘을 때마다 강한 충격을 겪게 된다. 이것을 타협하는 데 큰 역할을 하는 것은 드라이버의 개인적 선호도다. 예를 들어 자크 빌너브는 비교적 단단하게 설정하는 것을 선호했기 때문에, 그의 경주차는 운전에 따라 카트처럼 반응했다.

호켄하임 서킷 같은 곳에서처럼 코너링 속도가 빠르면 알맞은 접지력을 만들기 위해 비교적 부드러운 설정이 필요하다. 반대로 단단한 서스펜션은 몬테카를로에서 쓰이는 설정이 가장 좋은 예다. 치밀한 거리 서킷은 단단한 설정에서 비롯되는 정교한 핸들링으로 공략하는 것이 가장 좋다.

이처럼 많은 요인이 영향을 미치기 때문에, BMW 윌리엄즈 팀이 2003년 초반에 발견했던 것처럼 경주차 설정에 필요한 요소들을 완벽하게 이해하지 못하면 결과에 치명타가 될 수도 있다. 풍부한 레이스 기술 경험을 지닌 엔지니어 프랭크 더니Frank Dernie가 합류하면서 팀은 빠르게 진전을 보았다. 그러나 최고의 해결책을 찾는 일은 가장 좋은 시기라 하더라도 감당하기가 쉽지 않다.

당시 BMW 윌리엄즈 팀 운영 담당 수석 엔지니어였던 샘 마이클은 이렇게 이야기한다. "서스펜션은 경주차에서 가장 민감한 영역 중 하나입니다. 극도로 민감하게 반응해야 하는 부분이죠. 동시에 서스펜션은 작용하는 힘을 견딜 수 있을 정도로 매우 견고해야만 합니다. 경주차가 어떤 상황에서도 최대한 균형을 이룰 수 있도록, 네 바퀴가 모두 계속해서 같은 수준으로 접촉할 수 있게 서스펜션을 설정하는 것이 중요합니다. 이것이 조종성을 보장하고 제동과 가속 시에 작용하는 힘을 이상적으로 전달하는 방법이죠."

드러나지 않는 기계적 접지력의 중요한 목적은 타이어의 접지면에 실리는 무게가 빠르게 변하더라도 완벽하게 통제하는 것이다. 그래서 충격완화 부분에는 오랜 세월에 걸쳐 엄청난 개발이 이루어졌다.

구식 레버 암 댐퍼lever arm damper와 비슷한 방식으로 작동하는 로터리 댐퍼rotary damper는 20세기가 저물 무렵에 처음 선보인 후 서스펜션을 구성하는 합리적인 방법으로 2000년대 초반에 큰 인기를 얻었다. 그러나 2005년에 등장한 두 가지 참신한 기술이 충격완화 분야에 대단한 영향을 미쳤다.

2006년 패독에 숨어 있는 스파이들의 관심을 끈 첫번째 기술은 르노의 매스 댐퍼mass damper였는데, 실제로는 전해 브라질 그랑프리에서 R25를 통해 선보여 페르난도 알론소가 첫 세계선수권 우승을 차지하는 데 이바지한 기술이었다. 르노 팀 기술감독 밥 벨Bob Bell은 규정에 들어맞는다는 데 동의한 FIA의 기술 전문가들과 함께 개념을 정리했다. 르노 팀이 2006년에 새롭게 출전시킨 R26에는 자연스럽게 매스 댐퍼가 전체 설계에 통합된 부분으로 여겨졌지만, R25에서는 차체 앞부분에 하나만 쓰였다. 새 차에는 앞과 뒤에 모두 쓰였다.

매스 댐퍼는 R26의 맨 앞부분 안에 담긴 것과 요철이나 경계석에 부딪힐 때마다 상하운동을 완화하기 위해 뒤 서스펜션 뒤에 놓이는 스프링 상중량으

⋮ 서스펜션 설정을 조금만 조절해도 경주차의 핸들링 특성에 큰 영향을 줄 수 있다. 사진에서는 BMW-자우버 F1.09의 앞 서스펜션 푸시로드가 조절되고 있다.
(sutton-images.com)

로 구성되었다. 신기하게도 R26의 매스 댐퍼는 미쉐린 타이어를 끼운 경주차에서는 잘 작동했지만, 그렇지 않은 차에서는 나름대로 특성을 해석하기 위해 시행착오를 거쳐야 했다. 예를 들어 페라리 팀은 매스 댐퍼를 브리지스톤 타이어에 맞추기 위해 고생을 하기도 했다.

르노 팀은 2006년 시즌을 맹렬한 기세로 시작해 7월 말 독일 그랑프리가 열린 호켄하임에서 예상하지 못한 벽에 부딪힐 때까지 네 차례 경주에서 연속 우승을 차지했다. 바로 그때 FIA는 주기적인 재검토를 했고 결국 매스 댐퍼가 실질적으로는 가동식 공기역학 보조기능이라는 것을 근거로 규정 위반이라고 결정했다. 그러자 당시 경주에 참여했던 FIA 운영요원들은 시스템이 규

↕ 2006년 FIA가 갑자기 매스 댐퍼를 규정 위반이라고 발표하면서 르노 팀 경주차는 사소한 문제로 몸살을 앓았다. (sutton-images.com)

정 위반이 아니라고 판정하는 이상한 상황이 벌어졌고, 운영요원들이 잘못 판단한 것이라고 주장하면서 패독 관계자들 사이에서는 페라리 팀을 밀어주려는 의도가 있다는 생각이 퍼지게 되었다. 냉소적인 사람들은 2003년 몬자 서킷에서 있었던 타이어 마모 관련 '재해석'을 지적했다. 당시에는 미쉐린에게 불리하고 브리지스톤(과 페라리)에게 유리한 결과가 빚어졌다. 또한 그들은 시기상의 논란에 대해서도 지적했다. 여름철 시험이 금지되면서 르노 팀은 경주 사이 기간에 경주차를 다시 최적화할 수 없게 되었기 때문이다.

르노 팀은 이의를 제기하면서도 매스 댐퍼 없이 경주에 출전하는 현명한 태도를 보여, 충분한 실력을 발휘할 수 없도록 조율된 경주차를 몰고 5위로 결승을 마칠 수밖에 없었다. 르노 팀은 헝가리 그랑프리에서도 매스 댐퍼를 사용하지 않았다.

8월 23일 FIA 국제 상소 법원은 실제로 매스 댐퍼를 가동식 공기역학 장치로 볼 수 있다며 예상대로 F1 기술규정 제3조 15항에 따라 규정 위반이라고 판결했다. 이를 지켜본 사람들은 무척 어이없어 했다.

르노 팀은 매 바퀴 0.3초 정도씩 손해를 보았고 페라리 팀이 2006년에 남은 경주에서 우위를 차지하는 것을 지켜봐야 했다. 그러다가 10월에 열린 일본 그랑프리에서 미하엘 슈마허의 경주차 엔진이 파손된 후 알론소가 브라질 그랑프리에서 종합우승을 거머쥐면서 마침내 웃음을 지을 수 있었다.

매스 댐퍼를 둘러싼 소동은 당연히 맥라렌 팀에게는 희소식이었다. 그들은 독자적으로 교묘하게 변형한 서스펜션을 고안했지만 거의 알려지지 않았기 때문이다. 매스 댐퍼와 관련된 FIA의 개정된 논거 중 일부는 르노 팀 경주차에 쓰인 것이 서스펜션 시스템의 일부가 아니라고 되어 있었다. 그러나 맥라렌 팀이 2007년에 MP4-22에 쓴 관성 댐퍼 이너터inerter—팀 내부 용어로 'J 댐퍼'로도 알려졌다—는 서스펜션 시스템에 포함되었다.

케임브리지대학 맬컴 스미스Malcolm Smith 교수가 맥라렌 팀과 접촉한 것은

2003년의 일이었다. 전기회로와 서스펜션 시스템의 유사성이 그의 마음을 사로잡았고, 그는 서스펜션 시스템을 단순히 커다란 전기회로라고 판단했다. 전형적인 서스펜션 시스템에서 댐퍼는 전기저항, 스프링은 유도자에 해당되었다. 스미스는 충전지에 해당되는 것이 없음을 깨달았는데, 그것이 연구의 시발점이었다.

이너터의 개념은 거기에서 비롯되었다. 맥라렌 팀은 그 발상을 반겼고, 온전히 자신들만의 비밀로 유지하기 위해 모든 노력을 기울여야 한다는 것을 깨달았다. 그들은 혼란을 일으키기 위해 그 장치를 'J 댐퍼'라고 불렀다.

이너터의 발상은 매스 댐퍼와 같은 방식으로 접지력을 높이고 유지하기 위해 무게 배분에서 어긋나는 부분을 안정시키도록 작동하는 것이었다. 이너터에는 다른 장점들도 있었다. 경주차의 움직임을 관리하기에 유용한 수단일 뿐 아니라 서스펜션 작동에 더 훌륭한 절충안이면서도, 안정적인 공기역학적 기반으로서 저속과 고속에서 모두 접지력을 높여준다는 점도 입증되었다. 맥라렌 팀 엔지니어들은 서스펜션을 단단하게 만들어 움직임을 제한함으로써 고속에서 공기역학적 성능을 유지하고, 대개 저속에서 불가피한 타이어의 부하 변화도 줄일 수 있는 멋진 해결책을 찾아낸 것이었다. 이너터의 등장으로 저속 코너에서 성능을 떨어뜨리지 않고도 단단한 서스펜션을 마음껏 쓸 수 있게 되었다.

맥라렌 팀은 스미스의 생각을 발전시켜, MP4-20의 뒤 서스펜션에 이너터를 달고 2005년 산마리노 그랑프리에 처음으로 출전시켰다. 나중에는 앞 서스펜션에도 이너터를 결합했다.

맥라렌 팀은 케임브리지대학과 독점계약을 체결한 후, 놀랄 만큼 오랫동안 진행상황을 감추었다. 이너터는 뒤쪽 가로 방향 댐퍼 덮개 안에 있는 케이스에 담겨 있었는데, 덮개 안에서 위아래로 움직이기 쉽도록 바깥쪽 표면에 베어링을 단 나사식 댐퍼에 붙은 움직이는 추로 구성되어 있었다. 추는 서스펜

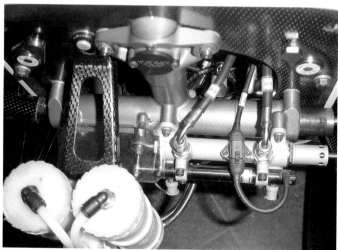

⁝ 맥라렌 팀은 이너터 덕분에 2007년 MP4-22가 특히 경계석을 험하게 지나갈 때 제 성능을 발휘할 수 있었다. (LAT)

←·· 2003년에 쓰인 윌리엄즈 팀 FW24 섀시 앞에 있는 브레이크 마스터 실린더 액 저장탱크 사이에 우아한 모습의 파워 스티어링이 가려져 있다. (저자)

···▸ 2009년 맥라렌 MP4-24에 쓰인 파워 스티어링 유닛. (sutton-images.com)

션에 의해 타이어로부터 전달되는 힘의 변화에 반발하는 기능을 했다. 댐퍼 케이스를 떼어내면 드러나는 것은 또 다른 케이스뿐이었다.

트랙에 따라 관성의 크기도 달라져야 했기 때문에, 시스템은 예상되는 운동 주파수에 맞춰 서스펜션 내에서 회전운동을 성공적으로 완화할 수 있도록 조율해야 했다. 스미스는 "우리는 접점에 적용되는 같은 방향과 반대 방향의 힘이 접점 사이의 상대 가속에 비례하는 것과 같은 기계식 단방향 장치를 이상적인 이너터라고 정의합니다."라고 이야기했다.

일반적으로 이런 것은 m²당 킬로그램 단위로 측정하지만, 맥라렌 팀 엔지니어들은 비밀을 유지하기 위해 독자적으로 정한 '조그zog'라는 모호한 단위로 관성의 크기를 측정했다.

장치가 지니는 장점도 마찬가지지만, 이너터의 핵심은 그것이 스프링과 댐퍼에 매우 다르게 작용한다는 점이었다. 스프링과 댐퍼는 어떤 현상이 일어난 뒤에 외부 입력에 반응해서 작동한다. 그러나 이너터는 서스펜션 시스템의 자연적인 주파수와 조화를 이루어 작동되고, 입력을 예측할 수 있다. 따라서 동작과 부하의 변화가 일어나기 전에 미리 상쇄할 수 있다. 이너터는 그렇게 함으로써 타이어 접지면의 부하 변화를 안정시키고 타이어의 고무가 최상의 접지력을 만들도록 할 수 있다.

르노 R26 뒤 서스펜션의 매스는 쐐기 모양이었고 앞쪽 끝이 약 7킬로그램, 뒤쪽이 3.5킬로그램이었다. 맥라렌 경주차에 쓰인 이너터에서는 겨우 1킬로그램 정도였다. 매스는 휠이 요철에서 튀거나 내려앉는 것에 따라 만들어지는 진동을 위쪽 또는 아래쪽으로 회전하며 완화했는데, 특히 경주차가 경계석을 과격하게 지나갈 때 효과적이었다. 이 장치는 특정한 상황에서 MP4-22가 뛰어난 성능을 발휘한 이유 중 하나였다.

소문이 난무하는 F1 패독에서 비밀을 지키기란 불가능하기 때문에, 결국 다른 팀들은 맥라렌 팀이 하고 있는 일이 무엇인지를 알아냈다. 1년 남짓한

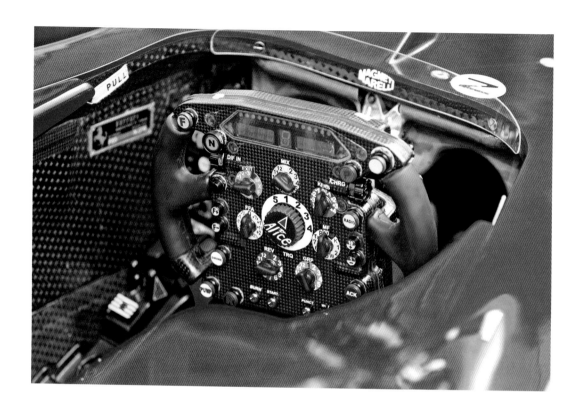

↑ 스티어링 휠은 시즌마다
기능이 각기 다르므로, 현대
적인 F1 경주차에서 가장 빨
리 변화하는 부품 중 하나다.
사진은 2009년에 쓰인 페라
리 F60의 스티어링 휠로 무
선통신, 디퍼렌셜, 공연비,
KERS 같은 시스템들을 작동
하는 버튼이 복잡하게 배열
되어 있다.
(sutton-images.com)

기간 사이에 윌리엄즈 팀은 독자적인 이너터를 개발하고 있었고 페라리도
2007년 터키 그랑프리 때 같은 기술을 손에 넣었다. 몬자 서킷에서 열린 다음
경주에는 경주차에 쓰인 이너터가 고장 나면서 필리페 마사가 일찍 경주를 포
기했다. 댐퍼와 이너터가 서로 어긋나게 작동하면 순간적으로 댐퍼가 파손되
는 일이 빈번하게 일어났다. 댐퍼는 대개 베어링이 고정되고 댐퍼에 부하가
갑자기 크게 걸리는 경우에 파손되었다. 나중에는 대부분 팀이 이너터를 채
택했지만 매스 댐퍼와 달리 이너터는 규정 위반 사항으로 여겨지지 않았다.

매스 댐퍼 문제는 2007년 초에 다시 고개를 들었다. 키미 레이쾨넨이 개막
전인 호주 그랑프리에서 우승한 뒤, 맥라렌 팀의 마틴 휘트마시와 페라리 팀
의 장 토드 사이에 페라리 F2007 바닥의 스프링 고정장치 규정 위반 여부에

↑ 닉 하이드펠트가 운전한 2009년형 BMW–자우버 F1.09의 스티어링
휠에는 운전자가 손끝으로 조절할 수 있는 다양한 조절장치들이 있어
현대적인 F1 스티어링 휠이 얼마나 복잡한지 알 수 있다. (BMW AG)

| 표시장치 |

1 FIA/경주 통제실 정보
2 변속 표시등
3 다목적 표시장치(기어 표시장치)

| 버튼 |

4 N=중립
5 W=앞쪽 윙 작동
6 다목적 버튼
7 K=KERS 부스트 버튼
8 −=사전설정 하향조정
9 +=사전설정 상향조정

10 Ack=확인
11 PL=피트레인 속도제한장치
12 BB=제동력 균형조절
13 R=무선통신
14 Box=피트 스톱
15 SC=세이프티 카
16 D=음료수 공급
17 Pr=이상 표시

| 회전식 스위치 |

18 디퍼렌셜 조정
19 프리로드(Preload) 조정

20 디퍼렌셜 조정
21 피트 요원에게 정보 전달
22 선택장치(KERS, 앞쪽 윙, RPM 등)
23 타이어 대응 조정
24 Wing=앞쪽 윙 사전설정 조정
25 Pedal=페달 프로그램 조정
26 Fuel=연료 혼합비 조정

| 패들 |

27 윗단으로 변속
28 아랫단으로 변속
29 클러치 조절

관한 논쟁이 발생했다. 맥라렌 팀은 경주차 바닥이 매스 댐퍼와 같은 방식으
로 작용할 가능성이 있다고 믿었다. 레이쾨넨의 우승은 그대로 유지되었지

만, 말레이시아 그랑프리가 열릴 때까지 레드불, 혼다, 르노, BMW, 페라리 다섯 팀은 경주차가 경계석을 치고 지날 때에 바닥을 '밀어내는' 고정 시스템을 개조하라는 요청을 받았다.

스티어링은 서스펜션과 떼려야 뗄 수 없는 관계다. 현대적인 F1 경주차들은 모두 스티어링 컬럼 끝에 피니언 기어가 부착되어 있고 섀시 위쪽에 설치된 랙 안에서 작동하는 랙 앤 피니언rack and pinion 스티어링을 사용한다. 스티어링 휠이 회전하면 피니언이 랙을 움직인다. 스티어링 휠의 회전 방향에 따라 랙이 어느 한쪽으로 움직이면, 랙은 스티어링 암을 반대쪽으로 밀어 앞바퀴의 각도를 튼다. 이 시스템은 애커먼Ackermann 원리에 따라 작동한다. 애커먼 원리란 안쪽 바퀴가 바깥쪽 바퀴보다 더 작은 각도로 꺾이도록 해 차가 회전하기 쉽게 해주는 것을 말하는데, 이는 디퍼렌셜이 안쪽 바퀴가 바깥쪽 바퀴보다 더 작은 원호를 그리게 돕는 것과 매우 유사하다.

최근 몇 년 사이에 파워 스티어링 기술이 정치적으로 뜨거운 감자 같은 존재가 되었다. 오늘날은 드라이버들이 크건 작건 간에 승용차와 비슷한 유압 장치에 의존하는 회전력 보조 시스템의 도움을 받고 있다. 일반적으로 체계적인 운동을 한 레이서에게는 보조력 30퍼센트면 충분하면서도 적당한 감각을 주는 것으로 여겨지고 있다. 모든 시스템에는 고장 감지장치가 내장되어 있으며 대개 기어박스에 설치된 회전축으로 구동되는 엔진 뒤쪽 펌프의 힘으로 작동한다. 전동 파워 스티어링은 금지되었다.

현대적인 스티어링 휠은 독특한 D자 모양을 지니고 있으며 각 드라이버에 맞춰 특별히 주문 제작된다. 다루는 사람이 즉시 메시지를 전송할 수 있는 기능 때문에 경주차에서 가장 중요한 요소로 여겨지면서, 각종 조절장치 작동의 중심이기도 하다.

현대의 F1 경주차에서 요yaw(중심축을 기준으로 하여 수평방향 좌우로 회전하는 현상) 각도는 비교적 작으므로, 스티어링 회전 범위가 제한된 것은 그럭저력 넘어갈 수 있다. 끝에서 끝까지 한 바퀴 반 정도 회전하는 정확한 스티어링 기어비 때문에 드라이버가 휠과 씨름할 필요는 없다. 따라서 스티어링 휠은 250밀리미터 정도의 놀랄 만큼 작은 지름으로 만들 수 있다.

9 브레이크
디스크를 다루는 법

새내기 드라이버가 F1 경주차를 처음으로 경험할 때 가장 인상 깊은 것은 출력이나 가속이 아니라 제동 성능일 것이다. 훌륭한 드라이버라면 경주차의 속도 자체에는 당황하는 일이 드물지만, F1 기준의 탄소섬유 브레이크를 단 경주차로 제동 시기를 늦추는 정도에 익숙해지기까지는 상당한 학습이 필요하다. 무엇보다도 놀라운 제동력을 감당할 수 있을 정도로 높은 수준의 자신감을 갖도록 정신을 재무장하는 것이 관건이다.

실제로 자동차 경주가 시작된 이래, 다른 드라이버보다 제동 시기를 늦추는 능력이 추월의 핵심 요소였다. 1960년대와 1970년대 초반에 스위스 출신 드라이버인 요 시페르트Jo Siffert는 '가장 마지막으로 브레이크를 밟는 사나이the last of the late brakers'로 유명했다.

1950년대 등장한 디스크 브레이크는 중요한 진전을 가져왔다. 이전까지의 경주차들은 드럼 브레이크를 사용했는데, 커다란 주철 드럼으로 되어 있는 드럼 브레이크는 휠을 끼우면 휠에 덮이는 형태였다. 드럼 내부에는 두 개의 반원형 슈가 있고, 슈의 형상은 매끄러운 드럼 내부 표면에 맞게 되어 있었다. 드라이버가 브레이크 페달을 조작하면 페달 뒤에 설치된 마스터 실린더에서 만들어진 유압과 브레이크 드럼 안에 별도로 달린 더 작은 실린더가 작

←… 탄소 디스크는 주철 부품보다 훨씬 더 가벼우면서 F1 제동기술에 혁명을 일으켰다. (sutton-images.com)

9. 브레이크 _ 디스크를 다루는 법

은 피스톤을 밀고 그에 연결된 슈가 드럼 안쪽 면에 닿을 때까지 바깥쪽으로 밀린다. 그 결과로 생긴 마찰력이 드럼의 회전속도를 늦추고, 따라서 차의 속도도 느려졌다.

드럼 브레이크는 상대적으로 비효율적이고 열 발산 특성도 좋지 않았다. 드럼 바깥쪽의 수많은 지느러미가 휠 안쪽 표면 아주 가까운 곳을 흐르는 공기 흐름 속에 놓이는데도, 브레이크 기능을 둔화하는 과열현상을 항상 고려해야 했다. 페이드fade라고 부르는 이 현상은 브레이크가 너무 뜨거워져 효율성을 잃는 것이다. 뜨거운 브레이크에서 전달되는 열에 유압액이 시달리면 액의 효율이 떨어질 뿐 아니라 끓어올라서 브레이크 페달을 훨씬 더 깊이 밟아야 했다. 이런 현상에 대해 드라이버들은 '페달이 길다long pedal'는 식으로 불평한다. 드라이버들은 대부분 페달을 아주 조금만 움직여 브레이크를 조작하는 것을 선호하는데 이는 브레이크가 믿음직한 능력을 발휘하기 때문이다. 브레이크 페달은 살짝 건드리기만 해도 즉각 반응할 수 있다. 몬테카를로처럼 비좁은 시가지 서킷에서는 특히 그렇다. 그곳에서 페달이 긴 차로 경주를 치르는 것만큼 내키지 않는 일은 없을 것이다. 난처한 상황에서 브레이크 페이드가 발생하면 드라이버는 유압을 되살리고 페달 작동 거리를 줄이기 위해 페달을 펌프질하듯 밟아야 한다.

재규어가 C 타입 스포츠카에 디스크 브레이크를 달고 1953년 르망 24시간 경주에서 우승하자, 상황에 따라 늦게 받아들인 경우도 있지만 자동차 경주 세계는 새로운 혁명에 눈이 번쩍 뜨였다. 디스크 브레이크는 이제 모든 형태의 경주는 물론 여러 승용차에도 쓰일 만큼 널리 퍼졌지만, 저렴한 승용차들은 아직 앞바퀴의 디스크 방식을 보조하기 위해 뒷바퀴에 드럼 브레이크를 쓰고 있다.

디스크 브레이크의 주된 장점은 드럼처럼 폐쇄되어 있지 않기 때문에 열이 훨씬 더 효율적으로 발산된다는 것이다. 디스크는 대개 휠 안쪽의 차축 끝에서 회전하고, 제동할 때 디스크 양쪽에서 캘리퍼가 실린더와 브레이크 패드로 잡는다. 드라이버가 브레이크 페달을 조작하면 캘리퍼에서는 유압이 피스톤을 밀어 패드가 강제로 디스크와 접촉하면서 차의 속도가 줄어든다.

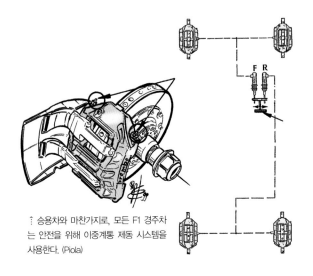

⋮ 승용차와 마찬가지로, 모든 F1 경주차는 안전을 위해 이중계통 제동 시스템을 사용한다. (Piola)

1970년대까지는 디스크 소재로 주철이 쓰였고, 캘리퍼 소재로는 합리적인 이유로 색다른 것들이 선택되었다. 캘리퍼는 종종 각 바퀴 뒤쪽 9시 방향 위치나 무게중심을 낮출 수 있는 6시 방향에 설치되기도 했다. 혹은 캘리퍼 수를 두 배로 늘려 하나는 9시 방향에, 다른 하나는 3시 방향에 달아 제동력을

⋮ 2008년 페라리 팀의 F2008 앞 브레이크 어셈블리. (sutton-images.com)

상쇄하기도 했다.

설계자들은 또한 이른바 '포트pot'라고 하는 브레이크 당 피스톤 수를 어떻게 정할 것인지 실험하기도 했다. 6포트 캘리퍼가 인기를 얻게 된 것은 향상된 효율 덕분인데, 이는 디스크 양쪽에 세 개씩 있는 실린더가 디스크와 닿도록 패드를 밀어내기 때문이다.

혁신적인 설계자인 고든 머레이는 1970년대 버니 에클스턴이 소유한 팀의 브래범 알파 BT45에 탄소 브레이크를 실험했다. 차의 연료탱크 용량이 크고 엔진이 비교적 무거워 제동 문제가 심각했던 탓에, 남아프리카 공화국 출신인 머레이는 별것 아닌 소재에서 대단한 것을 만들 방법을 찾고 있었다. 마모 특성과 관련한 초반의 문제가 해결되자, 탄소 브레이크는 1980년대 이후 지금까지 필수 요소가 되었다. 탁한 검은색(심한 급제동 때에는 빨갛게 달아오른다)이라는 점을 제외하면 탄소 디스크의 겉모습은 주철 소재를 사용한 것과 비슷하지만, 지금은 첨단기술로 만든 탄소 복합소재 패드와 함께 작동한다. 이들 부품은 효율이 매우 높은 수준이며 일반적인 철제 부품보다 더 가볍기도 하다.

많은 순수주의자들은 탄소 소재 브레이크가 현대적인 경주에서 추월을 어렵게 한다고 비난한다. 놀라운 효율이 제동거리를 너무 줄여 추월 기회를 만드는 전통적 방법의 하나가 꾸준히 힘을 잃어왔다는 이유에서다. 그러나 윌리엄즈 팀은 1995년 영국 그랑프리가 열린 실버스톤 서킷에서 주철 브레이크 디스크를 단 차로 실험한 결과, 효율과 제동감각이 탄소 디스크와 매우 비슷하지만 마모율이 형편없다는 재미있는 사실을 발견했다.

윌리엄즈 팀 기술감독인 패트릭 헤드는 "주철 브레이크와 탄소 브레이크의 차이가 거의 없었습니다."라고 인정했다. "탄소 브레이크는 더 강력해서, 과거에 주철 디스크와 섬유 소재 패드를 사용했던 것과, 주철 디스크와 탄소 금속 소결(燒結) 패드를 사용했을 때의 차이와 비슷했습니다." 소결은 가루 상

←⋯ 윌리엄즈 팀은 FW24를 페달 두 개로 조작하는 방법을 썼다. 액셀러레이터 페달은 그림 왼쪽에 있고 브레이크는 오른쪽에 있다. 무게를 가볍게 하는 차원에서 탄소 섬유 복합 구조로 만든 페달과 브레이크 페달로 작동하는 두 개의 주 실린더 피스톤에 주목해 보자. (저자)

태였던 것이 열을 가함으로써 고체 상태로 바뀌는 것이다. "소결 패드는 아주 다른 것이었지만, 투어링 카에 사용하는 브레이크와 같은 종류입니다. 매우 강력하지만 취급하는 방법이 다르죠. 그 패드의 수명이 탄소 디스크와 마찬 가지로 한 차례 경주 동안 지속되리라고는 생각하지 않지만, 감속능력을 고려한다면 거의 같다고 볼 수 있습니다."

무게를 줄이기 위해 특별한 소재 규격으로 만든 주철 디스크가 탄소 디스크만큼 가볍고 효과적으로 사용할 수 있음을 입증할 수 있지만, 오늘날에는 매우 우수하고 자리를 잘 잡은 덕분에 현재 상태를 뒤집어엎으려 나설 사람은 없어 보인다. 한편 FIA 맥스 모즐리 회장은 이에 대해 우려의 목소리를 냈다. "문제는 쓰일 수 있는 소재를 감시하기가 매우 어려워지리라는 점입니다. 그러면 비용과 효율 면에서 모두 차이를 좁힐 수 있을 정도로 주철 브레이크 디스크에 넣을 수 있는 첨가물질이 아주 많아집니다."

현대적인 F1 경주차의 제동 시스템은 나누어진 유압 시스템에 의존하는데, 이는 시스템 한 부분에 고장이 나더라도 세 바퀴의 것이 예비로 작동하도록 하기 위한 것이다. 1993년 이후 제동력 보조장치는 금지되었지만, 일종의 드라이버 지원 기능처럼 보이기는 해도 전자식 제동력 배분 기술은 허용된다. 드라이버는 상황에 맞춰 앞쪽이나 뒤쪽으로 제동력을 옮겨 제동 효율을 최적화하도록 시스템을 조절할 수 있다. 과거에는 드라이버가 케이블을 이용하는 조절장치로 그런 장치를 조작했다. 오늘날의 시스템은 스티어링 휠에 있는 버튼으로 작동한다. 따라서 드라이버는 앞뒤 바퀴의 균형을 조절하기 위해 코너 전이나 코너에 진입할 때에 해당하는 버튼을 누를 수 있다. 드라이버가 이 작업을 해야 하고 자동화된 것이 없으므로 드라이버 지원 기능으로 구분하지 않는다.

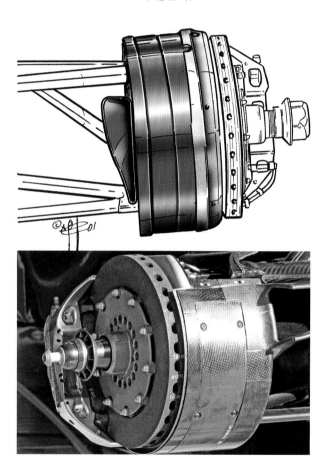

⋮ 상: 페라리는 2001년에 브레이크 냉각 성능을 높이도록 설계된 드럼 모양 덕트를 단 F2001로 다시금 혁신적인 모습을 보여주었다. 오래지 않아 모든 팀이 뒤따라 갖췄다. (Piola)
하: 2006년 BMW-자우버 F1.06의 앞 브레이크 어셈블리. (sutton-images.com)

브레이크에 가장 가혹한 서킷은 몬테카를로로, 14개의 코너가 있고 경주를 치르는 동안 수천 번 변속해야 한다. 경주차들은 짧은 직선구간에서 최고 시속 290킬로미터까지 가속하지만, 다음 코너에서는 어쩔 수 없이 급제동해야 한다. 전체 트랙에서도 가장 힘든 부분은 포르티에 코너에서 터널을 지나 헤어핀 코너로 내려가는 구간이다. 경주차는 시케인으로 접근하면서 최고속도를 내고, 이어서 드라이버는 매우 강하게 제동하면서 기어를 7단에서 2단까지 내려야 한다. 이는 몇 초 만에 속도가 시속 290킬로미터에서 시속 80킬로미터까지 떨어진다는 것을 뜻한다. 이런 환경에서 브레이크가 엄청

... 2007년 페라리 F2007의
뒤 브레이크 어셈블리는 캘
리퍼가 위쪽에 설치되었다.
(sutton-images.com)

... 2007년 토요타 TF107의
앞 브레이크 어셈블리.
(sutton-images.com)

난 스트레스를 받게 되는 것은 전혀 놀랍지 않다. 다른 구간인 보 리바쥬에서 속도가 느려지는 정도도 비슷하다. F1에서 기록된 가장 큰 감속 기록은 5.99G였지만, 오늘날에도 텔레메트리에는 4.5G의 강한 감속이 기록되곤 한다. 이는 제동 중에 드라이버가 평상시보다 몸무게의 네 배 반을 견뎌야 한다는 뜻이다. F1 경주차의 가속은 겨우 2G에 불과하고 코너링 때에는 3 또는 3.5G를 넘는 일이 드물다는 것을 고려하면, 브레이크의 성능은 훨씬 더 예리한 관점으로 다루어야 한다.

조던, 스튜어트, 재규어 팀에서 일했던 엔지니어 개리 앤더슨_{Gary Anderson}은 "4G 후반이면 훌륭한 수치"라고 이야기한다. "급제동에서 4.5G로 제동했다면 아주 훌륭한 겁니다. 전혀 나쁘지 않은 수치예요." 극단적인 면은 거기에서 그치지 않는다. 브레이크 온도는 1000도에 이르고, 유압 계통(폭발 우려를 막기 위해 바깥 부분을 섬유처럼 엮는 특수처리를 한다)은 압력이 1200psi나 되며, 드라이버는 300킬로미터가 넘는 거리를 달리는 경주 내내 브레이크 페달을 밟을 때마다 150킬로그램 정도의 힘을 가해야 한다.

F1 경주차의 브레이크 디스크는 한계범위 내에서는 뜨거워질수록 더 잘 작동하는데, 원활하게 작동하도록 주어진 온도에 맞아야 한다. 따라서 언제나 그랬듯이 과열은 현명하고 신중한 해법이 필요한 문제다. 팀들은 이 서킷에서 저 서킷으로 옮기면서 트랙마다 다른 제동 강도에 맞춰 브레이크 냉각 규격을 바꾼다. F1에 쓰이는 모든 브레이크 디스크는 통풍설계가 되어 있는데, 이는 브레이크가 정해진 온도 범위를 벗어나 작동하지 않도록 디스크에 냉각을 위한 공기가 순환하는 구멍이 뚫려 있다는 뜻이다. 또한 브레이크에는 팀에게 문제 발생이 임박했음을 알려주는 센서도 달려 있다. 이 센서는 1990년대 후반 일부 팀이 디스크 파손으로 피해를 입은 뒤에 중요성이 두드러졌다. 그런 상황에서도 2003년 프랑스 그랑프리가 열린 마니쿠르 서킷의 마지막 바퀴에서 맥라렌 메르세데스 팀의 키미 레이쾨넨은 뒤 디스크 고장 때문에 고생했다.

오늘날의 경주차에는 알루미늄 캘리퍼를 사용해야 한다. FIA는 소재를 알루미늄으로 정하고 바퀴당 최대 피스톤 여섯 개와 브레이크 패드 두 개를 사용하도록 함으로써 제동 성능을 일부 제한하려고 시도했다. 캘리퍼는 대부분 알루미늄에 실리콘 카바이드 입자가 섞여 강도와 경도가 20퍼센트 정도 높은 MMC 금속기반 복합소재로 만들어진다. 한동안 몇몇 팀은 알루미늄 베릴륨 금속의 상표인 알버멧Albermet으로 만든 더 단단한 캘리퍼를 선호했는데, 알버멧은 놀라운 성능을 지닌 합금이다. 이 소재의 캘리퍼는 기본 제품보다 30퍼센트 더 가벼워 전반적인 스프링에 걸리는 무게를 상당히 줄였지만, 이후로 FIA는 알루미늄 베릴륨의 사용을 금지했다.

이 모든 효율에는 치러야 할 대가가 있는데, 그것은 바로 F1 경주차에 쓰이는 브레이크 디스크를 매 경주가 끝난 뒤 주기적으로 교체해야 한다는 것이다.

타이어 역시 제동 효율 방정식의 일부를 차지하는 요소(제10

⁝ 영국 그랑프리에서 아드리안 수틸(Adrian Sutil)이 모는 포스 인디아 팀의 VJM02 앞바퀴가 제동 중에 잠긴 모습. (sutton-images.com)

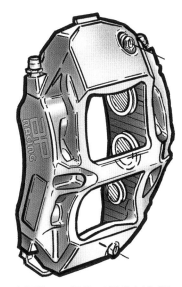

⁝ 훌륭한 주조 제품인 AP사의 캘리퍼에 배치된 여섯 개의 피스톤이 뚜렷하게 보인다. (Piola)

장 참조)인데, 이는 접지력 계수를 궁극적으로 타이어가 좌우하기 때문이다. 슬릭(민무늬) 타이어는 트레드 표면이 더 넓어서 타이어가 노면과 접촉하는 면적이 더 크다. 1998년에 그루브(홈이 파인) 타이어가 의무화되자 접지력 수준은 약 20퍼센트 낮아졌다. 이는 실제 노면에 닿는 고무 면적이 작기 때문이다. 따라서 코너링 속도가 느려지면서 자연스럽게 제동 때 접지력에도 영향을 주었다. 한동안 그루브 타이어는 의도했던 대로 제동거리를 늘렸지만, 타이어 제조업체들이 더 나은 타이어 구조와 합성소재를 개발하면서 잃었던 접지력을 되찾았다.

공기역학 구성도 제동에 영향을 준다. 일반적으로 구성상 다운포스가 커질수록 만들어지는 저항도 커지므로, 드라이버가 액셀러레이터에서 발을 떼면 경주차는 이미 느려지기 시작할 것이다. 이는 엔진 출력이 공기저항을 더는

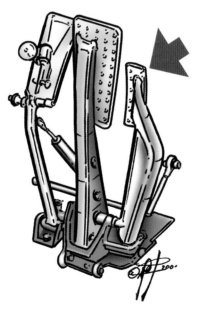

⁝ 데이비드 쿨사드는 운전용 페달이 세 개인 쪽을 선호했다. 사진은 그가 맥라렌 경주차에 설정한 것이다. (Piola)

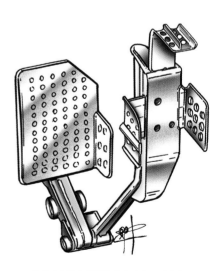

⁝ 페라리 팀이 사용한 페달 배치. 드라이버의 발이 페달에서 미끄러지는 것을 막는 측면 판이 있다. (Piola)

상쇄하지 않기 때문이다. 이것 역시 제동거리를 줄이는 방법이기도 하다.

전 윌리엄즈 F1 팀 설계책임자인 개빈 피셔Gavin Fisher는 "F1 경주차의 제동 절차는 극도로 복잡합니다."라고 이야기했다. "브레이크, 타이어, 공기역학적으로 만들어진 다운포스의 상호작용이 이상적인 감속을 보장합니다."

여전히 가장 뛰어난 드라이버들이 경쟁자들보다 늦게 브레이크를 밟는다는 것은 분명하다. 하지만 우리는 지금 브레이크가 추월에 미치는 영향이 오랜 세월 동안 최소로 수렴할 정도로 아주 짧은 거리에 관해 이야기하고 있다. 제동은 기술이 드라이버가 트랙에서 유리한 점을 만들도록 개척할 수 있는 자신만의 감각, 용기, 전문성이라는 영역을 빼앗아 간 또 하나의 분야다.

드라이버에게
모든 감각을 전달한다

F1 경주차가 드라이버에게 전달하는 모든 감각은 근본적으로 네 개의 작은 타이어 접지면에서 비롯된다. 타이어는 경주차의 발자취를 트랙에 남기는가 하면, 드라이버가 달리기 위해 알아야 하는 많은 것을 전달하지 못하면 절대로 좋은 성과를 거둘 수 없다. 타이어 성능을 최대한 활용하지 못할 때도 비슷한 결과가 생길 수 있다. 2002년에 BMW 윌리엄즈 팀과 맥라렌 메르세데스 팀이 미쉐린 타이어를 최대한 활용하지 못해 페라리 팀과 브리지스톤 타이어에게 세계선수권을 손쉽게 내어준 것이 좋은 예다.

전 조던 팀 설계자인 개리 앤더슨은 "타이어 네 개가 모든 것을 좌우하므로, 타이어를 잘 다루지 못하고 충분히 능력을 발휘하지 못하면 어려움을 겪게 됩니다."라고 이야기했다. "솔직히 말해 타이어는 가장 중요한 부분이고 경주차에서 가장 비중이 큰 개별 부품입니다. 접지력을 부여하니까요. 타이어는 반드시 잘 관리해야 합니다. 그것이 가장 중요한 사실이죠."

타이어는 둥글고 검고 따분하다는 옛말이 있지만, F1에서는 그렇지 않다. 타이어는 기계적인 부분에서 주역이나 다름없다. 타이어 컴파운드(고무의 혼합체)와 구조(타이어가 만들어지는 정확한 방식)는 타이어의 운동에 큰 영향을 미친다. 또한 타이어는 온도, 트랙 표면, 주행 방식뿐 아니라 경주차의 핸들

◂… FIA 환경보호 캠페인 후원을 나타내기 위해 브리지스톤은 2009년에 더욱 부드러운 슬릭 타이어와 '극도로 궂은 날씨 용 타이어에 구별을 위한 녹색 띠를 더했다. (sutton-images.com)

링 특성, 접지력 수준, 구동력에도 민감하다. 그러나 코너를 돌며 드라이버를 위해 분투할 때를 생각해 보면, 주행 속도를 획기적으로 높이기에 타이어만큼 저렴하고 우수한 다른 방법은 없다.

FIA는 1998년 이후 F1에서 그루브 타이어를 의무화했다. 1971년 이전에도 타이어에 트레드(홈)가 있었지만, 다양한 영역에서 발전이 이루어지면서 순수한 슬릭slick 타이어로 발전했다. 슬릭 타이어에는 말 그대로 트레드가 없다. 달리 말하면 타이어 표면 전체가 트레드인 셈이다. 이런 타이어는 접지력을 상당히 높였다. 물론 비가 올 때를 제외하면 말이다. 그러자 타이어가 물을 전혀 흘러 내보내지 못했고, 드라이버는 곤란한 상황이 되었다. 1975년 영국 그랑프리가 열린 실버스톤 서킷에서는 드라이버들이 슬릭 타이어를 끼우고 나서 뒤늦게 내린 비 때문에 클럽 코너Club Corner에 마치 사고차 야적장이 만들어진 것처럼 보일 정도였다.

1997년에 코너링 속도를 제한하려 애를 쓰는 한편 기술규정 영역(팀들이 만장일치로 동의하지 않는 이상 바꿀 수 없다)을 벗어난 타이어가 몰래 사용되어 경기규정(안전을 위한 변경은 만장일치가 아니어도 가능하다)을 적용해야 했을 때, 맥스 모즐리 FIA 회장은 그루브 타이어를 도입할 아이디어를 떠올렸다. 이렇게 하면 트레드 면적이 실질적으로 다시 줄어들어, 코너링 속도가 느려질 수 있었다.

모즐리는 "이런 흐름을 생각하게 해준 사람은 스털링 모스Stirling Moss였습니다."라고 밝혔다. "그는 클래식 경주차에 관해 언급하면서 그런 차에는 절대로 트레드가 새겨진 타이어를 사용해서도, 슬릭 타이어를 끼운 차와 함께 달리게 해서도 안 된다고 했습니다. 성능 차이가 어마어마하기 때문이죠. 여기에서부터 모든 생각이 줄줄이 이어지기 시작했어요. 실제로 슬릭 타이어와 공기역학이 동시에 떠올랐는데, 사람들은 늘 공기역학 때문에 성능이 향상되었다고 생각하지만 사실은 슬릭 타이어 덕분이었습니다."

이 아이디어는 처음에는 효과가 있었다. 그런데 굿이어와 브리지스톤, 나중에는 브리지스톤과 미쉐린 사이에 타이어 전쟁이 벌어지면서 수준 높은 개발이 이루어졌고, 더 부드럽고 견고한 타이어가 개발되어 코너링 속도는 이내 다시 올라갔다. 그러나 슬릭 타이어도 계속 발전해, 지금은 코너링 속도가 훨씬 더 높아졌다고 할 수 있다.

경주용 타이어와 승용차용 타이어 모두 기본 제조 원리는 같다. 농장에서 채취한 고무는 카본 블랙(타이어가 색을 결정하는 요소), 황, 오일 같은 다른 물질들, 수지, 가소제와 혼합된다. 그리고 설계 엔지니어들이 이전의 트랙 시험 경험을 감안하여 정교한 컴퓨터 프로그램을 통해 미리 정해놓은 컴파운드가 된다. F1에서 타이어는 대개 2주간(브리지스톤의 이의 제기 이후 미쉐린이 앞타이어 설계를 손질했던 2003년에는 훨씬 더 짧았다)의 리드타임 이내에 만들어진다.

기본 소재를 압출해 만든 고무 시트는 원형 형틀에 쌓는데, 이곳에서 직조 나일론이나 폴리에스터 같은 다른 소재들과 비드 링bead ring을 겹쳐 만든 기본 카커스carcass에 고무를 감는다. 다양한 소재를 쌓는 방법은 결정적인 성능에 중요한 영향을 미치는 것으로 각 플라이의 각도가 특히 중요하다. 이 공정이 끝나면 거의 실제 타이어와 비슷한 모습인 '그린green' 타이어가 만들어진다. 이어서 그린 타이어는 두 부분으로 나누어진 금형에 놓여 일정 기간 열과 압력을 가하고 트레드 패턴을 새기는 가류(加硫) 공정을 거친다.

F1 타이어는 일반 도로용 래디얼 타이어와 비슷한 구성으로 이루어진다. 사이드월의 경도는 스티어링 조작과 감각, 반응에 미치는 영향을 결정하는 데 매우 중요한 요소이며 구조 설계를 통해 주어지는 기능이다. 타이어는 지름 660밀리미터인 휠에 끼워진다. 그루브가 새겨진 마른 노면용 앞 타이어는 림 너비가 305~355밀리미터, 뒤 타이어는 365~380밀리미터인 휠에 끼워진다. 마른 노면용 타이어는 앞뒤 모두 깊이 2.5밀리미터인 네 개의 그루브

가 있는데, 그루브의 너비는 기준면에서는 10밀리미터, 접지면에서는 14밀리미터이다. 중심선 사이의 간격은 50밀리미터이다. 앞 타이어의 무게는 약 9킬로그램이고 전체 트레드 접지 면적은 280cm², 뒤 타이어는 각각 11킬로그램과 440cm²이다. F1 타이어는 튜브리스tubeless 형식이며, 일정한 특성을 유지할 수 있도록 질소 함량을 높여 특수 처리된 가스로 채워진다. 타이어는 무난한 환경에서는 제 역할을 하지 않는데, 대개 30psi인 승용차용 타이어보다 사용 압력이 더 낮은 슬릭 타이어는 트레드 전반 온도가 120도에 이를 수 있다. 일반적으로 앞 타이어는 20~24psi, 뒤 타이어는 17~19psi 정도로 사용된다.

경주가 열리는 주말에 걸쳐 각 드라이버는 10세트(40개)의 마른 노면용 타이어와 7세트(28개)의 젖은 노면용(폭우용 '몬순' 타이어 제외) 타이어를 사용할 수 있다. 젖은 노면용 타이어는 경주차가 젖은 노면에서 최고속도로 주행할 때 1초에 5리터 이상의 물을 배출할 수 있도록 설계된 훨씬 더 독특한 트레드가 새겨져 있다. 젖은 노면용 타이어는 두 가지 종류가 있는데, 노면이 완전히 젖은 '몬순monsoon' 상황을 위한 것과 덜 젖은 상황에 더 알맞은 것(인터미디어트)이다. 두 타이어를 다시 선택할 수 있게 된 것은 2003년 브라질 그랑프리 직후였다. 새로운 시즌을 위해 FIA는 한 종류의 젖은 노면용 타이어만 사용하도록 허가했다. 그런데 브리지스톤과 미쉐린이 인터미디어트 타이어를 놓고 모험을 하는 상황에서 폭우가 쏟아지자 항의가 불거졌고 젖은 노면용 타이어를 한 종류만 사용하는 규정은 상식선에서 폐지되었다.

젖은 노면용 타이어는 미끄러운 조건에서 최대한 큰 접지력을 제공할 수 있도록 '부드럽게' 설계되지만, 트랙이 마르기 시작하는 순간 트레드의 움직임 때문에 빠르게 과열로 이어질 수 있다.

일반적으로 제조업체는 경주마다 1400개의 타이어를 공급하고, 브리지스톤과 미쉐린이 파견한 잘 훈련된 장착기술자는 시간당 100개의 타이어를 끼

울 수 있다. 경주가 열리기 전 목요일에 기술자들은 750여 개의 타이어를 끼운다. 시즌이 진행되는 동안 타이어 제조업체가 만드는 타이어는 5만~6만 개에 이를 것이다.

차와 타이어, 그리고 타이어와 트랙 사이의 접점에서 가장 중요한 두 가지 요소는 고무 배합과 운용되는 온도다. 배합작업은 예술과 다름없고, 고무 배합 방법은 당연히 극비사항이다. 2004년 시즌에 럭키 스트라이크 BAR 혼다 Lucky Strike BAR Honda 팀이 타이어 공급업체를 브리지스톤에서 미쉐린으로 바꾸었을 때, 일본 업체인 브리지스톤은 팀에게 프랑스 업체인 미쉐린이 분해하고 분석할 수 없도록 타이어를 하나도 남겨두지 않았음을 보장하도록 했다.

2009년까지 팀들은 지속해서 시험했다. 이러한 시험의 목적 중 하나는 주어진 서킷에 적합한 타이어 컴파운드를 결정하고, 타이어 성능이 저하되기 전까지 효과를 유지하는 기간을 확인하는 것이었다. 보편적으로 타이어가 부

⁂ 전시된 브리지스톤 타이어는 2009년 F1에서 사용할 수 있도록 마련된 서로 다른 패턴을 보여준다. 왼쪽부터 오른쪽으로 '극도로 젖은 노면용' 레인 타이어, 궂은 날씨용 타이어, 2009년용 슬릭 타이어, 2008년용 그루브 타이어 순이다.

(sutton-images.com)

드러울수록 타이어가 만드는 접지력은 더욱 향상되지만, 단단한 컴파운드를 사용한 것에 비해 상대적으로 수명은 짧다. 이와는 반대로 단단한 타이어는 더 오랫동안 사용할 수 있지만, 부족한 접지력 때문에 코너링 속도가 더 낮아진다. 경주에서 드라이버는 예선 때까지 타이어를 선택할 여지가 있다. 그러나 그 후에는 선택한 타이어를 유지해야 한다. 경주차는 1랩 예선 기간 후에 파르크 페르메에 보관된다. 드라이버들은 예선을 치른 타이어로 결승에서 출발해야 하며, 따라서 비슷한 컴파운드로 만든 교체 타이어는 피트 스톱 때에 끼워야 한다.

2009년 슬릭 타이어가 다시 도입되면서, 드라이버들은 레이스 진행 중에 공급업체인 브리지스톤이 선택한 두 가지 컴파운드를 각각 사용해야 했다.

운용온도를 고려하는 한, 타이어 엔지니어들은 경주에 앞서 그들이 특정 온도 범위에 가장 알맞다고 여기는 두 종류의 컴파운드를 선택해야 한다. 시험은 물론 경주 중에도 타이어 엔지니어들은 꾸준히 피트 레인의 가장 다양한 지점에서 온도를 측정한다. 이는 최대한 정확하게 아스팔트 온도를 기록하기 위해서다. 이를 통해 기준 온도를 설정하는데, 비가 내리지 않는 이상 기준 온도가 10도 이하로 떨어지는 일은 거의 없다. 그러나 1~2도 정도로 작은 트랙 온도(주변 온도보다 타이어 성능에 더 영향이 있다) 차이도 타이어가 최적의 능력을 발휘하는 범위를 바꾸기에 충분하다. 윌리엄스 팀 기술감독인 샘 마이클은 "다음으로 타이어 공기압을 아스팔트 온도에 맞춥니다."라고 설명한다. 주행 중 공기압은 앞 타이어가 1.14~1.2바, 뒤 타이어가 1.02~1.08바다. 만약 온도가 낮고 타이어가 너무 단단하다면, 경주차는 온도가 따뜻하고 타이어가 너무 부드러울 때만큼 미끄러질 것이다. 압력이 겨우 0.1바 정도 낮거나 높아도, 심지어 타이어마다 그 정도의 압력 차이가 나더라도 드라이버가 최고의 랩 타임 기록을 얻을 기회를 놓칠 수 있다. 세계 챔피언을 일곱 번 차지한 미하엘 슈마허 같은 드라이버들은 그처럼 작은 차이도 감지할 수

↑ 2009년 중국 그랑프리에서 우승을 향해 질주하는 세바스티안 페텔의 레드불 르노 RB5를 통해 궂은 날씨용 타이어가 트레드 아래쪽에서 물을 날려버리는 방식을 뚜렷하게 볼 수 있다. (LAT)

있다는 점이 흥미롭다.

팀은 드라이버에게 온도가 적절한 타이어를 제공하기 위해 오랫동안 준비한다. 타이어는 규정된 압력에 맞춰 공기가 주입되고, 100도 정도의 최적 운용 온도에 맞춰 최대 2시간까지 예열된다. 이를 위해 특수 전기 타이어 예열 장치가 타이어 둘레에 씌워지는데, 이는 첫 바퀴부터 타이어가 최적의 성능을 발휘하는 것이 중요하기 때문이다. 드라이버가 경력 초기에 배우는 것 중 하나는 타이어가 충분한 열을 내는 것의 중요성이다. 주니어 포뮬러 경주에서는 차가운 타이어로 첫번째 바퀴를 도는 것이 중도 탈락의 흔한 이유다.

F1용 타이어는 종종 세심한 보살핌이 필요하다. 2001년에 미쉐린 타이어는 드라이버가 타이어를 갈아내지 않으면 최상의 성능을 발휘하지 못했다. 당시 타이어는 광택과 '사출 흔적sprue pip'이라고 부르는 성형 공정에서 생긴 고무 잔가지가 닳아 없어질 때까지 몇 바퀴를 비교적 부드럽게 돌아야만 했다. 마모된 타이어와 그렇지 않은 것 사이의 성능 차이는 그 시즌 스파 프랑코샹 서킷에서 뚜렷하게 드러났다. 타이어가 마모된 베네통 르노 팀 잔카를

로 피지켈라Giancarlo Fisichella는 빠른 가속으로 2위에 올랐다가 결국 3위로 경주를 마쳤지만, 아침에 있었던 준비 주행에서 타이어를 마모할 수 없었던 팀 동료 젠슨 버튼은 언더스티어가 일어나 실전에서 어려움을 겪었다.

타이어가 너무 차가우면 경주차가 미끄러져 오버스티어가 생긴다. 극한상황에서는 타이어의 카커스로부터 고무 트레드가 분리되기 시작하면서 뒤 타이어의 오버스티어와 기포 발생을 유발할 수 있다.

현대적인 F1용 타이어는 수명이 150킬로미터 정도 지속되는데, 이는 컴파운드의 정확한 배합, 운용 온도, 드라이버의 운전 방식에 의해 좌우된다.

F1 경주차의 전체적인 구성에 있어 가장 흔한 질문은 출력과 핸들링 가운데 어느 쪽이 더 중요하냐는 것이다. 이를 원초적인 면으로 걸러서 해석하면 접지력이 힘보다 중요하냐는 것이다. 물론 단순히 답하면 둘 다 중요하다. 그러나 F1은 절대 단순하지 않다. 섀시 설계자와 엔진 설계자가 각각 기울인 같은 노력은 다른 비율로 돌아온다. 빈약한 섀시는 강력한 엔진으로 위장할 수 있다. 마찬가지로 탁월한 섀시는 평범한 엔진을 돋보이게 할 수 있다.

타이어 성능은 랩 타임을 개선하는 가장 빠른 방법의 하나다. 접지력을 개선하면 랩 타임 향상이라는 결과를 낳을 것이다. 엔진 출력을 개선하더라도 같은 결과를 얻을 수 있지만, 같은 정도까지는 아니다. 같은 결과를 얻으려면 출력을 훨씬 더 높은 비율로 높여야 한다.

윌리엄즈 팀 수석 개발 엔지니어인 프랭크 더니는 "설계자에게 가장 중요한 것은 노력을 집중해야 하는 부분을 이해하는 것이고, 그것은 랩 타임 차이를 가장 크게 벌리는 것이어야 합니다."라고 말한다. "우리는 몇 년 동안 모의시험을 했고 어느 것이 가장 큰 차이를 만들 수 있는지 확인할 수 있는 가장 단순한 종류의 것까지도 해봤지만, 절대적으로 가장 중요한 것은 타이어입니다. 그것은 과거에도 절대로 다르지 않았죠. 물리학의 법칙이 달라지지 않았다는 사실은 언제나 변함없었지만 모든 사람이 그 사실이 무엇인지 인식하지는 않았다는 이야기고, 그런 사람들 가운데에는 경주차 설계자도 포함되어 있습니다."

구불구불한 헝가로링 서킷과 훨씬 속도가 빠른 몬자 서킷처럼 두 개의 확연히 다른 서킷을 놓고 비교한다면, 출력 향상이 랩 타임에 미치는 영향은 전자보다 후자가 더 클 것이다. 몬자 서킷에서 출력이 5퍼센트 향상되면 이론적으로는 랩 타임이 0.8초 줄어들겠지만, 접지력이 5퍼센트 향상되면 단축되는 시간은 1.25초가 될 것이다. 엔진과 접지력을 같은 수준으로 높이고 헝가로링 서킷을 달린다면 단축되는 랩 타임은 각각 0.4초와 1.94초가 될 수 있다. 엔진 대비 접지력 성능 비율은 헝가로링이 485.00퍼센트지만 몬자는 156.25

⋮ 타이어 제조업체들은 패독 안에 정교한 장비를 갖춘 장소를 마련해 둔다. 패독에서는 레이스가 열리는 주말 동안 모든 날씨 조건에 맞춰 각 팀이 할당받은 분량의 타이어를 확실히 사용할 수 있도록 타이어 장착기술자들이 열심히 일한다.
(sutton-images.com)

퍼센트이다.

　이처럼 단순하면서도, 출력이나 접지력을 높이는 것은 어느 쪽이든 대가를 치를 수밖에 없다. 그러나 더 뛰어난 타이어를 만드는 것은 더 저렴한 대안이면서 고려해야 할 연쇄 효과가 더 적다. 일반적으로 타이어의 개선은 타이어에서만 이루어지고, 랩 타임 단축은 그 결과로 얻어지는 것이다. 그러나 엔진 출력의 향상은 눈에 보이지 않는 모든 종류의 영향이 있을 수 있다. 예컨대 그에 따라 신뢰성이 떨어지거나, 출력 곡선의 폭이 좁아지거나, 저항이 커지는 것을 무릅쓰고 냉각 성능을 유지하기 위해 더 큰 라디에이터를 달아야 할 수도 있다.

　공기역학 역시 타이어가 제 역할을 하도록 하는 것은 물론 수명을 유지하는 데도 똑같이 중요한 역할을 한다. 더니는 "전형적인 모의시험에서는 출력이 약간 높아지는 것과 마찬가지로 공기저항이 약간 줄어들면 랩 타임에 차이가 생깁니다. 예상했던 것보다는 훨씬 적지만, 다운포스가 약간 커지면 랩 타임은 상당히 늘어납니다."라고 말한다. "모의시험에서는 타이어 성능저하가 반영되는 일이 드물어, 다운포스만을 고려하면 그것이 타이어의 접지력을 대단히 높이기 때문에 특히 중간 속도로 달리는 코너에서 더 빨리 달릴 수 있습니다. 그에 비해 타이어는 어느 곳에서든 더 좋은 결과를 얻을 수 있습니다. 구동력도 좋아지고 제동력도 좋아지니까요. 타이어는 경주차에서 가장 화려하지 않은 부분일지 몰라도 가장 중요한 부분임에는 틀림없고, 그것은 1980년에 그랬듯이 지금도 분명한 사실입니다."

　타이어 제조업체가 배합 및 구조에 관한 권리를 얻으면, 이어

⋮ 타이어는 F1의 치열한 경쟁 속에서 수명이 한정되기 마련이다. 타이어가 매우 뜨거워지면 트레드가 전반적으로 뭉개진다는 것을 사진을 통해 알 수 있다. (LAT)

서 타이어의 성능을 최대한 발휘하도록 경주차의 설정을 다듬는 것은 팀과 드라이버의 몫이다. 설정이 잘못된다면 아무리 작은 수준이라 하더라도 언더스티어나 오버스티어에 의해 경주용 타이어의 내구성은 언제든 떨어질 수 있다.

윌리엄즈 팀 기술감독인 패트릭 헤드는 타이어의 성능이 랩 타임에 매우 큰 영향을 미친다는 것을 전혀 의심하지 않지만, 여러 요소의 하나에 불과하다는 점도 알고 있다. "사람들은 타이어와 관련해 엔진의 중요성이 어느 정도인지, 그리고 엔진의 비중과 타이어의 비중이 어느 정도인지 알고 싶어 합니다. 하지만 실제로는 빨리 달리고 싶다면 가능한 모든 것을 최상으로 만들어야만 합니다."

2005년 인디애나폴리스에서 열린 미국 그랑프리에서 미쉐린 타이어에 극적인 문제가 생겼다. 산하 브랜드인 파이어스톤Firestone으로 인디 레이싱 리그RL와 인디애나폴리스 500 경주에 참여했던 브리지스톤은 인디애나폴리스 500 경주를 치르는 동안 스피드웨이 1번 코너에서 새로운 '다이아몬드 그레이딩' 표면이 타이어 마모에 악영향을 준다는 것을 알고 있었다. 그래서 6월에 열릴 F1 그랑프리를 앞두고, 주행 방향이 반대로 바뀌어 1번 코너가 13번 코너가 되는 것에 대비해 몇 달 동안 준비를 했다. 미쉐린은 이런 준비를 하지 않았고, 금요일에 연습주행을 하면서야 심각한 문제가 생겼다는 것을 알았다. 토요타 경주차를 몰던 랄프 슈마허는 왼쪽 뒤 타이어가 파손되어 13번 코너에서 매우 심한 충돌 사고를 당했다(이 독일 출신 젊은 드라이버는 그곳에서 2년 연속으로 사고를 겪었다). 약한 사이드월이 다이아몬드 그레이딩으로 악화한 탓에 프랑스 브랜드 타이어의 내구성에 심각한 우려가 제기되었다.

미쉐린은 처음에는 슈마허의 타이어 파손이 토요타 경주차의 서스펜션 캠버 각도와 타이어 공기압의 조합 때문에 생긴 것이라고 믿었다. 미쉐린 타이어를 사용하는 모든 팀이 타이어 제조업체로부터 그 요소들을 고려하라는 새로운 권고를 반영한 상태에서 연습주행과 예선이 계속되었다. 미쉐린 타이어를 사용하는 일부 팀들은 이러한 권고사항들이 타이어의 마모율과 성능에 변화를 주는 정보를 분석하는 데 금요일과 토요일을 보냈지만 성능을 예측할 수 있는 충분한 결과를 얻지 못했다. 예를 들어 타이어 공기압이 더 높으면 오버스티어가 나타나는 것은 물론 마모도 더 심했고, 그로 인해 앞으로 어떤 일이 벌어질지 정확하게 예측할 방법이 없었다. 타이어 마모가 심해지면 타이어가 파손될 위험성도 커졌다.

미쉐린은 일요일에 치러질 결승에 대비해 클레르몽−페랑 본사로부터 사이드월이 강화되었을 것으로 보이는 타이어를 일부 공수했고(실제로는 강화되지 않았고, 전에 스페인 그랑프리에서 쓰인 종류의 타이어로 드러났다), 그와 함께 미쉐린 타이어를 사용하는 팀들은 일요일 아침 내내 버니 에클스턴과 FIA를 상대로 바람직한 조처에 관해 언쟁을 벌였다. 결국 미쉐린은 두 손을 들고 자신들의 타이어가 트랙에 적합하지 않다고 실토했다. 인디애나폴리스 서킷에는 그해 경주를 치르는 서킷 가운데 가장 오랫동안 최대 가속 상태로 달리는 구간과 12번 및 13번 코너라는 두 개의 경사진 코너가 포함되어 있기 때문이었다. 미쉐린은 이렇게 발표했다. "프랑스와 미국에서 심층 분석한 결과, 우리가 예선에 사용했던 타이어로는 드라이버의 완벽한 안전을 충분히 보장할 수 없음을 확인했습니다."

미쉐린은 절충안으로 FIA에게 13번 코너 앞에 시케인을 설치하도록 요청했다. 맥스 모즐리의 지시에 따라 FIA 경주책임자인 찰리 화이팅은 분명하게 대응했다. "귀사의 타이어를 사용하는 팀들은 예선에서 사용하지 않은 타이어를 끼우고(벌칙을 유도할 수 있기 때문에) 12번 및 13번 코너에서 더 느리게 주행하거나, 반복해서 타이어를 교체(안전상의 이유를 정당화할 수 있도록)하는 것 가운데에서 선택할 수 있습니다. 그것은 팀들이 결정할 일입니다. 우리가 취할 더 이상의 조처는 없습니다."

그중 아홉 개 팀은 "시케인이 없으면 경주를 치르지 않겠습니다."라고 했고, 2005년 첫 승을 예감한 페라리는 "문제없다."고 밝혔다.

터무니없는 상황이 조금씩 더 악화되었다. 인디애나폴리스 모터 스피드웨이의 F1은 점점 심각해져 안전 조치가 필요한 상황으로 바뀌어 갔다. 경사진 코너에서 시속 280킬로미터로 속도를 제한하거나, 결승 경주를 치르되 세이프티 카의 뒤를 따르도록 하자는 어이없는 제안도 나왔다. 강력한 통제와 혁신, 타협이나 최소한 적절한 대안이 필요한 시기였음에도 이루어진 조처는 아무것도 없었다.

12시 30분에 조던 팀의 티아고 몬테이로Tiago Monteiro가 피트를 떠났고, 페라리 팀 경주차와 몬테이로의 팀 동료인 나레인 카디키안Narain Karthikeyan이 그의 뒤를 따랐다. 벼랑 끝 상황이 계속되면서 5분 뒤에 윌리엄즈, 르노, BAR 팀이 경주차를 내보냈고, 이어서 미나르디, 토요타, 자우버, 맥라렌 팀도 나섰다.

"미국에서 F1과 미쉐린의 미래는 바람직하지 않습니다." 출발선을 정비하면서 버니 에클스턴은 이렇게 인정했다. 그의 마술 같은 능력조차 상황을 해결할 수 없을 듯했다. 세상은 곧 얼마나 상황이 안 좋은지를 알게 되었다. 20대의 경주차가 모두 출발선 정렬을 위해 한 바퀴를 돌았지만, 결승이 시작되자 미쉐린 타이어를 끼운 경주차들은 모두 곧장 피트로 향해 차고로 들어가버렸다. 전례 없는 사건이었다.

출발선에는 페라리 팀 두 대와 조던 팀 두 대, 미나르디 팀 두 대가 남았고, 조던과 미나르디 팀은 브리지스톤과의 계약에 따라 반드시 결승을 치러야 했다. 그렇게 해서 자살행위는 끝을 맺었다. 극도로 실망한 팬들은 엄지손가락을 아래로 꺾어보였다. 미하엘 슈마허가 팀 동료인 루벤스 바리켈로Rubens Barrichello를 앞서 달리며 결승을 시작하려는 움직임을 보이자, 관중들은 자리를 떠나기 시작했다. 더 강한 반응은 트랙보다 주차장에서 일어났다. 성난 팬들은 음료수 깡통을 던지며 항의했다. 환불을 요구하는 목소리가 퍼져나갔

다. 슈마허가 바리켈로를 앞서 우승을 차지했고, 1961년 잔트부르트 이후 처음으로 출발한 경주차가 모두 경주를 마쳤다. "우리는 즐기기 위해 그곳에 갔고, 그것이 우리가 했던 일입니다." 슈마허의 이야기다. "그해 첫 우승을 거두기에 적합한 방법은 아니었지만, 끔찍할 정도는 아니었습니다." 페라리 팀에게는 그렇지 않았을지 모르지만, F1 미국 그랑프리의 결말은 팬들이 실망하기에 충분했다. 2005년 6월 19일은 아이르통 세나가 사망한 이래 F1에서 가장 암울한 날이었다. 우승의 기쁨을 만끽할 수 있는 사람이 아무도 없었기 때문에, 서킷에는 공허한 바람소리만 맴돌 뿐이었다.

인디애나폴리스 서킷IMS 사장 겸 최고 운영책임자COO였던 조이 치트우드 3세Joie Chitwood III는 서킷에서 일어난 사건에 대해, 미국에서 열리는 F1의 미래에 심각한 차질이 생겼지만 버니 에클스턴의 FOM과의 계약(2006년에 만료되었지만 2007년에 IMS에서 미국 그랑프리가 열렸다가 2008년부터 다시 스케줄에서

빠졌다)이 무효라고 하기에는 이르다고 말했다. "오늘 일은 우리가 준비하지 못해 벌어진 것입니다. 우리는 많은 시간과 노력을 들여 세계 수준의 레이스 이벤트를 위한 시설을 준비했죠. 오늘 일어난 일을 제대로 관리하지 못한 것이 실망스럽다고 얘기하는 것은 애써 절제한 표현입니다. 이곳 인디애나폴리스 모터 스피드웨이에 있는 모든 사람은 세계 수준의 이벤트를 진행함에 스스로 자신감을 느끼고 있습니다. 벌어진 일을 전혀 관리하지 못했다는 사실이 우리로서도 무척 실망스럽습니다. 인디애나폴리스 모터 스피드웨이의 어느 누구도 오늘 생긴 일을 자랑스러워하지 않습니다."

전해진 바로는, 조지는 기획사로서 시케인을 설치해야 하는 것이 선택사항임을 들어 그의 권리를 부인했다. 완벽하지는 않겠지만 시케인 설치는 최상의 타협점이 될 수 있었을 것이고, 드라이버들은 1994년으로 거슬러 올라가 스페인에서 시케인을 설치한 선례가 있었음을 알고 있었다. 미쉐린 타이어를 쓰는 팀들 입장에서는 인디애나 주 법률에 따라 철수하는 것 외에는 선택의 여지가 없었다. 타이어가 부적절하다는 것을 인지한 상태에서 한 팀이라도 경주를 치렀다면, 그들은 사고가 일어나지 않았더라도 기소를 당할 수 있었다.

모즐리는 이런 상황에서 독자적인 생각을 지닌 미쉐린을 F1에서 밀어내어 브리지스톤이 독점 공급할 수 있도록 활용하려 한 것과 인디애나폴리스 모터 스피드웨이 책임자인 토니 조지가 어쩔 수 없이 기획사의 선택사항을 사용하지 않게 만든 것 때문에 비난을 받았다. 일곱 팀에 대한 조처가 논의되었고, 다행스럽게도 사안은 상식선에서 다시금 정리되었다. 이후 모즐리는 다시 상승세를 탔지만, 9월에 이른바 '반군'들이 그랑프리 제조업체협회GPMA의 지휘 아래 별도의 경주 시리즈를 이어나가겠다는 계획을 밝히며 새로운 집중공격에 나섰다. 이와 관련한 불안감은 2006년 5월이 되어서야 진행되고 있던 협상이 만족스럽게 마무리되면서 마침내 사라졌다.

미쉐린은 새로운 변화를 받아들이고 싶지 않았다. 스스로 만들어낸 문제를 해결하고 인디애나폴리스에서 실망한 모든 팬에게 배상금을 지불한 미쉐린이 2006년 말에 철수하면서, 브리지스톤에게 다시 2007년 독점 공급권이 주어 졌다.

타이어가 검고 지루하다고? F1에서는 그렇지 않다.

당시 인디애나폴리스에서 열린 경주에 영향을 준 핵심 요소 중 하나는 타이어 교체를 위한 피트스톱을 금지한 FIA의 규정 변경이었다. 그 규정은 구경 거리를 많이 만드는 데에는 전반적으로 매우 효과적이었다. 특히 뉘르부르크링 경주에서 선두를 달리던 키미 레이쾨넨은 맥라렌 경주차 오른쪽 앞에 끼워진 미쉐린 타이어가 심하게 진동하는 것을 달래며 달려야 했다. 하지만 결국 마지막 바퀴에서 그의 경주차 서스펜션이 부서지고 말았다. 2006년에는 완전히 투명하지 않은 이유들 때문에 타이어 교환 피트스톱이 다시 한 번 허용되었다. FIA는 모든 팀이 경주 중 타이어를 자유롭게 교환하면 2005년처럼 뒤늦게 달아오르는 일이 사라져서 경기의 생동감이 커지고 경쟁이 치열해질 것이라고 주장했다.

다른 부분을 살펴보면, 드라이버들은 여전히 한 주말 레이스 동안 공급업체가 제공하는 두 가지 규격 이내에서 타이어를 7세트만 쓸 수 있도록 허용되었다. 예선과 결승에서 사용하는 타이어는 규격이 같아야 했다.

단독 공급업체가 된 브리지스톤은 2007년 시즌에 레이스마다 마른 노면용 컴파운드를 두 가지 중에서 선택할 수 있도록 제공했지만, 팀들은 경기가 치러지는 동안 타이어를 종류별로 써야 했다. 더 부드러운 타이어는 중앙 그루브에 칠해진 흰색 띠로 알아볼 수 있었다. 한 종류의 컴파운드는 다른 것보다 랩 타임이 더 빠를 수밖에 없으므로, 어느 타이어로 결승을 시작할지 고려하여 흥미로운 선택을 해야 했다. 따라서 각 드라이버가 그들이 신기로 정한 연료량으로 달릴 수 있는 거리뿐만 아니라 드라이버가 타이어를 유지할 수 있는 거리가 관건이 되었다. 극한상황에서 예측보다 타이어 상태 악화가 더 심해지면 계획했던 것보다 더 일찍 피트로 들어가서 꼼꼼히 계산한 전략을 뒤집어야 하는 상황도 얼마든지 생길 수 있었다. 몇몇 팀들은 브리지스톤의 부드러운 컴파운드로 만든 뒤 타이어가 매우 빨리 거칠어진다고 보고했다.

2008년에는 콘트롤 타이어에 작지만 혁명적인 변화가 이루어져, 팀과 드라이버들이 타이어의 지속성을 측정할 수 있었다. 그러나 브리지스톤은 타이어를 새로 개발하면서 극도로 궂은 날씨를 위한 타이어의 중앙 그루브를 흰색 선으로 표시해 관중과 매체들이 궂은 날씨용 타이어와 뚜렷하게 구별할 수 있도록 했다.

브리지스톤 타이어 개발책임자인 하마시마 히로히데(浜島裕英)는 시즌이 시작할 때에 이렇게 이야기했다. "팀들이 대부분 경주차를 새로 개발했기 때문에 우리 타이어를 아직 익숙해지고 있는 경주차에 끼웠을 때 성능을 극대화하는 최상의 설정을 찾아내기 위해서 더 많은 노력을 기울여야 합니다. 드라이버 입장에서는 구동력 제어장치가 없으면 차이가 드러날 겁니다."

하지만 놀랍게도 브리지스톤은 구동력 제어장치가 없어진 것이 실제로는 뒤 타이어 마모에 긍정적 영향을 주는 것을 발견했다.

하마시마는 《F1 레이스 테크놀로지》의 이언 뱀지Ian Bamsey 기자에게 이렇게 이야기했다. "구동력 제어장치가 없어지면서 뒤 타이어 마모율이 개선되었습니다. 모든 사람이 구동력 제어장치가 없는 올해에 경주차의 오버스티어가 더 심할 것으로 생각했기 때문에 언더스티어 경향이 더 강하게 경주차를 만들었죠. 그래서 올해에는 앞 타이어 마모율이 더 높을 수 있습니다."

그해에 표준 ECU가 도입되면서 엔진 브레이크 제어기능이 없어진 것 역시 차체 앞쪽의 부담을 한층 키웠다.

2009년에는 모든 것이 바뀌었다. 11년 만에 처음으로 슬릭 타이어가 그랑프리 레이싱의 세계에 되돌아오는 반가운 일이 있었다. FIA의 생각은 접지면적이 훨씬 더 넓은 슬릭 타이어를 사용함으로써 기계적 접지력이 높아지므로, 예상되는 공기역학적 다운포스의 저하를 보완하도록 하자는 것이었다.

순수주의자들이 슬릭 타이어의 귀환에 갈채를 보내는 가운데, 타이어에서는 경주차의 균형 관점에서 몇 가지 중요한 도전이 있었다. 1998년 이후 특징이었던 그루브가 사라지면서, 과거에 언더스티어를 억제하고 오버스티어를 높이는 효과가 있었던 더 넓은 뒤 타이어를 썼을 때보다 상대적으로 좁은 앞 타이어의 면적이 훨씬 더 큰 비율로 증가했다. 그래서 긴 레이스 기간에 브리지스톤의 콘트롤 타이어가 지속하게 하는 것이 우승을 위한 핵심 요소가 될 듯했다. 세바스티안 페텔이 레드불 팀 경주차로 타이어와 궁합이 덜 좋았던 것을 입증한 것과 마찬가지로, 젠슨 버튼은 호주에서 열린 개막전에서 차가 미끄러지기 시작하는 순간에 악화하는 경향이 있던 슈퍼소프트 타이어를 끼운 상태로 마지막까지 그가 탄 브런 팀 경주차를 잘 다스려 우승을 거두었다.

브리지스톤은 그루브 중 하나를 흰색 선으로 칠하던 이전의 관례를 더는 적용하지 않으면서, 컴파운드 사이의 차이를 나타내는 표시 방법을 새롭게 소개했다. FIA의 '친환경 자동차 만들기Make Cars Green' 캠페인에 대한 후원을 지속하면서 브리지스톤은 두 가지 마른 노면용 컴파운드 중 더 부드러운 것의 사이드월을 녹색으로 칠했다. '젖은 노면용'으로 이름이 바뀐 타이어(전에는 '극한 조건용' 타이어로 알려졌다)에도 중앙 그루브에 녹색 선이 그려졌다.

이전처럼 그랑프리마다 두 종류의 컴파운드가 쓰인 타이어가 마련되어 결승 때에 반드시 두 종류를 모두 사용하도록 요구되었다. 브리지스톤의 마른 노면용 타이어는 하드와 미디엄에서부터 소프트와 슈퍼 소프트까지 준비되었다.

하마시마는 "슬릭 타이어로의 변화는 의미가 큽니다."라며, "다만 브리지스톤은 여러 다른 레이스 시리즈로부터 이런 타이어에 관한 경험을 많이 쌓았기 때문에 좋은 경주용 슬릭 타이어를 만들 수 있습니다."라고 확신했다. "우리는 그루브 타이어를 만들 때와 같은 크기로 이런 타이어들을 만들고 있지만, 앞뒤 타이어의 접지력 균형은 새롭습니다. 그래서 팀들은 좋은 설정 값을 얻기 위해 열심히 노력해야 할 겁니다.

지난 시즌에 우리는 두 컴파운드 사이의 차이를 키워달라는 많은 요청을 받아들여, 컴파운드의 강성에만 차이를 두는 것이 아니라 타이어의 적정 온도 범위를 달리하는 방법으로도 시도했습니다. 우리는 한 종류의 타이어가 좀 더 낮은 범위를, 다른 타이어가 좀 더 높은 범위를 갖도록 하는 방법을 찾았죠. 결국 경쟁 팀들은 자신들의 타이어를 사용하는 방법에 관해 이전보다 훨씬 더 오랫동안 심사숙고해야 할 것이고, 최상의 선택을 한 팀들에게는 훌륭한 보상이 뒤따를 겁니다."

슈퍼소프트 타이어는 어디에서나 널리 쓰이지는 않았고, 말레이시아 그랑프리에서 페르난도 알론소는 브리지스톤이 선택할 수 있게 내놓은 슈퍼소프트 타이어를 선택하는 것은 '미친 짓'이라고까지 표현했다.

BMW-자우버 팀 모터스포츠 감독인 마리오 타이센은 중국 그랑프리에서 이런 이야기를 했다. "일반적으로 말하면, 우리는 새로운 공기역학 규정과 새로운 타이어 때문에 예상했던 것보다 무게 배분이 앞쪽으로 훨씬 더 많이 쏠린다는 것을 확인했습니다. 강력한 프런트 윙과 비교적 넓은 앞 타이어가 쓰인 차체 앞쪽은 매우 튼튼하고, 작은 리어 윙과 충분히 크지 않은 타이어가 쓰인 뒤쪽은 약하기 때문에 앞 차축에 무게를 실어야 합니다."

젖은 노면용 타이어에도 몇 가지 흥미로운 발전이 이루어졌다.

빗속에 치러진 중국 그랑프리에서, 당시까지 선두를 달리던 젠슨 버튼의 브런 팀 경주차는 타이어 온도를 높이느라 고생했지만, 우승을 거둔 레드불 팀의 세바스티안 페텔과 마크 웨버Mark Webber는 더 단단한 타이어를 사용해 유리한 위치를 차지했다. "정말 타이어 때문에 고생했습니다." 버튼의 이야기다. "타이어가 진동하고 있었습니다. 앞쪽과 뒤쪽 모두 충분한 온도까지 올릴 수 없었기 때문에 떨린 거예요. 너무 어려운 경주였어요. 당신이었다면 한 바퀴씩 돌 때마다 경주차를 내팽개쳐버리고 싶다는 생각이 들었을 겁니다."

물론 타이어 설계는 젖은 노면인 상태에서 경주를 치를 때 중요하게 감안해야 하는 사안이고, 브리지스톤의 완전히 젖은 노면용 타이어는 깊게 파인 트레드를 통해 엄청난 양의 물을 배출해낸다. 그러나 노면의 종류도 중요한데, 상하이 서킷은 물기가 유지되는 경향이 있었다.

상하이 서킷의 노면을 두고 버튼은 또 한 가지 흥미로운 지적을 했다. "일반적으로 경주차의 뒤를 따를 때에는 물 위로 두 개의 선이 보이고 그 선들이 정확히 어디에 있는지 알면 그곳에 물이 적기 때문에 선을 따라가면 되지만, 상하이 서킷에서는 선이라고는 찾아볼 수 없다는 점이 두려웠습니다. 놀랄 만한 일이었지요. 물이 씻겨나가지 않는 기분이 든다는 점이 가장 심각한 문제였어요.

F1에서는 항상 물보라가 심했습니다. 그런 점은 달라지지 않았다고 생각해요. 하지만 몇 가지 이유로 우리는 지난 몇 년 동안 강하게 기억에 남을 정도로 많은 수중경기를 치른 느낌입니다. 타이어 온도를 높이는 문제가 저에게는 오히려 새로운 걱정거리죠. 과거에는 그런 일을 많이 겪지 않았다는 걸 아실 겁니다. 노면이 많이 젖은 상태에서 타이어가 이전만큼 제 기능을 하지 않는 느낌이에요. 물을 뚫고 지나갈 수 있을 것 같지가 않아요. 이 친구들(레드불 팀 드라이버들)은 분명히 제 성능을 발휘하게 할 수 있었기 때문에 그리 심각한 문제가 아니었겠지만, 4~5년 전에는 겪지 않았을 수막현상이나 타이어 진동 때문에 매우 고생하고 있는 것이 아주 당황스러워요. 그렇게 큰 문제는 겪은 기억이 없습니다."

마른 노면에서 이루어지는 경주에서는 슬릭 타이어가 계속 쓰이지만, 이미 2009년 4월부터 FIA가 브리지스톤이 공급하는 더 좁은 앞 타이어를 의무화

해 경주차의 접지력 균형을 앞쪽에서 뒤쪽으로 옮기려 할지도 모른다는 소문
이 있었다.

⑪ 시뮬레이션 기법
▌가상현실의 능력

2009년 초 맥라렌 팀 홍보부는 작지만 놀라운 인터넷 마케팅 자료를 배포했
는데, 이 책의 초판이 출간된 이후 가상현실 세계가 얼마만큼 진보했는지를
확실하게 보여주었다.

　자료는 남자 두 명이 사무실에서 무선조종 맥라렌 경주차로 복잡한 코스를
달리는 지루한 모습으로 시작했다. 경주팀과의 만남이 이어지면서 그들은 포
르티마오 서킷의 차고에 맥라렌 MP4-23과 나란히 서 있는 당시 세계 챔피언
루이스 해밀턴을 소개받았다. 해밀턴은 자신의 블랙베리 휴대전화를 만지작
거리고 있었는데, 이내 엔진소리가 커지고 작아지는 모습을 통해 그가 엔진
을 조절하고 있다는 것이 분명해졌다. 기기 사이의 연결은 휴대전화의 블루
투스 기능을 통해 이루어졌다. 특이하게도, 그는 운전석에 오르지 않고 순전
히 휴대전화에 있는 무선조종 기능을 이용해 차를 차고 바깥으로 몰고 나갔
다. 1993년으로 거슬러 올라가는, FIA 대표 맥스 모즐리의 무선조종 F1 경
주차에 관한 우려가 현실이 된 것이었다.

　F1 팀들이 최첨단 시뮬레이션 기술을 사용하는 것은 더이상 비밀이 아니
다. 철저하게 비밀로 지켜지고 있는 것은 시뮬레이션 기술 그 자체다. 오늘날
컴퓨터 유체역학, 풍동을 이용한 개발, 다이나모미터(동력계)와 7주식 시험

← 2008년 윌리엄즈 팀의
그로베 공장에서 나카지마
카즈키(中嶋一貴)가 모터사이
클 레이서인 제임스 토즐랜
드(James Toseland)에게 시
뮬레이터를 설명하고 있다.
(Williams F1)

장치의 일시적 사용은 자존심이 강한 팀이라면 모두 당연히 하고 있는 일들이다. 값비싼 이 장비들을 사용하는 목적은 경주차들이 가능한 한 뛰어난 경쟁력을 얻고 신뢰성을 확보하는 데 있다.

하지만 F1에서 시뮬레이션 기법은 그보다 훨씬 더 앞서 나가고 있다. 컴퓨터는 상상할 수 있는 모든 경주 전략을 분석하고, 팀들은 점차 드라이버가 반복 시험할 수 있는 모의실험장치의 가치를 실감하고 있다. 이는 다른 모의실험에서 일어나는 일과 마찬가지로 엔지니어들이 컴퓨터와 씨름하기보다는 드라이버가 '가상' F1 경주차를 모는 방향으로 나아가고 있다는 뜻이다.

F1 모의실험장치가 드라이버들이 경험해 보지 않은 서킷을 교육하는 데 가치가 있는, 그저 미화된 컴퓨터 게임에 불과하다고 믿는 사람들이 있을 수 있지만 실제로는 그보다 훨씬 더 복잡하다. 모의실험장치 기술은 팀들이 컴퓨터 게임 회사들과 협력해 대중을 위한 오락물을 만들어내면 수익을 올릴 수 있을 거라고 인식하면서 도입되었다.

첫 레이싱 컴퓨터 게임은 1인용 레이싱 아케이드 게임인 그랜 트랙 10Gran Trak 10으로 1974년에 아타리Atari가 출시했다. 큰 성공을 거둔 첫 사례는 남코Namco의 폴 포지션Pole Position이었다. 게임을 하는 사람은 후지 스피드웨이에서 열리는 결승에 출전하기 위해 미리 정해진 시간 내에 치르는 예선을 통과해야 다른 경주차와 경주할 수 있었다. 1980년대 들어 가정용 컴퓨터가 발전하면서 진정한 F1 게임이 처음으로 선을 보였다. 1992년에 F1 그랑프리F1GP가 출시된 것이다.

요즘에는 누구나 집에 앉아서 연료량, 타이어 마모 등 많은 서로 다른 변수들을 다루며 F1 경주차를 몰 수 있다. 그러나 가정용 컴퓨터가 아무리 정교하더라도 할 수 있는 것은 그 정도뿐이다. 스티어링 휠과 페달을 갖춘 사람도 있겠지만, F1 경주차를 몰 때와 같은 실제감은 없다.

지난 10년간 F1 엔지니어들은 첨단 시뮬레이션이 드라이버 훈련만을 위한 도구 역할에 그치지 않고, 기술적인 해법과 설정이라는 난제를 해결하는 데도 사용할 수 있다는 것을 깨달았다. 시뮬레이션하면 랩 타임을 개선함과 동시에 경주차를 레이스트랙에 올려놓지 않고도 시험하는 방법을 팀에게 제공함으로써 시간과 비용을 절감할 수 있다.

가상 세계의 시험이 이제는 현실인 셈이다.

현대적인 시뮬레이션 기술은 오르간과 니켈로디언(주크박스의 일종) 제작자 출신인 미국인 엔지니어 에드윈 링크Edwin Link가 기압 펌프와 밸브에 관한 지식을 활용해 뉴욕 주 변두리에 있는 빙햄튼에 첫 비행 시뮬레이터를 만든 1920년대로 거슬러 올라간다. 당시 새로운 조종사들에게 구름 속에서 계기만으로 비행하는 방법을 교육하는 것은 비용이 많이 들면서도 위험한 일이었다. 링크는 기계가 있으면 그 일을 저렴하고 안전하게 할 수 있다는 생각을

⋮ 비행 시뮬레이터는 오랫동안 상업용 항공기 조종사 훈련에 중요한 역할을 해 왔지만, 비행기의 '감각'을 재현하기보다는 절차와 관련한 훈련에 중점을 두었다.
(sutton-images.com)

했고, 그 결과로 탄생한 기계가 '블루 박스Blue Box'라는 밀폐형 항공기 조종석이었다. 조종사는 기계 안에 앉아 계기만 사용하는 조절장치로 '비행'을 했다. 블루 박스는 조종사가 조절하는 대로 피치, 롤, 요 운동을 만들어냈다. 시제품은 1929년에 모습을 드러냈지만, 계기 비행 훈련 도중 여러 조종 훈련생의 사망 사고를 겪은 미 육군 항공대가 네 대의 기계를 구입한 1934년이 되어서야 링크의 사업은 궤도에 오를 수 있었다. 끊임없이 개선되던 링크의 기계는 제2차 세계대전을 맞아 폭발적인 인기를 얻었다. 그는 시뮬레이터 1만 대를 공급했고, 다양한 나라에서 온 50만 명이 넘는 항공요원들이 그 기계로 비행하는 법을 배웠다. 개발된 제품 가운데에는 폭격기 승무원이 전부 함께 탑승해 훈련할 수 있는 대규모 시스템도 있었다.

제2차 세계대전 이후 민간항공이 호황을 누리면서 링크는 신세대 제트 엔진 항공기 시뮬레이터를 개발하기에 이르렀다. 1960년대가 될 때까지 유압 액추에이터가 이전에 쓰이던 기압 제품으로 교체되는 등 기술 변화가 있었고, '여섯 방향으로 자유롭게 움직이는' 기능이 있는 새로운 시뮬레이터가 만들어졌다. 이 장치는 조종석이 설치된 플랫폼으로 롤, 피치, 요와 더불어 서지 surge(길이 방향), 히브heave(수직 방향), 스웨이sway(수평 방향) 운동도 구현할 수 있었다. 표시장치도 등장했다. 초창기 버전에는 지상의 모형을 촬영한 카메라를 사용했고, 1970년대에는 자료 필름을 와이드 스크린에 상영했다. 나중에는 곡면 거울이 등장했고 최근에는 플라즈마 스크린에 가상 화면이 표시된다.

게임이 등장하고 장갑차를 비롯해 지상에서 작동하는 기계가 다양해지면서 시뮬레이터 개발 영역도 항공기에 국한되지 않았다. 이러한 시뮬레이터들은 육군에서 장병들을 교육하기 위해 전장 환경을 만들어낼 수 있게 해주었다. 자동차업계 역시 각기 다른 조건에서 운전자가 행동하는 양식을 이해하는 데 도움이 될 수 있다는 가능성을 인식하기 시작했고, 결국 설계자들이 대

시보드의 인체공학적 특성을 개선하고 운전자가 피로해지거나 산만해져서 생길 수 있는 사고를 바탕으로 안전기능을 강화할 수 있게 되었다. G-시트, 벨트 착용 장치, 유압 스프링처럼 특정한 속도에서 운전자가 느낄 압력을 표현하는 데 도움을 준 기술 혁신은 물론, 완전한 가상 환경을 만들어주는 360도 돔 등에 힘입어 군사 부문의 수요를 채우기 위해 개발은 꾸준히 이어졌다.

오늘날에는 캐나다의 CAE, 프랑스의 거대 방위산업체인 탈레스Thales, 플라이트 세이프티 인터내셔널Flight Safety International과 노스롭Northrop등 미국 회사들이 설계하고 개발한 전문 비행 시뮬레이터가 1200여 개 있는 것으로 알려졌다. 이들은 대부분 스튜어트 플랫폼Stewart Platform의 헥사포드Hexapod로 알려진 가동식 플랫폼을 사용하는데, 이 플랫폼은 독립해 작동하는 여섯 개

11. 시뮬레이션 기법 _ 가상현실의 능력

의 다리가 있고, 다리 길이를 조절해 플랫폼이 움직이는 방향을 바꾼다. 환경을 만들기 위해 소리와 영상도 더해진다.

시뮬레이터의 정확성은 기계 엔지니어와 첨단의학 연구자들 사이에 많은 논란이 있었던 영역이다. 의학 연구자들은 사람의 몸이 자극에 반응하는 방식 때문에 아주 비현실적이라고 주장한다. 뇌는 광범위한 감각을 받아들여 종합하기 때문에 이는 아주 복잡한 문제다. 의학계 사람들은 근육과 관절의 반응(자기수용체)이 다른 것들과 연결되지 않는다고 주장하고, 또한 전정계(내이에 있는 균형 기제)가 영향을 받는다고 믿기도 한다. 그들은 이 때문에 깊이 인식이 항상 정확하지는 않다고 주장한다.

일부 시뮬레이터의 문제점 중 하나는 메스꺼움을 일으킨다는 것인데, 이는 시각적인 움직임의 인식과 그에 따른 운동신호 사이에 차이가 있기 때문이다. 이 때문에 엔지니어들은 문제를 극복할 방법을 찾았고, 신체가 실제 움직이는 감각을 느낄 수 있도록 헥사포드 전체를 움직이는 다이내믹 시뮬레이터를 개발했다.

요점은 표준 시뮬레이터와 같은 것은 없다는 것이다. 모든 시뮬레이터가 시제품이고 그것을 F1에서 사용할 때 가장 흥미로운 부분은 시스템 대부분이 전문가와 협력해 개발되기보다 팀들 내부에서 직접 개발되었다는 점이다. 한 가지 분명한 점은 다른 팀들이 자신이 갖지 못한 기계의 가치를 실감하면서 시뮬레이터 전문가들 역시 이직을 했다는 것이다.

2009년을 기준으로 가장 최신 기술이 반영된 최고의 시스템에 두 가지가 있다는 데에 일반적인 의견이 일치한다. 맥라렌은 시스템에 4000만 달러 정도를 지출한 것으로 여겨지고 있는데, 유로파이터 전투기 개발에 쓰인 브리티시 에어로스페이스British Aerospace의 기술을 사용했다. 워킹에 있는 맥라렌 팀 연구소에서 드라이버는 대형 곡면 플라즈마 스크린 앞에 놓인 실물 크기의 F1 모노코크 구조에 앉는다. 전체 장비는 프로농구 코트만한 크기의 넓이에

서 드라이버의 스티어링과 페달 조작에 반응해 움직이는 헥사포드에 설치되어 있다. 당시에는 이것이 F1에서 유일한 다이내믹 시뮬레이터였다.

고정식 장비 가운데 최고는 윌리엄즈 팀의 것으로 여겨졌는데, 이 장비는 놀랄 만큼 효율적인 비용으로 개발되었다. 개발비는 맥라렌 팀이 지출한 바 용의 10분의 1 정도로 추정된다. 윌리엄즈 팀은 연습주행이 끝난 후에 공장으로 자료를 다시 전송할 수 있어 시뮬레이터로 다른 설정을 시험하는 데 활용할 수 있기 때문에 '가상으로' 밤새 가동하면 바로 그 시점의 자료를 바탕으로 경주차에 최적의 설정을 얻을 수 있었다.

그 시기까지 페라리 팀은 이탈리아 토리노의 피아트 연구센터에 있는 매우 단순한 장비를 사용했다. 그러나 2009년 페라리 팀은 미국 회사인 무그와 최첨단 다이내믹 장비를 만들기 위해 협력한다고 발표했다. 연구개발 책임자인 마르코 파이넬로Marco Fainello는 "다이내믹 주행 시뮬레이터는 우리에게 드라이버가 실제 환경 같은 실감과 그들의 행동에 직접 반응하는 가상시험을 할 수 있도록 해줄 새로운 발걸음"이라고 이야기했다. "새 시뮬레이터는 우리가 시작하려고 계획 중인 새로운 종류의 시험들을 뒷받침하게 됩니다."

레드불 레이싱 팀은 전문회사와 협력하기 위해 애썼지만, 최대한 빨리 다이내믹 장비를 만들기 위해 독자적인 장비를 꾸준히 개발했다. 2009년 초에 혼다 F1 팀이 브런 GP 팀으로 바뀌면서, 새로운 소유주인 로스 브런은 비슷한 계획을 했다. 르노 팀은 프랑스 전문업체가 만든 시스템을 사용하기 위해 준비했지만, 자세한 정보를 공개하지는 않으면서 그 시스템이 다른 팀과 같은 수준이 아니었다고 인정했다. 포스 인디아 팀은 매우 기본적인 독자 시스템을 보유했는데, 워스 리서치Wirth Research가 소유했던 옛 어퍼 헤이포드 공군기지에 있는 시설을 시험적으로 사용했다. 시설 소유주인 닉 워스는 나중에 르노 팀으로 바뀐 베네통 팀의 기술감독이 되기 전인 1994년에 실패로 끝난 심텍Simtek F1 팀의 막후 인물이었다. 일각에서는 이곳이 르노의 비밀 시설이었다고도 의심했다. 특이하게도, 토요타와 BMW는 모두 첨단 승용차 시뮬레이터를 갖추었으면서도 2008년 시즌이 한참 진행되는 동안에도 시뮬레이터를 사용하지 않고 있다고 했다. 토요타는 일본 히가시후지(東富士) 기술센터에 세계 최대의 주행 시뮬레이터를, BMW는 뮌헨에 비슷한 장비를 갖추고 있다. 분명한 점은 대부분 팀이 F1 시뮬레이터가 모든 시뮬레이터 가운데 가장 앞서 있다고 믿는다는 것이다.

전 레드불 레이싱 팀 엔지니어인 제프리 윌리스 역시 "F1 시뮬레이터가 가장 뛰어난 비행 시뮬레이터보다도 뛰어나다고 생각합니다."라고 말했다. "비행 시뮬레이터는 훈련에 더 유용하지만 성능은 그리 뛰어나지 않습니다."

그렇다면 시뮬레이터는 효과가 있을까? 윌리엄즈 팀의 패트릭 헤드는 "대

단히 유용하다."고 이야기하면서도 더 이
상은 언급하지 않았다.

2008년에 스페인 발렌시아에서 열린
유럽 그랑프리의 시뮬레이션을 통해 추정
한 랩 타임은 1분 37초였다. 토요일 오후
에 있었던 1차 예선에서 야노 트룰리는 토
요타 경주차를 몰고 1분 37초 948을 기록
했다. 세바스티안 페텔은 2차 예선에서
기록을 1분 37초 842로 단축했고, 펠리페
마사, 닉 하이드펠트, 루이스 해밀턴과
트룰리 모두 같은 시간대에 들었다.

↕ 2006년 큐심(cueSim)이
처음 개발했던 레드불 레이
싱 팀의 F1 시뮬레이터 계획
을 표현한 컴퓨터 그래픽.
(QinetiQ)

팀들은 시스템을 이용해 수익을 올릴 방법을 찾게 되리라고 믿고 있다. 컴
퓨터 게임의 세계에서는 일반인들에게 팔 수 있는 비용 효과가 높은 시뮬레이
션 시스템을 만들기 위한 경쟁이 계속되고 있다. 게임을 하는 사람의 행동을
게임 속 동작으로 바꾸는 센서가 있는 닌텐도 위Wii 게임기는 그런 방향을 보
여주는 변화다. 다음 단계로의 혁신적인 발전은 아마도 게임을 하는 사람에
게 가상으로 재현되고 있는 것과 똑같이 느끼게 해주는 장비가 될 것이다.
2006년 말 이후로 위 게임기는 3000만 대라는 놀라운 판매량을 보였다. 대당
가격이 약 250달러이므로 시장 규모가 75억 달러에 이르는 셈이다. F1에서
사용된 모의실험 기술을 처음으로 상용화하는 회사는 훨씬 더 큰 수익을 낼
수 있을 것이다. 그러면서도 수익을 창출할 분야는 여전히 남아 있다. 최근
코스타 유람선은 고객을 유치하기 위해 VESC라는 네덜란드 회사에서 여러
대의 F1 시뮬레이터를 구매했다. 헥사포드를 갖춘 실물 크기의 장비들이 이
제는 세계를 유람하고 있는 셈이다.

1위를 향한 노력

2003년 세계선수권 시즌이 끝날 때까지 미하엘 슈마허의 페라리 경주차는 한 번도 기계고장 없이 두 시즌이 넘는 38차례의 경주에 출전했다. 이는 놀라운 기록일 뿐 아니라 방탄차 수준의 견고함을 구현하기 위해 충분한 시간과 자금, 정보력이 뒷받침한다면 현대적인 F1 경주차의 신뢰성이 얼마나 뛰어날 수 있는지를 분명하게 보여주는 것이었다.

"가장 먼저 결승선을 통과하려면, 우선 결승선부터 통과해야 한다."는 옛 격언이 떠오를 만하다.

오랫동안 드라이버와 팀에게서 예상했던 우승을 빼앗아간 이른바 '사소한 고장'은 점차 드문 일이 되어가고 있다. 전 페라리 팀 드라이버 크리스 에이먼Chris Amon이 2003년 멜버른에서 열린 호주 그랑프리를 방문했을 때, 그는 슈마허의 경주차를 보고 씁쓸한 미소를 지었을지도 모른다. 현역 시절에 에이먼은 페라리 팀 소속으로서 디퍼렌셜 고장에서부터 연료 펌프 퓨즈 파손 같은 사소한 것에 이르기까지 이런저런 이유로 그랑프리 우승을 놓쳤기 때문이다.

이러한 발전은 하루아침에 이루어진 것이 아니라 기능에 알맞은 적절한 소재의 선택과 엄격한 품질관리 프로그램의 시행이 조화를 이룬 덕분이었다.

앞서 살펴보았듯이, F1 경주차는 탄소섬유 복합소재, 금속기반 복합소재,

←… 2009년 과거 어느 때보다 더 많은 경주차가 결승에서 완주한 것은 현대적인 F1 경주차의 놀라운 신뢰성 덕택이다. 득점에 어려움을 겪은 포스 인디아 같은 작은 팀들에게는 이것이 문제가 될 수 있었다.
(sutton-images.com)

박막 알루미늄, 티타늄, 마그네슘 등 최첨단 소재로 정교하게 이루어져 있다. 가벼움, 효율성, 내구성, 신뢰성에 관한 끝없는 연구가 그보다 더할 수는 없다.

엄청난 노력을 기울여 개별 부품의 시제품이 만들어지면, 만족스러운 상태로 통과할 때까지 공장 시설에서 철저하게 시험이 이루어진다. 그리고 나면 대량 생산을 위한 틀 역할을 함으로써 최신 경주차의 모습이 갖춰지게 된다. 장기적으로 보면, 부품 자체에서 파생된 것이나 부품 생산 공정은 승용차에도 영향을 줄 수 있다. 자동차 경주 최고의 분야인 F1은 그런 방법을 통해 자동차 기술 발전을 돕는다. 지금 서킷에서 얻은 장점이 미래의 자동차 생산에 혁명을 가져올 수도 있는 것이다.

이러한 기술 이전은 주요 자동차 제조업체들이 F1에 투자하는 핵심 이유다. 그들은 단지 홍보하기 유리하고 이미지를 높이려는 목적으로 출전하고 있는 것이 아니다. F1 경주차를 성공적으로 만드는 과정과 철학은 승용차 생산에도 활용할 수 있다. 특히 타이어, 전자장비, 소재 같은 분야에서는 더욱 그렇다.

소재를 구매할 때에는 본질적으로 세 가지 중요한 요소를 고려해야 한다. 이상적인 무게 배분을 흐트러뜨리지 않는 선에서 반드시 가벼워야 하고, 경주를 치르는 동안 결함이 생기지 않으면서도 극한의 힘을 견딜 수 있어야 하며, FIA의 안전기준과 충돌시험을 통과해야 한다.

윌리엄즈 팀 복합소재 담당 선임 엔지니어인 브라이언 오루크_{Brian O'Rourke}는 "이와는 별개로, 생산시간을 가능한 가장 짧게 유지해야 합니다."라고 말한다. "우리가 쓸 부품이 매우 빨리 공급되어야 합니다. 사실 가끔은 다음 경주에 쓸 수 있도록 개조할 준비도 해야 합니다. 그래서 부품들이 빨리 만들어져야 하죠. 전반적으로 보면, 이런 요구사항을 충족하기 위해서 우리는 우주 탐사에 쓰이는 것과 비교할 수 있는 수준의 첨단기술을 갖고 있습니다."

큰 부하에 견디는 능력, 가벼운 무게로 빨리 공급되며 신뢰할 수 있어야 한

F1 디자인 사이언스

↑ 시험은 팀들이 경주차의 신뢰성을 최대한 확보하기 위해 시도하는 또 다른 수단 이지만, 지금은 시험이 허용 되는 정도가 엄격하게 제한 되어 있다.

(sutton-images.com)

다는 요구사항을 모두 충족하려면 현대적인 첨단 소재를 사용할 수밖에 없다. 탄소섬유 복합소재가 좋은 예다. 탄소섬유는 에폭시 수지에 싸인 상태(CFRP 라는 이름으로도 알려졌다)로 F1 경주차의 약 60퍼센트를 차지한다. 여기에는 모노코크 섀시, 안전도에 매우 중요한 역할을 하는 전방 충돌 안전 구조, 프 런트 및 리어 윙, 서스펜션 부품, 클러치와 브레이크 디스크, 일부 엔진 주변 장치가 포함된다. 탄소는 확실히 매우 다재다능한 소재다. 개별 섬유를 모아 직물로 만든 탄소섬유 층은 거의 모든 요구조건에 맞춰 형태를 만들 수 있다. 탄소섬유 층은 형태가 만들어지면 사용 목적에 맞춰 굽는다. 탄소의 무게는 같은 양 철의 4분의 1에 불과하면서도 두 배의 무게를 지탱하면서 놀랄 만큼 강성이 높다.

 탄소섬유와 알루미늄의 혼합물인 금속기반 복합소재처럼 매우 비싸기는 하지만, F1에 쓰이는 티타늄도 비슷한 특성을 지니고 있다. 이 소재의 주된 장점은 무게가 철의 절반에 불과하면서도, 합금을 사용하면 철과 강도가 비슷하면서 거의 녹이 슬지 않는 상태를 유지한다. 이 소재는 엔진 제조에 폭넓게 사용되는 것은 물론 서스펜션과 기어박스 부품에도 쓰인다.

훨씬 더 가벼우면서도 외부 영향을 거의 받지 않는 소재로 마그네슘을 꼽을 수 있다. 최소한의 무게로 최대의 강도가 보장되기 때문에, F1 경주차용 휠은 마그네슘 경량 합금으로만 만들어진다. 이와는 별개로, 마그네슘은 기어박스에 쓰이거나 알루미늄과 함께 차내 컴퓨터 케이스를 만드는 데도 쓰인다. 이 소재의 한 가지 단점은 너무 맹렬하게 탄다는 것으로, 마그네슘 화재는 끄기가 어려운 것으로 악명이 높다. 그러나 현대적인 F1에서는 설계와 안전에서 획기적인 발전이 이루어진 덕분에 과거보다 화재 위험이 훨씬 적다.

알루미늄은 기본적으로 엔진과 트랜스미션 케이스에 쓰이고, 탄소섬유와 함께 섀시에도 쓰인다. 소재 관점에서 보면 알루미늄은 F1과 승용차 생산 사이의 기술 이전이 어떻게 이루어지는지를 잘 보여주지만, 그와 관련된 몇 가지 문제점도 드러난다. 알루미늄은 낮은 밀도($2.7g/cm^3$으로 $7.86g/cm^3$인 철과 비교된다)와 내구성으로 유명한 금속이다. 요즘은 최신 재규어 XJ 시리즈 같은 알루미늄 차체 승용차도 점점 대중화되고 있는데, 이는 알루미늄이 부식에 강하고 가볍기 때문이다. 그러나 알루미늄은 가공하기가 훨씬 더 어렵고, 철보다 녹는점이 더 낮으며 티타늄처럼 공기를 제거해야만 용접할 수 있기 때문에 특히 용접이 어렵다. 이 때문에 설계가 매우 어려워지고 힘이 많이 들어 비용이 늘어난다.

물론 대당 단가가 가장 중요한 승용차 생산과 비교하면 F1에서는 비용을 그리 크게 고려하지 않는다. F1이 기껏해야 10대 한정 생산하는 시제품을 몇 번 만드는 일이라면, 승용차는 수천 대 이상을 생산하는 양산 과정이다. 후자의 경우 아무리 조금이더라도 단가가 오르면 심각한 반작용이 생기기 때문에 인스턴스 비용이 핵심 요소다. 예를 들어, F1용 탄소섬유 브레이크 디스크의

값이 1300~4000유로 사이라는 사실은 중요하지
않다. 실제로 디스크는 매번 레이스가 끝난 뒤에
교체된다. 그러나 그런 소재들은 가장 값비싼 승
용차에서만 사용할 수 있다. 물론 앞으로는 희귀
한 소재가 꾸준히 승용차 양산에 쓰이리라는 것이
분명하다. 알루미늄은 완전 재활용이 가능하므로
훨씬 더 인기를 얻을 것이다. 다시 녹일 수 있을
뿐만 아니라 고급 제품에도 다시 사용할 수 있는
것이 알루미늄이다. 생산방식 때문에 엄청나게 비
싼 탄소섬유조차도, 지금은 고급 스포츠카 생산에 쓰이고 있다.

독일 뮌헨에 있는 알리안츠 기술센터Allianz Centre for Technology, AZT의 안전전
문가는 탄소섬유 소재가 조만간 소량 생산하는 승용차에도 쓰일 것으로 예상

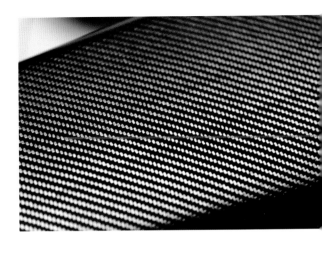

⬆ 탄소섬유 복합소재는 매우
독특한 고유의 모양을 지니
고 있다.
(sutton-images.com)

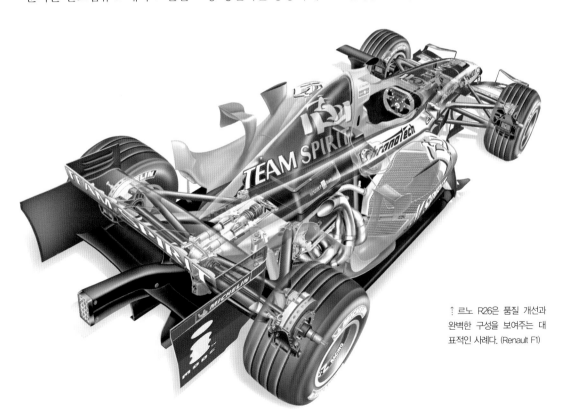

⬆ 르노 R26은 품질 개선과
완벽한 구성을 보여주는 대
표적인 사례다. (Renault F1)

↑ 탄소섬유는 모노코크 섀시 외에도 브레이크 디스크와 서스펜션 부품, 브레이크 냉각용 통로와 같은 보조 장비를 만들기에 완벽한 소재다. (sutton-images.com)

했다. AZT의 크리스토프 라우터바서Christoph Lauterwasser 박사는 "여기 있는 탄소섬유로 강화한 세라믹 브레이크 디스크나 스포츠카에 쓰인 환기 시스템용 통에서부터 지붕 모듈에 이르는 개별적인 탄소섬유 부품들을 사례로 꼽을 수 있습니다."라고 밝혔다. "생산 기술의 발전은 대량 생산이라는 관점에서 보면 당연히 중요하지만, 근본적으로 탄소섬유는 여러 가지 아주 매력적인 특성을 지니고 있어요. 무게와 더불어 충돌 특성과 내부식성 등도 포함하지요."

이러한 특성들은 모두 승용차 세계에서 절약의 필요성이 더 커지고 안전성 향상의 필요성은 그보다 훨씬 더 커짐에 따라 더욱 중요해질 것이다. 맥스 모즐리 FIA 회장의 유럽 NCAP 충돌 테스트에 관한 계획 역시 F1에서 승용차로 기술 이전이 더욱 많이 이루어지도록 만들 것이다.

티타늄도 탁월한 내부식성과 뛰어난 강도를 지니고 있지만, 비용 효율이 뛰어나도록 가공하기 어렵다는 한계가 있다. 그럼에도 티타늄은 의료 장비, 안경테, 일부 모터사이클용 배기 파이프에 쓰이고 있다. 이와 더불어 F1은 티타늄 소재의 시험대 역할을 계속하고 있다.

마찬가지로 F1 경주차에 신뢰성을 쌓는 과정은 신뢰성이 필수인 승용차 세계에 직접 적용할 수 있는 귀중한 교훈을 제조업체들에게도 가르치고 있다. 예를 들어, BMW 윌리엄즈 팀은 최대한 신뢰성을 보장하기 위해 다단계 품질관리 프로그램을 시행하고 있다. 한 대의 자동차에 쓰이는 1만 개 남짓한 부품들은 모두 규정된 통제검사를 받고 있다.

높은 온도, 습도, 진동, 놀라운 가속과 제동력을 감당해야 하는 F1은 모든 것을 한계로 몰아붙이는 까다로운 환경이다. 그렇기 때문에 팀들은 대부분 '신뢰하는 것도 좋지만, 점검하는 것이 더 좋다'는 기본 원리를 적용하고 있다. F1에 적용하기에는 결코 무리한 것이 아니다. 품질관리가 삶과 죽음을 가를 수 있기 때문이다. "그래서 우리는 부품 공급업체가 안전과 관련한 부품을 만들도록 허용하지 않습니다. 중요한 부품은 모두 우리가 직접 제작합니다." 윌리엄즈 F1 팀의 품질관리를 담당하는 알렉스 번즈Alex Burns 총감독의 이야기다.

경주차의 구상 단계에서부터 설계와 생산 공정을 거쳐 최종적으로 운용에 이르기까지 모든 팀이 좌우명으로 삼는 것은 탁월함이다. 그 기준은 항공우주산업 이외의 다른 어느 분야보다도 높고, 모든 것이 완벽하게 조율되어야 한다. BMW와 윌리엄즈 팀이 함께 일했던 1999년부터 2005년까지, 그 목표를 추구하기 위해 윌리엄즈 팀에서 450명이, 나아가 BMW 모터스포츠에서 200명이 더 헌신했다. 두 조직이 설정한 안전망은 매우 세밀하고 복잡하게 얽혀 있었다. 구상과 설계 분야에서는 컴퓨터가 품질관리를 도왔지만, 다음 단계에서는 사람이 직접 해야 했다. 설계자들이 2003년용 BMW 윌리엄즈 FW25를 위한 섀시와 엔진 개발 작업을 시작한 것은 2002년 초였고, 첫 부품

⋮ 맥라렌 MP-24에 쓰인 탄
소섬유 언더트레이 연장부와
서스펜션 및 브레이크 냉각
용 덕트 부품.
(sutton-images.com)

들은 그해 여름에 인도되었다. 그
결과, 팀은 9월에 시험설비에서
엔진을 시험할 수 있었고, 이어
10월에는 처음으로 트랙에서 경
주차를 시험했다.

BMW 윌리엄즈 팀에서는 '제
품 수명 주기 관리' 또는 PLM 기
법을 활용해 개별 부품의 품질을

⋮ 탄소섬유는 다양한 부품에
쓰인다. 사진은 윌리엄즈 F1
팀 공장에서 드라이버용 좌
석을 최종 가공하고 있는 모
습이다. (Williams F1)

감시했다. 그 기법은 업무 흐름에 있어 진정한 물류 분야의 걸작이었고, 모든
부품의 수명 주기는 추적되고 끊임없이 문서로 만들어졌다. 밀폐용 마감재,
댐퍼, 서스펜션 위시본 등 어느 것이든 상관없이 품질 담당 엔지니어들은 생
산 및 처리 일자, 배송 마감일, 품질 점검 결과를 비롯한 모든 정보를 기록했
다. 만약 오류가 발생하면 그 즉시 확인하고 수정할 수 있도록, F1 경주차의

작은 부분까지 모두 기록이 남겨졌다. 부품에도 생산을 담당한 직원을 확인할 수 있는 표시가 있었다. 다른 팀들도 유사한 시스템을 사용했다.

문제 해결과 문제를 예방하는 기술은 레이스트랙에서 완성되었다. 예를 들면, 2006년 BMW-자우버 팀의 F1.06에 쓰인 모든 센서는 트랙의 특징을 감지하고 성능과 엔진, 트랜스미션 및 기타 장치들의 상태에 관한 자료를 피트레인에 있는 팀 통제센터로 전달하는 데 쓰였다. 두 명의 BMW 엔지니어가 지속해서 엔진을 온라인으로 주시하고 팀은 드라이버와 무선장비로 교신했다. 이 같은 집중적인 자료수집과 감시 덕분에 팀은 문제가 발생하는 즉시 확인하고 대응할 수 있었다. 일단 자료들을 모두 수집하고 나면, 시험주행이나 연습주행, 예선, 또는 결승이 끝난 뒤에 더 상세한 오류 분석을 시작할 수 있었다. 경주차는 완벽하게 분해되어 200가지 이상의 진단검사를 받았다. 작은 결함은 다음 그랑프리가 열리기 전에 해결될 수 있었다. 예컨대 결승 도중에 조립된 부품에 문제가 생겼다면, 설계자는 그다음 주 화요일까지 해결책을 마련해 수요일에 개선된 부품을 생산하고 목요일에는 시험할 수 있었다. 심지어 소프트웨어도 변수 설정을 조절하면 매일매일 바꿀 수 있었다. 공기역학 관련 부품처럼 더 중요한 개선은 일단 모든 품질 점검 단계가 완료된 후 수주 내에 실시할 수 있었다.

F1 경주차가 레이스트랙 근처에 도착하기 전에 품질을 확보하는 마지막 수단은 공장을 떠나기 전에 시험설비에서 여러 시스템을 충분히 점검하는 것이다. 이것은 신뢰성 확보 과정의 또 다른 중요한 부분이다.

설계 과정이 아무리 훌륭하다고 해도, 경주차가 달리기 전에는 반드시 그것을 입증할 수 있어야 한다. 따라서 다양한 부품 시험설비를 활용해 강성과 한계 강도 등을 측정한다. 모노코크는 의무충돌시험을 치르기 위해 보내지기 훨씬 전에 비틀림 부하 시험을 받고, 서스펜션, 스티어링, 댐퍼, 전기유압 시스템도 조립하기 전에 특수 제작한 장치에서 시험한다. 일부 팀들은 서스펜

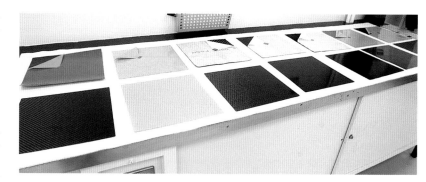

⋯▸ 결정에 앞서 복합소재가 펼쳐져 있다. 언제나 품질관리가 변수가 된다.
(sutton-images.com)

⋮▸ 서스펜션 위시본과 위시본용 금형의 품질은 언제나 점검 대상이다. 모든 팀은 각 부품을 만드는 담당자를 쉽게 식별할 수 있는 시스템을 운용하고 있다.
(sutton-images.com)

⋮⋯⟶ 부품들은 매우 엄격한 허용오차에 맞춰 완성되는데, 정확성을 확보하기 위해서는 컴퓨터 제어 장비를 사용하는 것이 필수적이다. 모든 부품은 경주차에 쓸 수 있도록 승인되기 전에 엄격한 시험을 거친다. (BMW AG)

셔 시험에 싱글 코너 설비를 사용하는데, 이 장치는 공간을 최소한만 차지하면서 실제 크기 경주차가 다른 곳에서 필요할 때도 시험할 수 있다. 차체 뒤쪽의 스프링에 걸린 질량이 다운포스와 함께 적절하게 표현되고, 설비는 효율성이나 지속성을 측정하는 데 쓰일 수 있다. 운동성 및 유연성 K&C 측정 설비는 서스펜션과 스티어링 시스템의 운동성 및 유연성 특성을 정확하게 측정하기 위해 완벽한 운동상태를 재현하게 된다.

브레이크와 타이어 제조업체 역시 독자적인 시험설비가 있는데, 그 설비도 실전에 투입하기 전에 제품을 확인하고 개발할 수 있도록 해준다.

가장 중요한 설비는 7주식seven-poster 도로 시뮬레이터다. 팀들은 이 값비싼 장비

↑ 토요타 팀의 싱글 포스트 시험설비는 현대적인 F1 팀이 채용한 품질관리와 엄격한 시험 시스템의 전형이다. (Toyota)

에 완전한 경주차를 설치함으로써 트랙에서 맞닥뜨리게 되는 사항을 전부 재현해 시험할 수 있다. 이 과정은 이전에 수집한 자료를 바탕으로 하고, 시험 내용은 모든 종류의 서킷에 맞춰 다르게 조절할 수 있다.

유압으로 작동하는 7주식 시험장치는 각 바퀴 아래에 하나씩 모두 네 개의 수직 방향 전기 유압식 액추에이터로 구성된다. 다운포스 액추에이터에 연결된 세 개의 장력 구조는 섀시를 아래로 당겨 다운포스, 롤, 피치 부하와 부하 이동을 재현한다.

이 시스템은 매우 정교해서 팀이 결과를 비교할 수 있도록 댐퍼, 서스펜션,

윙 설정을 다시 프로그램하거나 드라이버가 자신의 운전방법을 연습할 수 있다. BMW 윌리엄즈 팀이 2003년 12월 스페인 헤레즈 서킷에서 새내기 드라이버였던 니코 로즈버그와 넬슨 피케 2세Nelson Piquet Jr.의 시험을 치렀을 때, 팀은 그들에게 헤레즈 서킷을 재현한 환경에서 각각 8시간 동안 시뮬레이터를 운전하도록 했다.

F1이라는 무자비한 경쟁의 도가니에서, 완벽이란 이상적인 목표로 남아 있다. 그러나 단장에서부터 생산 라인 노동자에 이르기까지 모든 팀 구성원들이 오로지 탁월함만을 추구하는 데 집중해 왔다는 바로 그 사실은 모터스포츠의 최고봉인 F1이 지닌 대단한 매력 중 하나다.

⋮ 7주식 시험장치는 경주차를 모의 재현한 그랑프리 프로그램에 투입하는 또 다른 보편적인 수단으로 부품의 신뢰성을 검증하고 높이기 위해 쓰인다. (Toyota)

자동차 발전을 향해

F1 또는 모터스포츠가 머지않은 미래에 우리가 몰게 될 승용차의 특성을 개선하는 바탕이 될 수 있다는 주장이 나온 지는 무척 오래되었다. 자동차 경주 기술이 일상적인 운전자에게 혜택을 주도록 발전한 가장 유명한 사례인 디스크 브레이크는 이미 1953년에 르망 24시간 경주에서 우승에 기여한 바 있다.

그러나 맥스 모즐리 FIA 회장의 아이디어에서 태어난 운동 에너지 재생 시스템KERS의 출현은 모든 것을 바꿔놓았다. 패독의 비관론자들은 다르게 받아들일지 모르지만 말이다. 그 기술을 일찌감치 받아들인 팀들이 자신들의 시스템을 시험하기 시작하면서, 비관론자들은 2008년 여름에 실제 사례를 겪었다. 8월에 헤레즈 서킷에서는 적나라하게 공개된 상태로 BMW 시험 엔지니어가 전기충격을 받았고, 이 사건은 곧 유튜브를 통해 널리 퍼졌다. 비슷한 시기에, 레드불 레이싱 팀 실험 부서는 리튬 배터리에 화재가 발생하면서 대피해야만 했고, 토요타 팀에서는 배터리가 폭발했다는 소문이 있었다.

모즐리는 항상 KERS가 선택사항이어야 한다는 점을 분명히 했고 KERS의 핵심 지지자들은 개발을 계속하여 가능한 한 빨리 사용하기를 고집했지만, 다른 사람들은 한 발짝 물러서려고 했다. 모즐리는 F1에 참가하는 팀들을 협력하게 만드는 유일한 방법이 KERS를 만드는 것임을 인식했어야 했다. 하지

◁… 키미 레이쾨넨이 스파 프랑코샹 서킷의 레 콩브 코너로 향하는 오르막에서 KERS 버튼을 눌러 페라리 경주차의 속도를 최대한 높이고 있다. 더해진 출력은 그가 잔카를로 피지켈라가 모는 포스 인디아 경주차를 추월하는 데 중요한 역할을 했다. (LAT)

↑ 유성 기어박스와 무단변속기(CVT)에 연결된 플라이휠로 구성된 플라이브리드 시스템즈(Flybrid Systems)사의 KERS 유닛. 무게 24킬로그램으로 80마력의 출력을 낼 수 있는 장치다. (sutton-images.com)

만 이상하게도 그는 좀 더 점잖게 KERS 사용을 권유하는 방법을 택했다. F1이 친환경적이라는 인식을 뿌리내리고 자동차업계에 매우 큰 기여를 할 수 있는 새로운 기회를 부여하기 위해 그런 시스템을 도입하는 데 있어, 모든 사람이 분명하고 결정적인 가치를 확인한 것은 아니었다.

KERS의 기본 개념은 BMW 팀이 선택한 전기식 슈퍼커패시터supercapacitor 시스템, 맥라렌 메르세데스·페라리·토요타·르노 팀의 일반 배터리 구동 시스템, 윌리엄즈 팀의 기계식 플라이휠의 세 가지가 있었다.

전기 시스템은 크기가 작고, 드라이버가 제동할 때마다 최신 최첨단 리튬 이온 배터리를 충전하며, 에너지를 방출하는 전기모터 제너레이터EMG를 사용한다. 이 장치는 경주차의 표준 전자제어장치ECU와 직접 연결된 KERS 제어장치가 관리한다.

BMW 팀 경주차에 쓰인 슈퍼커패시터는 에너지를 잠깐 저장하기 위해 정전기장을 만드는 장치다. 그다음 단계인 울트라커패시터ultracapacitor는 지금까지도 개발 중이다. 기계식 시스템은 진공 공간 안에서 분당 6만~7만 회의 속도로 회전하는 탄소섬유 플라이휠을 사용하는데, 이것은 무단변속기CVT를 통해 경주차의 구동계와 연결되어 있다. 경주차가 가속하고 감속하는 것에 따라 플라이휠은 에너지를 저장하고 방출한다. 유압식으로 작동하는 또 다른 시스템이 쓰일 가능성도 있었다. 맥라렌 팀이 구상했던 이 방식은 FIA의 승인을 받지 못했다.

KERS의 작동 방식은 다음과 같다. 제동상태에서 뒷바퀴 브레이크가 발전기 역할을 해 운동에너지가 전기로 바뀌면서 배터리(또는 플라이휠)에 저장되면, 드라이버는 큰 힘이 필요할 때 스티어링 휠에 있는 버튼을 눌러 에너지를 사용할 수 있다. 버튼을 누르면 발전기가 강력한 전기모터처럼 작동해서 V8 엔진의 출력에 힘을 더한다.

이 기술의 열렬한 지지자인 BMW 팀 모터스포츠 감독 마리오 타이센 박사는 이렇게 이야기했다. "우리에게 KERS는 대단히 흥미로운 프로젝트이면서 큰 기회입니다. 우리는 엔진과 독립된 변속기라는 일반적인 구성과 통합 구동 시스템 사이의 경계에 놓여 있습니다. F1은 KERS를 통해 대량 생산 기술 발전에 선구적 역할을 할 겁니다. F1은 제품 수명과 신뢰성이 양산 차에 요구되는 수준에 아직 이르지 못한 혁신적인 개념의 시험대 역할을 할 것이고, KERS는 가장 빠른 속도로 발전해 나갈 것입니다."

그 점이 이 새로운 기술의 가장 중요한 부분이었는데, 그런 점이 F1을 정당화하고 친환경으로 비치기 위한 노력의 자극제 역할을 할 것이기 때문이다. 그러나 토요타 팀 기술감독인 파스칼 바슬롱Pascal Vasselon은 파생된 기술이 승용차에 쓰일 가능성은 낮다고 보았다. 토요타가 하이브리드 기술에 몰두하고 있다는 사실을 생각해 보면 흥미로운 일이다.

윌리엄즈 F1 팀은 2008년 4월 오토모티브 하이브리드 파워 리미티드 Automotive Hybrid Power Limited사의 소수주주권을 취득했다. 엔지니어인 이언 폴리Ian Foley가 운영하다가 이름을 윌리엄즈 하이브리드 파워 리미티드Williams Hybrid Power Limited로 바꾼 이 회사는 이미 분당 10만 번 회전하는 복합소재 플라이휠에 제동 중에 발생하는 에너지를 저장하는 하이브리드 동력 시스템을 개발하고 있었다. 윌리엄즈 F1 팀 기술감독인 패트릭 헤드는 "높은 에너지를 저장하는 플라이휠 기술은 기술적 도전이 진행되고 있는 분야"라고 밝혔다. "우리는 에너지 재생 시스템에 대한 FIA의 긍정적인 계획을 전적으로 지지합니다. 자동차의 탄소 배출량을 줄이는 환경친화적 기술개발에 F1이 어느 정도 이바지하리라고 기대할 수 있는 기술이기 때문이죠."

WHP의 상무이사인 폴리는 이렇게 말했다. "AHP 시절에 우리는 자동차에 사용하기 위해 독자적인 첨단 플라이휠 기술을 개발하기 시작했습니다. 이제 윌리엄즈 하이브리드 파워라는 이름의 회사로서, 우리는 더 높아진 입지와 F1 개발 프로그램을 활용해 개발 속도를 높이고 더 빨리 제품을 시장에 내놓겠습니다." 폴리는 플라이휠 KERS 시스템이 F1 이외의 세계에 중요한 혜택을 주리라는 것을 전혀 의심하지 않았다. "KERS 시스템은 트럭에서 버스는 물론 기차에 이르기까지 도로 교통수단에 다양하게 적용되고 있습니다. 플라이휠은 에너지 저장 장치로서 엄청난 잠재력을 지니고 있습니다."

FIA는 규정을 정하기가 조심스러웠기 때문에 서로 다른 KERS 시스템이 다른 것들보다 더 유리하다는 것을 증명하지는 못했다. 그러나 성능 향상 효과가 80마력을 넘지 않도록 해야 한다는 목표만큼은 분명했다.

반면 토요타 팀 엔진 설계자인 루카 마르모리니 Luca Marmorini는 시스템의 가장 큰 장점을 지적했다. "KERS는 한 바퀴에 약 6.5초만 추가 출력을 사용할 수 있기 때문에 랩 타임에 엄청난 차이를 만들지는 않습니다. 무게 배분과 구성의 영향을 고려하지 않는다면, 현실적으로 시간적 이익은 한 바퀴에 0.1초에서 0.3초 정도에 그치죠. 하지만 KERS의 또 다른 장점은 추월할 기회를 만들 수 있다는 겁니다. KERS가 쓰이지 않은 경주차와 비교했을 때 한 바퀴를 돌 때의 기록에서는 무게 배분 문제 때문에 우위를 차지할 수 있을지 의심스럽지만, 구동력이 충분히 뒷받침되기 때문에 추월하기에 더 좋은 기회를 얻을 수 있죠.

KERS가 쓰인 우리 팀 경주차는 그래도 여전히 규정에서 정한 최소 중량을 유지할 것으로 예상합니다. 경주차가 최소 중량인 605킬로그램보다 훨씬 더 가벼워지면 규정을 충족하기 위해 무게추를 실어야 하니까요. KERS가 경주차의 기본 무게를 25~35킬로그램 더 무겁게 만든다면 무게를 맞추기 위해 더 가벼운 무게추를 실어야 하고, 그러면 무게 배분을 조절할 수 있는 범위가 제한되기 때문에 성능에 영향을 미칠 수 있어요."

2009년 초에 쓰인 일반적인 KERS 시스템의 무게는 30킬로그램으로, 대다수 팀이 605킬로그램이라는 최소 무게를 맞추기 위해 50킬로그램짜리 무게추를 실었다는 점을 고려하면 쉽게 경주차에 달 수 있을 것처럼 느껴진다. 그

<... 절개된 KERS 유닛에서 복합소재 플라이휠과 유성 기어 구조를 확인할 수 있다. (LAT)

⋮ 시험기간에 로버트 쿠비 차가 몬 BMW–자우버 F1.08B의 스티어링 휠에 KERS 작동 버튼(화살표)이 보인다. (BMW AG)

러나 실제로는 그리 간단한 문제가 아니다. 슬릭 타이어가 다시 도입된 2009년에 팀들은 차체 무게를 더 앞 차축에 실어 앞 타이어의 성능을 최대한 활용할 수 있도록 갖은 노력을 기울였다. 일반적으로 2008년형 경주차들은 전체 무게의 46~48퍼센트가 앞쪽에 실렸고, 많은 팀이 그보다 더 큰 무게를 실으려 애를 썼다.

KERS를 선택하면 추월하기가 수월해지는 반면에 텅스텐 무게추를 이리저리 옮겨 무게 배분을 정밀하게 조절할 기회가 줄어드는 것을 감수해야 한다. 하지만 KERS를 사용하기로 한 여러 팀은 서킷마다 결정을 달리해야 했다. 또한 일부 드라이버는 다른 드라이버들보다 몸무게가 20킬로그램까지 가벼울 수 있다는 점도 고려해야 했다. BMW-자우버 팀의 사례를 보면, 닉 하이드펠트는 처음 네 차례의 경주에 KERS가 쓰인 경주차를 몰았다. 하지만 중국 그랑프리의 금요일 주행에서 시험해본 결과 장점이 없는 것으로 드러나 그의 팀 동료인 로버트 쿠비차는 바레인 그랑프리에서만 KERS를 사용했다.

이 내용을 쓸 당시에는 경주에 쓰이는 전기 시스템이 한 가지뿐이었고 일반적으로 기계장치보다 구성하기가 더 쉬운 것으로 여겨졌지만, 여전히 문제를 안고 있었다. 대개 경주차의 무게중심은 10밀리미터 높아질 때마다 통상적인 트랙에서 10분의 1초씩 랩 타임이 느려진다고 알려졌다. 배터리를 포함해 KERS 구성요소들을 연료탱크 뒤에 설치했던 르노 팀 경주차가 바로 이런 영향을 받았다. 그러나 페라리 팀 경주차는 무게를 좀 더 앞쪽으로 옮기기 위해 언더트레이는 물론, 알려진 소문으로는 프런트 윙에도 배터리를 설치했다. 기계식 플라이휠을 쓴 윌리엄즈 팀의 시스템은 CVT를 연료탱크 뒤쪽의 크랭크샤프트 앞 부분에 설치해야 했다.

특히 BMW 팀이 헤레즈 서킷에서 사건을 겪고 난 후, 2008년에는 KERS의 안전이 중요한 주제로 대두되었다. 목격자들은 우승 능력을 갖춘 팀들이 잠재적으로 매우 위험한 상황에 놓인 이유가 무엇인지 즉시 알지 못했다는 것을 우려했다.

그 시즌에 헝가리 그랑프리에서 페라리 팀의 알도 코스타Aldo Costa는 "모든 팀이 안전이라는 측면을 아주, 대단히 심각하게 받아들이고 있다고 생각합니다."라고 말했다. "먼저 시스템이 반드시 내부적으로 시험대에서 관

리되어야 하므로, 안전 부분이 최우선이라는 것을 명심해야 합니다. 충분히 안전하지 않다고 생각된다면 팀 내부에서 장비를 이용하거나 실제로 시험할 때에 시스템을 사용할 수 없습니다. 안전하다고 믿지 않는 시스템을 실전에서 사용하려는 사람은 아무도 없죠. 또한 경주에서 KERS의 사용 여부를 결정해야 한다는 점에서 보면, 지금은 매우 이른 시기입니다. 우리는 시스템에 잠재력이 있으며 성능 우위를 차지할 수 있다고 생각하기 때문에 그런 방향으로 나아갈 것이며, 모든 구성이 더 빠른 속도를 낸다면 마지막까지 그것을 사용할 것입니다. 그렇지 않다면 쓰지 않을 거고요."

토요타 팀 기술감독인 파스칼 바슬롱은 배터리 화재 및 폭발 문제를 지적했다. 그는 "KERS 시스템에서 생길 수 있는 고장 모드를 조사하는 것이 바로 우리가 해야 할 일"이라고 말했다. "우리는 모두 배터리를 과열하거나 과충전해 볼 것이고, 플라이휠을 쓸 사람들을 위해 플라이휠을 파손해볼 것입니다. 그것은 모두 시험설비에서는 물론 나중에 트랙에서도 이런 오류들을 우리가 확실히 통제할 수 있도록 하려는 것입니다. 물론 여러분은 틀림없이 배터리 화재나 그와 비슷한 이야기를 듣겠지만, 그것은 우리가 이러한 방향으로 나아가면서 경험을 얻어야 하기 때문입니다."

당시 포스 인디아 팀의 기술 부문을 맡고 있던 마이크 개스코인Mike Cascoyne은 평소처럼 실용적인 관점에서 이야기했다. "안전 관련 문제로 스트레스를

받고 있지만, 그것은 단지 기술적인 문제이면서 기술적인 도전일 뿐입니다. 결국 가장 중요한 것은 우리가 70킬로그램의 연료를 싣고 시속 360킬로미터의 속도로 코너를 돌며 달린다는 것이죠. 그저 비슷하게 고민해야 할 기술적 안전 문제일 뿐입니다."

예상대로 모즐리는 방어적인 견해를 밝혔다. "반대 의견도 있지만, KERS의 결정적인 부분은 지난 50년간 그랬듯이 차를 몰다가 브레이크를 밟으면 에너지가 열이 되어 그냥 타버리고 마는 일은 상상할 수 없다는 점입니다. 그런 일은 일어나지 않습니다. 우리에게 가장 먼저 필요한 것은 브레이크를 밟을 때 모든 에너지를 흡수할 수 있는 시스템입니다. 다음 세대 F1 경주차들은 그렇게 될 것입니다."

마침내 BMW 팀은 헤레즈에서 생긴 문제의 원인을 발견했다. BMW 팀 파워트레인 개발책임자인 마르쿠스 뒤스만Markus Duesmann은 "정비사가 경주차의 사이드포드와 스티어링 휠을 만진 후에 전기충격을 받았습니다."라고 이야기했다. "손이 닿은 부분들 사이에 고주파 교류 전압이 있었는데, KERS 제어장치와 고전압 네트워크에서 일시적인 용량 결합이 일어나면서 12볼트 네트워크로 거슬러 올라갔습니다. 스티어링 휠에 연결된 12볼트 네트워크 배선을 통해 흐른 전기가 탄소섬유 섀시를 거쳐 제어장치까지 이른 것이죠.

아주 작은 양의 에너지만이 이 용량 결합 효과를 통해 전달될 수 있습니다. 그러나 그 에너지는 고통스러운 반응을 일으키기에 충분하죠. 다행히 드라이버는 레이싱복과 장갑으로 절연되어 전혀 위험하지 않았습니다."

BMW-자우버 팀은 조사를 통해 알아낸 것들을 기술실무그룹 회의에서 다른 팀들에게 공개했고 사본을 FIA에 제출했다.

"간단한 문제를 해결하는 데 필요한 조치뿐만 아니라, 우리가 수행한 극도로 광범위한 분석도 전기식 KERS 시스템의 개발에 뛰어난 가치를 지닌 다른 요구사항들을 낳았습니다."라고 뒤스만은 덧붙였다. "우리가 얻은 수치들 가운데에는 용량 결합 효과를 피할 수 있는 제어장치의 설계, 확장된 고주파 감시 기능, 잠재적인 전기 관련 위험을 피할 수 있는 섀시 부품의 전도성 접속부 등이 있습니다."

그는 새로운 시스템의 복잡한 성격 때문에 결과가 나오기까지 아주 오랜 시간이 걸린 조사 결과에 관해 자세히 설명했다. "처음에는 제어장치의 일시적인 오류 때문에 문제가 생기기 때문에, 경주차의 용량 결합 효과를 재현할 수가 없었습니다. 스티어링 휠에 흐르는 전압의 주파수가 극도로 높아서, 안전 메커니즘과 자료 기록에서 오류를 찾아낼 수도 없었습니다. 자료가 없다 보니, 모든 이론적 가능성을 구조적으로 조사하고 시험을 통해 분석해야 했죠. 나아가 용량 결합 효과는 특정한 조건에서만 발생합니다. 헤레즈에서 사용한 KERS 시험용 경주차로 다시 달려보지 않고도 이런 조건들을 재구성해야 했습니다."

KERS에 관한 또 다른 중요한 비판은 비용 부분에 집중되었고, 그 때문에 모즐리의 입장을 방어하기가 훨씬 더 어려웠다. 모든 이들이 비용을 줄일 방법을 찾고 있던 시기에, KERS는 일부 팀들의 개발 예산을 6000만 달러 가까이 높였다. 또한 2010년까지 표준화된 버전이 의무화되리라는 이야기까지 있어, 경제적으로 어려운 시기에 그런 지출을 한다는 것이 터무니없고 전혀 정당화할 수 없다고 느껴지게 하였다. 2009년 초에 혼다 F1 팀의 잔재로부터 되살아난 브런 팀 같은 소규모 팀이 첫 시즌에 KERS와 관련된 사항에 전혀 관심이 없다고 선언한 것은 좀 놀라운 일이었다.

루카 말모리니는 "필연적으로, 이런 종류의 새로운 기술에 대한 안전하고 효과적인 해법을 만들려면 대단한 자원이 필요합니다."라고 인정했다. "KERS와 관련한 비용은 특히 많이 들었는데, 그 이유는 그것이 F1의 중요한 신기술이면서 지켜봐야 할 잠재적 해법이 여러 가지 있기 때문이었죠."

2009년 말레이시아 그랑프리에서 페라리 팀의 한 정비사가 KERS가 장착된 F60의 작업을 하면서 전기충격에서 보호하기 위해 보호용 고무장갑을 끼고 있다. (sutton-images.com)

모즐리는 태평스럽게 이야기했다. "다른 방법을 택했을 때보다 5년에서 10년은 일찍 최고효율 KERS 시스템을 손에 넣을 수 있고 세상에 있는 수많은 차들로 전파할 수 있다면, F1의 비용은 새 발의 피가 될 거예요."

그가 이런 얘기를 할 당시, 제조업체들은 세계 경기침체기를 보내며 사업을 계속할 수 있을지조차 알 수 없는 상태였다. 그렇지만 BMW · 윌리엄즈 · 토요타 · 맥라렌 · 메르세데스 · 페라리 팀은 F1 팀 협회를 구성하는 계기가 된 마라넬로 회의에서 KERS 기술 도입 시기를 2010년으로 미루기로 한 원인과 르노 팀의 플라비오 브리아토레 같은 사람들의 요구에 저항하는 태도를 고수했다. 혼다 역시 두 가지 시스템을 개발 중이었는데, 서로 맞닿아 있는 전기 구조와 플라이휠을 상호 보완하는 설계가 그것이었다. 하지만 2008년 12월 4일에 F1에서 철수한다고 발표하면서 결국에는 무산되고 말았다.

타이센은 "우리는 그 시스템이 BMW뿐만 아니라 F1 전체를 위해서도 좋다고 봅니다."라고 강조했다. "또한 그것이 좋다면 우리는 가능한 한 빨리 그것을 손에 넣어야 할 겁니다. 등장 시기가 늦춰져서 비용이 절감되는 기술 프로젝트는 없습니다."

프랭크 윌리엄즈 경은 이렇게 이야기했다. "우리는 흥미진진한 도전을 즐기고 있습니다. 두세 가지 지연될 요소가 있었지만, 우리는 지금 하는 일을 이어나가고 싶습니다."

아직 맥라렌 메르세데스 팀 단장이었던 론 데니스는 2008년 후지 서킷에서 이런 이야기를 했다. "기술 관점에서 보면 우리는 KERS를 완전히 받아들이고 있습니다. 엄청난 도전이죠. KERS는 기술적으로 매우 재미있으면서 우리에게 추월할 가능성을 더 높일 수 있는 기회를 줄 수도 있죠. 이미 언급했듯이, KERS는 비용이 엄청나게 많이 드는 기술이고, 그래서 비용을 고려하면 우리가 지금 환경에서 마음 편히 앉아 있을 일은 아닙니다.

나이가 들다보면 '내가 잘못했다'고 이야기할 만큼 큰 아량이 생기죠.

KERS가 F1에 유익하다고 생각하는지 묻는다면, '그렇다'는 게 솔직한 심정입니다. 하지만 그것을 안전하고 신뢰할 수 있게 만드는 일은 조금은 진지한 도전입니다. 분명한 것은 추구하기에 대단히 비용이 많이 드는 기술이라는 점이죠."

신분이 밝혀지기를 꺼리는 또 다른 관계자는 이렇게 이야기했다. "낭비가 너무 심하죠. 사실 우리는 그랑프리 때마다 5만~10만 파운드어치의 배터리를 폐기합니다. 재활용도 할 수 없고, 보관기간도 매우 제한적이죠. 게다가 엄청나게 많이 저장된 에너지 때문에 사고를 당할 수도 있습니다. 안전 관련 문제를 해결하기 위해 해야 할 일의 양은 엄청날 따름입니다. 양산 차와 연관성이 생기기라도 할까요? 전혀 그렇지 않습니다."

설계 철학과 방법론에도 전혀 영향을 주지 않을까? "영향을 주지 않으리라는 것이 우리 생각입니다. 물론 우리가 틀릴 수도 있겠지만, 이것은 그저 그런 하이브리드 구조에 불과합니다."

그 후로 시스템 사용에 관한 문제와 경주차가 정말로 빨라야 하느냐는 일반적인 인식에 대한 도전이 있었다. 물론 우수한 공기역학 특성과 엔진 출력이 필요하기는 하지만, 가장 중요한 것은 균형이다. 경주차가 달리게 될 모든 조건에서 균형을 잡는 것은 극도로 어려운 일이다. 또한 에너지를 모으는 것과 관련한 사실 한 가지는, 뒷바퀴에 역방향의 토크를 가하면 경주차가 불안정해지도록 영향을 미칠 가능성이 매우 높다는 것이다. 그래서 엔지니어들은 드라이버가 코너에 진입하기에 앞서 감속할 때 마찰을 통해 엔진에 이루어지는 감속저항의 영향을 조절하기 위해 끊임없이 노력하고 있다. 한 가지 방법은 뒷바퀴를 잠그는 기능이지만, 그것은 최소한 일관성 있는 상황에서 가능하다. 감속 상황에서 출력을 모으는 것은 다른 문제여서, 코너에서 코너로 이어질 때의 일관성에 관해서는 엔지니어들도 확신하지 못하고 있다.

경주차의 균형을 유지하는 것은 커다란 도전 중 하나였다. 조금만 균형이 흐트러져도 KERS를 작동함으로써 얻을 수 있는 시간을 날려버릴 수 있다는 것은 분명했다. 모든 수치가 KERS로 한 바퀴에 0.3초에서 0.4초 정도 단축할 수 있음을 보여주었다. 그 수치에는 에너지 증가 덕분에 추월이 가능할 수도 있기 때문에 아주 짧은 시간 동안만 효과를 볼 수 있으며, 직선 구간 한 곳에 0.3초나 0.4초 정도 더 빨리 달릴 수 있다는 점은 드러나지 않았다. 그러나 처음에는 시간에서 손해를 볼 수 있는 감속 때의 불안정화 가능성 등에 관한 지식이 충분하지 않았다. 엔지니어들이 KERS를 개발하기 시작하자, 에너지를 방출하는 것이 모으는 것 이상의 도전이 되었다. 두 가지를 취급하는 방법이 기술의 성공을 좌우하는 열쇠였다. 영리한 엔지니어들은 2008년에 표준 ECU가 등장하면서 구동력 제어기술과 함께 엔진 브레이크 제어기능이 폐기되자, 그것이 없는 것을 상쇄하는 유용한 방법을 발견했다.

호주 그랑프리에서 맥라렌, BMW, 페라리 팀 경주차에 올려져 레이스에 첫선을 보이면서, 사람들이 KERS가 쓰인 차의 가속력 향상 효과가 충분히 가치 있음을 알아차리기까지는 오랜 시간이 걸리지 않았다. 2단 디퓨저(윌리엄즈는 물론 토요타 팀도 KERS를 달고 출전하지 않았다)를 사용했던 브런, 윌리엄즈, 토요타 팀 경주차들은 실전에서 상위권이었지만, 경기 초반은 KERS를 최대한 활용했던 맥라렌 팀의 루이스 해밀턴과 페라리 팀의 필리페 마사가 장악하면서 활기를 얻었다. 시스템의 효과는 출발선에서부터 추격전이 벌어진 말레이시아 그랑프리에서 훨씬 더 두드러졌다. 결승 후 3위로 입상한 티모 글록Timo Glock이 기자회견을 하고 있을 때, 우승자인 젠슨 버튼과 닉 하이드펠트는 경주 녹화 영상을 보며 KERS를 설치한 페르난도 알론소의 르노 경주차와 키미 레이쾨넨의 페라리 경주차의 가속력에 놀라움을 금치 못했다.

FOM의 매력적인 기술 하나는 바레인 그랑프리에서 데뷔했다. 라인 컴패리즌Line Comparison이라는 기술로, 한 드라이버의 주행 경로를 다른 드라이버의 것과 겹쳐 유사성과 차이점을 돋보이게 하는 것이었다. 한 번은 우승한 버튼의 브런 팀 경주차와 KERS가 쓰인 해밀턴의 맥라렌 팀 경주차가 왼쪽으로 굽은 10번 코너에 진입했다가 빠져나가는 순간을 비교해 보았다. 브런 팀 경주차는 접지력이 뛰어나고 주행 경로가 더 부드러웠지만, 해밀턴이 코너를 빠져나가면서 KERS를 작동했을 때 버튼을 동요하게 만들 수 있었던 이유를 뚜렷하게 알 수 있었다.

르노 팀이 KERS를 사용하기는 했지만, 플라비오 브리아토레 단장은 바레인 그랑프리에서 KERS에 관한 비난을 퍼부었다. 신빙성은 낮았지만 그는 "FOTA는 2010년부터 KERS를 금지하고 싶어 합니다."라고 주장했다. "우리는 KERS가 돈을 집어삼키는 괴물이라는 점을 금세 이해했고, FIA는 반드시 그와 관련한 견해를 밝혀야 했습니다. 시즌이 시작하기 전에 논의되었어야 할 사항이고, 디퓨저와 관련해서도 마찬가지입니다. 그러지 못했기 때문에 우리는 어쩔 수 없이 쓸모없는 비용을 엄청나게 지출해야 했습니다."

물론 모즐리는 기술을 폐기하지 않겠다는 입장을 고수했는데, 그것은 특히 F1에 매우 필요했던 친환경 이미지를 부여하는 데 중요하기 때문이었다. 그 대신, 그는 2010년에는 한 가지 시스템을 의무화해야겠다고 느낀 듯했다. 그는 가장 안전한 윌리엄즈 팀의 플라이휠 설계를 지지한다는 이야기를 하고, 2010년에 재급유가 금지되면서 더 많은 새 경주차들이 연료를 더 실을 공간이 필요했다. 그래서 일부 사람들은 휠베이스가 더 긴 경주차에 플라이휠 시스템을 얹는 쪽이 더 나을 수도 있겠다고 생각했다. 같은 시기에 FIA가 에너지 저장 용량을 높였다면 플라이휠 시스템도 그에 맞추었을 것이고 팀들에게 자극제가 되었을 것이다.

KERS는 과연 F1에 맥스 모즐리가 그토록 원하던 친환경 이미지를 부여했을까? 아니면 곧 사라질 무용지물에 불과했을까? 시즌 초반 기술개발에 엄청난 투자를 했던 팀들은 여전히 그들만의 골방에 갇혀 활발하게 토론을 벌이고 있었다.

르노 팀이 이미 다른 생각을 하기 시작한 뒤, 터키와 영국 그랑프리 사이 기간에 KERS 지지세력은 더욱 무너졌다. 시스템을 영구히 쓰지 않겠다는 입장을 따른 것은 얄궂게도 KERS를 가장 강력하게 지지한 팀 중 하나였던 BMW-자우버였다. 그들은 하이브리드 기술이 없으면 다루기 까다로운 자신들의 F1.09 경주차의 성능을 높이기가 더 쉬울 것이라고 믿었다.

팀 단장인 마리오 타이센 박사는 최종적으로 KERS를 사용하지 않기로 하기까지, 팀이 계속해서 사용할지를 검토하느라 오랜 시간을 보냈다고 이야기했다. 그는 "우리는 KERS 중심으로 진행하는 방법, 공기역학에 비중을 두고 진행하는 방법, KERS를 사용하지 않을 때의 방법 등 다양한 각도를 검토했습니다."라고 말했다. "우리는 공기역학 부문에서 중요한 진전을 이루었는데 그러면 KERS를 달 수 없습니다. 또한 우리는 며칠 전에 올해는 KERS를 더 이상 쓰지 않기로 했는데, 이는 공기역학 부문의 개발이 더 유망하다고 판단했기 때문입니다."

그러나 타이센은 KERS가 BMW 내에서 승용차 개발에 도움을 주었다는 사실을 강조했다. "저는 그 기술이 실패라기보다는 오히려 그 반대라고 이야기하고 싶습니다. 개발 기간이 매우 짧았던 데 비하면 시스템을 준비하고 확실하게 작동하게 된 것은 대단한 성공이었으며 우리 시스템은 정말 잘 작동합니다. 폭우가 쏟아진 말레이시아 그랑프리에서도 전혀 문제가 없었죠. 하지만 주어진 환경의 한계에 따라 달라진다고 봅니다.

혁신을 추구하고 싶다면 그것에 완전히 집중해야 합니다. 만약 시스템을 의무적으로 사용하지 않는다면, KERS는 기본적으로 공기역학 부문에 밀립니다. 그리고 저는 우리가 거둔 성과가 최소한 BMW 내부에서만큼은 이미 승용차 부문으로 이전되었다는 이야기를 하고 싶습니다. 우리 엔지니어들은 현재 승용차 연구개발 부서를 지원하고 있고 상당히 오랜 시간 동안 계속될 것입니다. 배터리가 모든 차에 쓰이고 있는 한, 우리가 배운 엄청난 경험은 하이브리드 카뿐 아니라 전기차와 일반 차에도 적용할 수 있기 때문입니다.

만약 그것이 의무화되지 않는다면 사라지고 말 겁니다. 당연한 일이죠. 제 관점에서는 이것이 F1을 혁신적 기술을 선도하는 기술 매개체로 자리 잡게 만들 특별한 기회였다는 점과 전체적으로 현재의 경제적 여건이 F1을 뒷받침했다면 좋았을 것이라는 점이 아쉬울 따름입니다.”

페라리 팀과 맥라렌 팀은 자신들의 시스템을 계속 사용했지만, 맥라렌 팀조차도 실버스톤 경주에서 흔들리는 모습을 보였다. KERS 사용의 이점이 덜 돋보인 그 서킷에서, 헤이키 코발라이넨_{Heikki Kovalainen} 담당 엔지니어들은 시스템을 계속 사용하기로 했지만 루이스 해밀턴 담당자들은 KERS 없이 MP4-24 경주차에서 가장 효과적인 균형을 찾는 데 집중하기로 했다.

그 후 많은 사람이 실험을 폄하하는 방향으로 돌아서자, 맥라렌 팀 단장인 마틴 휘트마시는 KERS가 실패한 기술이라기보다는 상황이 KERS를 가로막는 쪽에 가까웠다고 이야기했다. 그는 “KERS의 개념은 아마도 F1에 알맞은 것이었겠지만, 2년 전 실버스톤에서는 KERS의 기술적 개방성 관점에서 통제할 수 없는 상황이 되어 가는 느낌이었고 윌리엄즈를 제외한 모든 팀이 그것을 포기하는 데 동의했습니다.”라고 말했다. “지난해 말에는 BMW를 제외한 모든 팀이 그랬고, 우리는 항상 KERS에 관해 유연한 태도를 보였습니다. 두 경우에서 볼 수 있듯이 우리는 KERS를 폐기할 준비가 되어 있었죠.

규정의 범위는 엄청나게 넓고, 팀들은 출력과 에너지에 제한을 두면서 여전히 고성능을 내야 한다는 F1의 무게와 구성 제한 안에서 KERS 시스템을 개발하는 어려운 도전을 하고 있습니다. 지금에서야 뒤늦게 알아차리고 되짚어 보면, 업계가 그 부분에서 큰 비용을 낭비했다는 것은 분명합니다. 특히 내년에 KERS를 활용하지 않을 것이라면 말이죠.

맥라렌과 메르세데스 팀의 위치를 보면 우리가 얼마나 발전했는지를 알 수 있고 KERS를 계속 쓰는 것이 당연하지만, 이제 FOTA와 함께하는 F1 안에 존재하는 협력정신에 따라, 우리는 이런 것들을 막기 위한 거부권을 쓰지 않기로 했습니다.

팀들은 대부분 KERS를 금지하길 원하고, 우리로서는 우리의 엔지니어링 프로그램과 이 차의 개념에 집중하는 것을 방해할 요소를 더하면서 엄청난 노력을 기울였기 때문에 유감스러웠던 겁니다.

이 모든 것들과 마찬가지로, 더없이 나쁜 상황을 맞닥뜨린 겁니다. 최대한 너그럽게 고려해 보면, 디퓨저를 해석할 때만큼 모험적이지 않았고, 그런 부분이 KERS에 대한 대응에 한계를 만들었습니다.

우리는 전반적인 공기역학 개념 개발에 뒤처져 있었고, F1이 KERS에 전념했기 때문에 많은 노력을 기울였습니다. 돌아보면 우리는 조금 다른 결정을 내릴 수도 있었지만, 다 지나간 일이죠."

2010년 시즌에 팀들이 CVT와 결합하면 두 배 더 높은 약 160마력의 출력을 모을 수 있는 KERS를 개발하도록 허용하는 것에 관한 논의가 있었지만, 이 책의 원서가 인쇄될 때까지는 확정되지 않은 상태였다. KERS는 2010년까지는 여전히 선택사항으로 남을 듯하고, 마찬가지로 아무 팀도 사용하지 않을 듯하다(2010년 시즌에는 모든 팀이 KERS 사용을 거부했고, 2011년 시즌에 FOTA에 참여한 팀들이 사용에 동의해 다시 도입되었다. KERS의 에너지 저장능력이 160마력으로 높아진 것은 2014년 시즌부터다―옮긴이).

나중에는 심지어 BMW-자우버 팀조차도 시즌 중반에 KERS 사용을 중단했지만, 루이스 해밀턴은 헝가리 그랑프리에서 맥라렌 메르세데스 경주차로 우승을 차지하는 데 적절한 도움을 받았다. KERS가 쓰인 경주차로 첫 승을 기록하며 역사에 작은 흔적을 남긴 일이었고, 특히 두 차례 경주 뒤에 열린 스파 프랑코샹 경주에서 페라리 경주차도 우승을 차지한 것과 더불어 에너지 재생 시스템을 향한 구원의 손길이 되었다.

KERS의
안전성 확보

2008년 8월 헤레즈에서 시험 도중 있었던 BMW-자우버 팀 사고 이후, 팀들은 KERS 시스템과 관련해 어느 때보다도 안전을 우려하게 되었다.

예를 들어, 맥라렌 메르세데스 팀은 다음과 같은 강령을 만들었다. "예상되는 모든 사용 조건에서, KERS의 사소한 오류 하나라도 생명에 위협을 주는 전기충격을 일으키지 않을 것."

맥라렌 레이싱은 팀의 KERS 프로그램에 관한 운영 프레임워크를 개발했고, 메르세데스-벤츠 하이 퍼포먼스 엔진(HPE)은 KERS를 개선하고 개발해 제작했다. 2008년 여름에 맥라렌 팀은 HPE와 함께 기술자문업체인 키네틱에 시스템과 절차의 독립적인 평가를 의뢰했다. 이후 키네틱은 맥라렌 팀의 강령을 최종 시험했다.

맥라렌 팀의 KERS 시스템은 FIA 안전실무그룹과 FIA KERS 안전실무그룹 월례회의에 연계해 개발되었고, 키네틱은 설계부터 생산에 이르기까지 동력계와 트랙 시험을 통해 시스템 통합과 경주에서의 사용에 반영하도록 모든 프로그램에 걸쳐 측정한 사항을 평가했다.

맥라렌 팀의 안전 철학은 단순했다. KERS 사용이 가전제품 사용보다 위험하지 않아야 한다는 것이었다. 가정용 토스터는 사용하는 사람에게 전기충격을 줄 수도 있지만, 일반적인 사용 조건에서는 안전에 전혀 위협이 되지 않는다.

기본적으로 고려해야 할 사항은 세 가지였다. KERS 모터(eMotor)가 작동할 때의 고압 충격, 매우 높은 온도에서 작동할 때 기계와 관련된 화상 위험, 그리고 그처럼 높은 온도에서 일어나는 화재 위험이었다.

키네틱은 맥라렌 팀의 기존 조치를 보증하고 그것을 바탕으로 경주에서 KERS가 장착된 경주차를 운용할 팀 구성원들을 교육했다. 훈련뿐만 아니라 모든 훈련 활동을 정확하게 기록하는 것도 중요하게 여겼는데, 이는 팀 내부의 모든 사람으로 하여금 생성된 정보를 숙지하도록 하기 위한 것이었다. 심지어 드라이버와 운영 엔지니어 및 기술자를 넘어 마케팅 담당자와 차고를 방문하는 팀 방문객들에게도 전달되었다.

맥라렌 팀의 모든 장비는 고압 회로가 완벽하게 격리될 수 있도록 이중으로 절연되었고 정기적인 검사가 이루어졌다. MP4-24 한 대마다 한 명의 HPE 엔지니어가 KERS 시스템을 담당했지만, 경주차에는 조금이라도 성능 저하가 감지되면 엔지니어에게 경고할 수 있도록 고압 회로와 섀시 사이의 절연상태를 지속해서 감지하는 센서도 장착되었다. 나아가 부품 사이의 전압 차이를 줄이기 위해 경주차의 모든 외부 부품들이 전자적으로 연결되어 심각한 전기충격에서 최대한 보호하도록 했다.

KERS와 관련된 모든 부품과 배선은 색깔을 구분해 눈에 잘 뜨이도록 했고, 시스템이 완전히 꺼졌는지를 나타내도록 차체에는 녹색 등을 켰다.

운영팀은 시험 중에 이 모든 것에 대비해 추가적인 예방조치를 했다. 예를 들어 팀 구성원들이 경주차를 다룰 때에 고무장갑과 매트를 사용해 추가로 절연이 되도록 했다. 시스템 개발이 진행되자 팀은 일반적인 운영상태로 복귀하면서 더 이상 장갑과 부츠를 쓰지 않게 되었다. 시험이 끝난 뒤, 실전 투입을 위한 최종 KERS 장치는 맥라렌 팀 감독의 추가 확인을 받아 전체 조직에 걸쳐 하향식으로 규정을 확인하도록 했다.

2009년 맥라렌 메르세데스, BMW-자우버, 페라리, 르노 팀은 호주에서 있었던 개막전부터 KERS 시스템을 사용했던데, 전반적으로 문제가 거의 발생하지 않아 놀라울 정도였다. 다만 키미 레이쾨넨은 말레이시아 그랑프리 연습주행 때에 합선 때문에 시트 아래의 리튬 이온 배터리에 불이 붙어 피트에 있던 페라리 경주차에서 뛰쳐나와야 했다. 그리고 피트레인에 있던 관계자들은 비 때문에 중단되었던 경주가 다시 시작되었다면 KERS가 장착된 차들은 달릴 수 없었을 것이라고 이야기했다. KERS 시스템이 흠뻑 젖었기 때문이었다.

⋮ BMW-자우버 팀은 2008년 시험기간 중 KERS가 장착된 경주차의 상태를 표시하기 위해 이 표시장치를 사용했다.
(sutton-images.com)

스파이게이트

그 이듬해에 맥스 모즐리 FIA 회장은 자신과 얽힌 불명예스러운 분쟁을 겪었다. 그러나 2007년에 있었던 '스파이게이트Spygate' 추문은 과거 유례를 찾을 수 없을 정도로 F1의 명예를 훼손했다. 이 사건은 엄청난 이야깃거리가 되었는데, 페라리 팀과 맥라렌 팀 사이에 깔렸던 악감정뿐만 아니라 맥라렌 팀과 FIA 사이의 불편한 관계에서도 비롯되었다. 그리고 모든 문제는 21세기의 가장 골치 아픈 주제인 지적 재산권과 관련된 것이었다.

페라리 팀 성능개발 책임자인 나이젤 스테프니Nigel Stepney와 맥라렌 팀 수석 설계자인 마이크 코플런Mike Coughlan은 원래 1980년대에 팀 로터스에서 함께 일한 사이였다. 나중에 그들은 베네통 팀에 이어 페라리 팀에서도 다시 동료로서 일했다. 이후 코플런은 애로우즈 팀으로 자리를 옮겼다가 2002년 여름에 맥라렌 팀에 합류했다. 그가 맥라렌 팀과 맺은 계약이 2006년 여름에 끝나면서 새로 3년 기간의 계약에 서명했는데, 그것은 페라리 팀으로 돌아오라는 제안을 받기 직전의 일이었다. 2006년 말에 코플런은 이직하기로 결심했다. 그는 맥라렌 팀에서 받는 보수에 불만이 있었고, 백만장자 기술자들로 이루어진 F1의 엘리트 그룹에 합류하고 싶었다.

그 무렵 스테프니는 1993년 1월부터 일해 온 페라리 팀이 심각하게 불편해

← 맥라렌 팀은 2007년 시즌을 보내며 페라리 팀이 소유하고 있는 자료에 대한 지적 재산권 논란의 한가운데에 놓였다. (LAT)

지기 시작했다. 그는 2007년에 로스 브런이 안식년을 맞아 자리를 비운 뒤에 고위직 승진을 기대했지만, 팀 단장인 장 토드는 스테프니의 가치에 관한 평가에 동의하지 않았다. 그는 겨울을 보내는 동안 논란의 여지가 큰 인터뷰를 할 정도로 불편했고, 그 과정에서 토드와의 관계는 깨지고 말았다. 2007년 3월에 호주 그랑프리가 열릴 즈음, 코플런은 스테프니로부터 페라리 F2007에 쓰인 플로어 결합구조의 적법성과 관련한 의문을 경고하는 이메일(나중에 스테프니는 메일을 보낸 사실을 부인했다)을 받았다. 맥라렌 팀은 그 주장을 검증했고 'FIA 기술 부서에 그들의 의견을 묻는 관례에 따라' FIA로 전달했다.

맥라렌 팀의 질문은 너무 정확해서 다른 팀들은 모든 팀에게 공개되었던 서류를 근거로 맥라렌 팀이 페라리 팀의 특정한 정보를 갖고 있다고 의심했다. FIA는 그런 장치는 적법할 수 없다고 회신했다. 맥라렌 팀은 "우리가 이미 알고 있듯이, 페라리는 이 부정한 장치를 단 경주차로 호주 그랑프리에 출전해 우승했습니다."라고 말했지만, 항의는 하지 않기로 했다.

멜버른에서 경기가 끝난 뒤, FIA는 페라리 팀의 플로어 고정 시스템이 위법이라고 확인했고 페라리 팀은 설계를 바꿨다. 레드불·혼다·르노·BMW 팀도 마찬가지로 설계를 바꿨다. 맥라렌 팀은 나중에 스테프니가 이 문제와 관련해 스파이 활동을 한 것이 아니라 '내부 고발자' 역할을 했다고 주장했다.

그즈음 맥라렌 팀과 페라리 팀은 그들의 설계 차이를 FIA에 제소하는 대신 세간의 시선을 의식해 합의를 통해 해결하기 위한 논의를 하고 있었다. 팀 단장인 론 데니스는 페라리 팀에게 내부 고발자에 관한 이야기는 하지 않았다. 그러나 맥라렌 레이싱 상무이사인 조너던 닐Jonathan Neale은 코플런에게 스테프니와의 연락을 중단하라고 이야기했다.

스테프니는 계속해서 코플런의 개인 이메일로 메시지를 보냈고, 4월 말이 되자 코플런은 닐에게 이 일을 중단하기 위해 자신이 할 수 있는 유일한 방법은 스테프니와 직접 대면하는 것뿐이라고 말했다.

4월 28일 토요일, 코플런은 비행기 편으로 스테프니가 지네스타 항에 요트를 정박해두고 있던 바르셀로나로 갔다. 두 사람이 만나서 점심을 먹을 때 믿을 수 없는 사건이 벌어졌다. 그곳에 요트를 정박해두었던 당시 스피케르Spyker 팀 기술담당 최고책임자 마이크 개스코인이 그들의 만남을 목격한 것이다.

나중에 런던 고등법원에 제출한 진술서를 통해 코플런은 스테프니로부터 780쪽 분량의 서류 일체를 넘겨받아 집으로 가져갔다고 진술했다. 서류에는 페라리 팀 F2007의 정보, 아주 유명한 완전무결 준비방침(스테프니의 진정한 특기였다)을 포함하는 팀의 여러 기술 시스템, 여러 연습, 결승, 시험 전략이 상세하게 담겨 있었다. 코플런은 '기술적 호기심' 때문에 그 문서를 보관했다고 이야기했다.

스테프니는 5월 2일 수요일에 혼다 F1 팀과 처음으로 접촉해 서로 다른 팀들에서 모인 기술자 그룹이 그곳에서 함께 일하고 싶어 한다고 이야기했다. 당시 혼다는 심각한 기술 문제를 겪고 있었고, 스테프니와 혼다 레이싱 팀 단장인 닉 프라이Nick Fry의 만남이 5월 9일에 히드로 공항 부근 호텔에서 마련되었다. 그곳에서 스테프니는 코플런이 계획에 참여한 기술자 중 하나라고 이야기했다.

한편 페라리 팀은 마라넬로에 있는 풍동의 회전식 도로에 중요한 고장이 나서 어려움을 겪었다. 회전식 도로는 거의 5주 동안 작동하지 않는 상태였다. 페라리의 트랙 주행 성능은 급격히 떨어졌다. 또한 이 기간 스테프니는 동료들에게 페라리 팀의 의뢰를 받은 사람들이 자신을 감시하고 있다는 이야기를 했다. 페라리 팀은 5월 21일에 스테프니가 5월 27일 열릴 모나코 그랑프리에 투입될 경주차의 연료탱크에 모종의 '흰색 가루'를 넣었다고 주장했다. 스테프니는 이를 격렬하게 부인했고, 나중에 그는 자신의 평판을 나빠지게 하려는 함정에 빠져 있다고 주장했다.

이 이야기는 신빙성이 희박했다. 모나코에서는 5월 24일 목요일에 연습주행이 있었기 때문에, 페라리 팀을 방해하려고 시도했다면 그 시기에 발견되었을 것이고 영향은 거의 없었을 것이다.

바로 그 주에 코플런은 닐에게 맥라렌 팀과 계약한 기간보다 일찍 내보내줄 것을 요청했고, 두 사람은 5월 25일 금요일에 워킹 근교의 골프 클럽에서 아침 식사를 위해 만났다.

닐 입장에서는 코플런이 계약을 존중해야 한다고 보았다. 나중에 코플런은 그때 닐에게 페라리 팀 관련 서류 중 하나를 보여주었다고 이야기했지만 맥라렌 팀은 닐이 서류 보기를 거절했다며 부인했다. 이어서 그가 세계 모터스포츠 평의회WMSC에 자신은 코플런에게 아무것도 보여주지 말라고 했다는 사실로 미루어보면, 코플런은 닐이 팀을 위해 투자하기를 원했던 장비 중 하나로 추정된다. 맥라렌 팀의 다른 사람들은 닐이 그것을 다른 팀의 이직 제안일지 모른다고 여겼다는 의견을 이야기했다.

코플런은 또한 맥라렌 팀 설계 엔지니어인 롭 테일러Rob Tayler에게 페라리 경주차의 브레이크 밸런스 시스템 관련 도표를 보여주었다고 주장했다.

7월 26일 맥라렌 팀을 대상으로 WMSC에서 열린 청문회가 끝난 뒤, 론 데니스는 마침내 페라리 팀을 대변하는 이탈리아 자동차경기 주관단체 CSAI의 루이지 마칼루소Luigi Macaluso 회장에게 정정편지를 썼다. 마칼루소 회장이 페라리를 대신해 요청한 항소심은 받아들여졌다.

데니스는 편지에서 이렇게 해명했다. "테일러는 이 도표가 새것인지 이전 것인지도 몰랐을 뿐 아니라 그것이 스테프니가 가져온 것인지도 몰랐다. 그는 사본을 받지 않았고 도표를 사용하지도 않았다. 그는 사건에 관심을 두지 않았다."

닐은 데니스에게 코플런이 승진과 급여 인상을 원한다고 보고했는데, 이는 맥라렌 팀이 기꺼이 승낙한 사항이었다.

6월 1일 금요일에 스테프니와 코플런은 히드로 공항에서 다시 만났고, 이번에는 프라이도 함께 만났다. 코플런은 프라이에게 혼다 팀 기술감독이 되고 싶다고 이야기했다. 7월 26일 WMSC 회의 중에도 두 사람은 함께 토요타 팀과 접촉해 비슷한 이야기를 나눈 것으로 여겨졌다. 그런 논의가 있었다는 것을 실토하고 인정한 사람은 혼다 팀의 프라이뿐이었다.

인디애나폴리스에서는 이탈리아에서 새로운 스파이 추문이 터질지도 모른다는 소문이 돌았고 페라리 관계자들은 스테프니가 관련되어 있음을 시사했다. 심지어 그가 체포되었다는 (부정확한) 이야기도 있었다. 페라리 팀 구성원 한 명이 경쟁 팀들에게 설계를 판 혐의를 받고 있다는 것이 소문의 내용이었다.

코플런이 부인인 트루디에게 전화해 페라리 팀 서류를 인쇄소로 가져가 스캔하고 두 개의 콤팩트디스크에 복사해달라고 부탁하게 된 계기가 그런 소문이었을지도 모른다. 트루디는 서리 주 허샘에 있는 인쇄소에 가서 개인 수표로 비용을 지급했다. 원본은 나중에 파쇄되어 같은 서리 주 브램리에 있는 코플런의 집 뒷마당에서 불태워진 것으로 여겨졌다.

6월 21일 목요일에 페라리 팀은 스테프니를 고소했으며 그에 관한 조사가 진행되고 있다고 발표했다. 스테프니는 다음날 자신이 '더러운 조직적 속임수'의 희생양이라고 말하는 것으로 대응했다.

인쇄소 주인은 페라리 팀과 접촉해 자신의 고객 중 한 명의 의뢰로 상당한 분량의 기밀정보를 디스크에 복사했다고 알려주었다. 비용 지불에 쓰인 수표를 통해 코플런과의 관계가 확인되었고, 7월 2일 월요일에 페라리 팀은 런던 고등법원에 코플런의 집을 수색할 수 있는 개인(경찰을 대신해) 영장을 제출해 승인을 받았다. 그리고 페라리 팀의 정보가 담긴 디스크가 발견되었다. 그날 저녁 무렵 맥라렌 팀은 코플런을 정직시키고 보안업체인 크롤을 통해 내사를

⋯→ 맥라렌 팀 론 데니스 단
장이 2007년 7월 26일에 파
리에서 열린 세계 모터스포
츠 평의회 청문회장을 나서
고 있다. (LAT)

시작했다.

아주 초기부터 이 사건은 언론매체 때문에 맥라렌 팀에게 대단한 골칫거리
였다. 특히 이탈리아 매체에서 그랬지만 일부 영국 일간지에서도 검증되지
않은 아주 기이한 이야기들이 등장하곤 했다.

FIA는 맥라렌 팀에게 WMSC 특별회의에 참석해 F1에 오명을 안기는 사기
나 사건을 다루는 경기규정 제151조 c항에 따라 직접 해명하도록 요구했다.
7월 26일 파리 청문회에서 26명의 평의회 회원(대부분 전 세계 국가별 경기 주
관단체의 대표자들)은 맥라렌 팀이 규정에 의해 제151조 c항을 위반했지만, 직
원의 사기행위에 관해 공동 책임을 지는 한 어떤 행동을 취하거나 벌칙을 부
과하지 않을 것을 만장일치로 결정했다.

WMSC 회의가 끝나자, 훨씬 더 많은 정보가 공개되기 시작했다. 사흘 뒤
마칼루소는 모즐리에게 페라리 팀이 청문회에 청중으로 참석할 권리가 거부
되었다는 내용을 바탕으로 항소를 받아들이기를 요청했다. 맥라렌 팀은 숨을

고르고 며칠 동안 고심한 뒤에 데니스의 5쪽짜리 편지로 페라리 팀이 호주 그랑프리에서 위법 경주차로 출전한 혐의가 있다는 충격적인 메시지를 보냈다.

8월에 열린 헝가리 그랑프리에서 일련의 논쟁적 사건이 있은 뒤, 문제는 다시 불이 붙었다. 루이스 해밀턴이 예선에서 팀 동료인 페르난도 알론소에게 양보하라는 팀 명령을 거부하고, 알론소는 나중에 피트에서 해밀턴을 가로막은 것으로 벌칙을 받으면서 벌어진 두 사람의 승강이는 더 큰 폭로를 불러일으켰다. 알론소는 결승 당일 아침에 데니스에게 자신이 '스파이게이트' 사건과 관련해 알고 있는 사실을 공개하겠다고 위협했다. 내용은 코플런이 맥라렌 팀 시험 드라이버인 페드로 데 라 로사에게 자료를 넘겨주고 데 라 로사가 다시 데니스에게 넘겨주었다는 것이었다. 우려했던 것보다 더 심각한 상황이라는 것을 알고 경악한 데니스는 즉시 모즐리에게 알림으로써 명예를 지키려는 조처를 했다.

곧 FIA는 다시 한 번 WMSC 회의를 소집해 새로운 정보를 들었다. 회의는 스파 프랑코샹에서 열리는 벨기에 그랑프리를 앞둔 목요일 9월 13일에 소집되었다. 이번에는 WMSC가 맥라렌 팀에게 유죄를 선고했다.

WMSC는 맥라렌 팀에게 가혹한 금액인 1억 달러—모터스포츠 역사상 최고 벌금의 20배—의 벌금을 부과하고 2007년 컨스트럭터 세계선수권 부문에서 모든 득점을 취소했다.

망신당한 코플런과 맥라렌 팀의 두 스페인 드라이버(알론소와 데 라 로사) 사이에서 일련의 이메일과 SMS 메시지가 포함된 새로운 증거가 나오자, FIA는 페라리를 대표해 청문회 결과에 대한 항소를 듣기보다는 7월 26일에 WMSC 회의를 재소집하는 쪽으로 방향을 바꿨다. 그들이 주고받은 내용은 페라리 경주차의 무게 배분, 제동 시스템 세부사항, 타이어에 주입하는 가스, '유연성 있는' 리어 윙과 호주 이후 팀의 피트 스톱 전략 등인 것으로 밝혀졌다.

사실상 맥라렌 팀 드라이버들이 자신의 이메일과 SMS를 공개하도록 소환

···→ '스파이게이트' 사건이
진행되는 동안 페라리 팀 단
장인 장 토드와 론 데니스는
사이가 나빴다. (LAT)

한 FIA는 데 라 로사와 알론소가 코플런을 통해 페라리 팀의 극비 정보를 받
았으며, 두 사람이 정보의 정확한 출처와 그것이 스테프니로부터 코플런에게
전달되었다는 사실을 알고 있었음을 분명히 알게 되었다.

그런 정보가 맥라렌 경주차를 개선하는 데 실제로 쓰였는지를 입증할 수는
없었지만, WMSC는 데 라 로사의 증거가 잠재적 이득을 위해 페라리 팀의 정
보를 시험하는 것을 주저하거나 망설이지 않았음을 분명히 보여준다는 입장
이었다. WMSC는 정보와 그 출처를 다른 팀 구성원과 공유하지 않았다는 데
라 로사의 주장을 받아들이지 않았지만, 그에게서 나온 증거는 순수하게 정
황 증거로만 남았다.

코플런은 진술서에서 자신이 스테프니와 여러 차례 접촉했다고 말했지만
페라리 팀의 특정한 극비 정보가 자신에게 전달된 것은 사고라고 표현했다.
새로운 증거는 스테프니에게서 코플런에게 전달된 페라리 팀의 극비 정보가
780쪽 분량의 서류 일체에만 그치지 않았으며, 7월 26일 WMSC 회의에서
원래 인정했던 것보다 훨씬 더 폭넓은 연락이 있었음을 분명하게 드러났다.
이 증거는 페라리 팀으로 보내졌고 이탈리아 경찰에서 나온 것인 만큼 신뢰할
수 있는 것으로 여겨졌다. 이것은 코플런과 스테프니가 주고받은 전화 통화,

SMS 및 이메일 연락의 공식적인 기록 분석 결과였다. 증거는 2007년 3월 11일부터 2007년 7월 3일까지 최소한 288개의 SMS 메시지와 35차례의 전화통화가 두 사람 사이에 이루어졌음을 보여주었다. WMSC는 당시까지 이루어진 연락의 횟수와 시기를 고려해볼 때, 새 증거는 페라리 팀 극비 정보가 구조적으로 코플런에게 전달되었을 가능성이 높다는 것을 시사하며, 불법 정보교환이 7월 3일에 코플런의 집에서 발견된 페라리 팀 서류뭉치의 전달에만 그치지 않았을 가능성이 매우 높다는 결론으로 이어졌다. WMSC는 또한 코플런이 이전에 인정했던 것보다 맥라렌 경주차 설계에서 훨씬 적극적인 역할을 했을 수 있다고도 믿었지만, 이것은 입증되지 않았다.

코플런이 스테프니로부터 극비 정보를 넘겨받아 맥라렌 팀에게 전달함으로써 완전한 페라리 팀 경주차 설계가 복사되어 맥라렌 팀 경주차에 포함되었다는 증거는 없었지만, FIA는 다음과 같이 주장했다. "코플런이 가진 지식 범위에 포함된 페라리 팀 비밀정보가 자신의 업무를 수행할 때 그의 판단에 전혀 영향을 미치지 않았다고 받아들이기는 어렵다. 맥라렌 팀이 코플런의 지식에서 이득을 얻기 위해 완전한 페라리 경주차 설계를 복사할 필요는 없다. 예를 들어, 페라리 팀의 비밀정보는 예컨대 우선순위를 주어야 할 설계 프로젝트, 또는 추구할 연구방향에 관련해, 코플런이 맥라렌 팀 설계 부서에 있는 다른 사람들에게 보여주지 않을 수 없었을 것이다. 혜택을 보았는지는

←… 2007년 벨기에 그랑프리에서 있었던 맥스 모즐리 FIA 회장과 론 데니스의 공개적인 화해는 잔인하게도 의도적으로 마련된 난처한 자리였다. (LAT)

모호할 수 있다. 코플런이 각기 다른 설계에 도전해 나아가는 대안을 제시할 수 있는 위치에 있었기 때문이다."

WMSC는 의심스러운 정보가 맥라렌 팀의 다른 사람들에게 전파되고 있다는 증거는 거의 없으며, 코플런이 불량한 직원 한 사람일 뿐이라는 주장도 고려했다. 그러나 맥라렌 팀이 페라리 팀의 극비 정보를 직접 복사했거나, 규정 제151조 c항을 위반했거나 벌칙이 합당하다는 판결을 정당화하기 위해 직접 사용했다는 것을 실증할 필요는 없다는 점을 강조했다. WMSC는 다른 팀의 정보를 차지하는 것을 자진해서 벌칙을 감수하는 위법행위로 여기도록 해야 한다고 느꼈다.

앞서 제시된 모든 증거를 고려해, WMSC는 견책의 범위를 코플런에 한정한 맥라렌 팀의 조치를 수용하지 않았다

베네통 팀(현재의 르노 팀)이 직원의 부정 때문에 위법을 저질렀던 1994년으로 거슬러 올라가 보면, FIA는 '직원 보호'라는 이름으로 알려지게 된 옹호 행위를 기꺼이 받아들였다. 그래서 베네통 팀이 피트 스톱 속도를 높이기 위해 의무 사항인 연료 필터를 제거한 것을 처벌하지 않았다. 그러나 이제 WMSC는 페라리 팀의 극비 정보를 여러 맥라렌 팀 직원이나 대리인이 승인을 받지 않고 취득했거나, 혹은 다른 맥라렌 직원이나 대리인이 승인을 받지 않고 취득했다는 것을 알았거나 알았어야 했으며, 여러 맥라렌 팀 직원 중 일부는 페라리 팀의 정보를 부분적으로 자신들의 시험에 사용하려는 의도가 있었다고 판단했다.

WMSC는 "이익을 구체적으로 정량화하는 것은 영원히 불가능하겠지만, 증거로 볼 때 경기에서 어느 정도 혜택을 입었다는 판단은 가능하다."고 결론을 내렸다. 그러나 WMSC가 어떤 특정한 이익이 파생될 수 있었는지는 고사하고 맥라렌 팀 경영진이 극비 정보가 사용되고 있다는 사실을 알았다는 것조차 결정적으로 입증할 수 없었다는 사실은 여전하다.

자신의 팀에게서 성공적으로 부담을 덜어낸 데니스는 이후 스파 프랑코샹 서킷 패독에 있는 맥라렌 팀 브랜드 센터 귀빈실 계단에서 모즐리와 마뜩잖은 악수를 해야 했다. 사람들은 대부분 그 일을 쓸데없는 짓이고 영화에서나 나오는 복수극처럼 느꼈다.

몇몇 사람들은 맥라렌 팀이 마녀사냥의 희생양에 불과하다고 믿었는데, 몬자 서킷의 그리드에서 F1계 원로가 데니스에게 "만약 사임한다면 이 모든 일들이 사라져버릴 것"이라고 이야기한 사실이 그런 시선에 힘을 실었다.

이 모든 사건에서 감춰진 가장 큰 아이러니는 다른 팀들이 2007년 시즌을 위해 독자적인 이너터를 개발하기 시작했을 때, 케임브리지대학과 맺은 맥라렌 팀의 독점계약을 무심코 위반했다는 것이었다. 데니스는 현실 세계의 복잡한 지적 재산권법을 F1 설계에 적용한 전례가 없음을 인정하게 되었다. 만약 F1에 특허법이 적용될 수 있다면 끝내는 중단될 가능성이 높다. 서로의 기술을 확인하고 해석하는 것은 항상 매우 치열한 경쟁이 벌어지는 스포츠에서 결과적으로 밑거름 역할을 했다. 결국 데니스는 독점계약을 파기하고 큰 그림을 보는 것이 유일하게 취할 수 있는 공정한 방법이라고 판단했다.

2008년 캐나다에서는 페라리 팀과 맥라렌 팀의 화해가 있었다. 이는 페라리 팀 단장이 장 토드에서 점잖은 스테파노 도메니칼리Stefano Domenicali로 교체되었기에 가능한 일이었다. 2009년 1월 29일 페라리 팀 홍보전문가 루카 콜라자니Luca Colajanni가 초청을 받아 맥라렌 기술센터를 방문하면서 두 팀 사이의 관계와 존경심이 깊어졌다. 이어서 맥라렌 팀의 매트 비숍Matt Bishop이 마라넬로를 방문했다. 이런 상호 교류는 전례가 없던 일이었다.

같은 해 2월 23일에 이탈리아 모데나 치안 법원이 불명예의 멍에를 쓴 코플런에게 20만 달러(약 3억 원), 해당 사건에서의 혐의로 맥라렌 팀의 롭 테일러, 조너던 닐, 패디 로에게 비슷한 금액의 벌금을 부과함으로써 '스파이게이트'가 마침내 마무리되었다. 론 데니스와 마틴 휘트마시는 아무런 처벌을 받지 않았다.

그러나 2007년에는 스파이 스캔들에 더 극적인 부분이 남아 있었다. 이번에는 맥라렌 팀이 르노 팀에 법적인 조처를 했는데, 페라리 팀이 맥라렌 팀에 제기했던 것보다 훨씬 더 명백한 경우인 듯했다.

르노 팀은 국제경기 규정 제151조 c항 위반과 관련한 기소에 응하기 위해, 12월 6일에 모나코에서 있었던 WMSC에 출석하기에 앞서 FIA의 지시에 따라 팀 엔지니어 중 한 명인 필 매커레스Phil Mackereth를 부득이하게 정직시킬 수밖에 없었다. 매커레스는 2006년 9월에 맥라렌 팀을 떠나 르노 팀에 합류했는데, 맥라렌 팀의 자산으로 여겨진 일부 정보를 구식 플로피 디스크에 담아 가지고 왔다. 정보 가운데에는 맥라렌 팀이 사용한 네 가지 기본 시스템, 즉 연료탱크 내부 배치, 기어 뭉치의 기본 배치, 튜닝된 매스 댐퍼와 서스펜션 댐퍼를 다룬 도면이 포함되어 있었다. 일부 르노 팀 엔지니어들은 도면을 잠깐 보았을 뿐, 아무 정보도 사용하지 않았다고 했다.

이 사안은 서스펜션과 관련한 정보에 맥라렌 경주차의 이너터(제8장 참조)에 관한 상세 내용이 담겨 있다는 점을 감안하면 놀라운 것이었다.

르노 팀은 공식 조사가 시작된 후에 컴퓨터 시스템을 원상 복구했으며 디스크를 맥라렌 팀에 반납했다고 주장했다. 최대 15명의 르노 팀 엔지니어들이 10개의 디스크를 보았다는 이야기가 있었다. 맥라렌 팀이 발표한 바로는 그들 중에는 수석설계자인 팀 덴섬Tim Densham, 부수석 설계자인 마틴 톨리데이Martin Tolliday, 기술 부감독인 제임스 앨리슨James Allison, 연구개발 책임자인 로빈 털루이Robin Tuluie, 차량성능 책임자인 니콜라스 체스터Nicholas Chester, 기계설계 책임자인 피터 더피Peter Duffy, 동력전달장치 설계책임자인 토니 오스굿Tony Osgood 등이 포함되어 있었다.

맥라렌 팀 조직 내에 있는 누군가가 페라리 팀의 자료(코플런이 집에 갖고 있다가 알론소에게 그 사실을 이야기한 데 라 로사에게 보여주었다)를 보았다는 것은 전

혀 입증되지 않았다. 하지만 크롤 온트랙Kroll Ontrack (데이터 복구 및 정보관리 서비스업체)에 의뢰해 받은 세 개의 독립 범죄과학 수사보고서를 바탕으로 만들어진 맥라렌 팀의 법적 서류는 르노 팀에 소속된 18명이 11대의 독립된 르노

페라리 팀과 맥라렌 팀 사이의 껄끄러운 관계는 2007년 세계선수권을 향해 서킷에서 벌어진 그들의 치열한 경쟁 때문에 악화되었다. (LAT)

F1 팀 소유 컴퓨터에서 맥라렌 팀 자료 33개 파일을 보았음을 인정했다고 주장했다. 파일에는 2006년과 2007년에 맥라렌 팀의 전체 기술 청사진을 요약하는 780개 이상의 개별 도면이 포함되어 있다고 전해졌다.

맥라렌 팀의 자료가 르노 팀 컴퓨터 시스템에 너무 확실히 저장되어 사실상 삭제될 수 없는데도, 겨우 몇 달 전에 도난당한 지적 재산권을 취득했다는 범죄를 인정함으로써 맥라렌 팀이 1억 달러의 벌금을 부과받고 컨스트럭터 세계선수권 득점을 몰수당했던 것과 달리 WMSC가 르노 팀을 면책하자 불신이 널리 퍼졌다.

과거에는 윌리엄즈 팀의 서스펜션과 공기역학적 터널을 측정한 로터스 직원이 적발된 적이 있었다. 티렐 팀은 로터스 79를 복사해 자신의 1979년형 경주차의 바탕으로 삼았다. 또한 하비 포슬릿웨이트는 그가 페라리 팀 설계자였을 때 지면효과의 진정한 비밀을 찾아내기 위해 호켄하임에 있는 윌리엄즈 팀 차고에 1년 동안 침입했다고 공개적으로 인정하기도 했다.

이런 범죄 행위들 가운데 처벌을 받은 것은 하나도 없었다.

F1의 세계를 세상에 반영하다

표면적으로 자동차 경주는 순수하게 속도를 겨루는 치열한 경쟁이다. 그러나 경주 그 자체라는 배타적인 세계 너머에는 F1 기술을 혁신적으로 응용하고자 배후에서 활동하는 과학자들에 의해 공유되는 또 다른 종류의 짜릿함이 있다.

2009년 1월 런던의 과학박물관에서 열린 전시회는 F1의 가치에 전혀 다른 모습을 부여하면서 이 혁신적인 기술 일부가 일상적인 사람들의 삶에 미치는 영향과 몇 가지 놀라운 환경을 보여주었다.

당시 맥라렌 레이싱의 최고경영자였던 론 데니스는 전시회 개막식에서 감동적인 연설을 했다.

"저는 과학박물관을 방문할 때 이곳이 매력적이고 몰입할 수 있는 장소라고 느끼는 이유가 일상에 응용되는 과학, 기술, 공학을 통해 이야기를 풀어내는 능력에 있다고 생각합니다. 증기기관에서 우주여행에 이르기까지, 우리가 서 있는 곳을 둘러싼 전시물들은 우리보다 먼저 문제를 해결하고 인류의 발전과 사회의 발전을 위해 도전한 사람들의 헌신적인 과학적ㆍ창의적 정신을 보여주는 증거입니다. 이들은 여러 면에서 제가 해온 전문직 생활의 전부인 F1 자동차 경주의 세계를 세상에 반영하고 있습니다.

일반적인 생각과는 달리 F1은 화려한 은막의 세계나 파티와 유명인사들과

⋯ 2009년 1월에 론 데니스는 과학박물관에서 F1을 통해 개발된 기술이 더 넓은 세상에 미친 영향을 강조하는 전시회의 개회사를 했다. (LAT)

↕ 과학박물관 전시회에서
론 데니스는 그 자리에 모인
언론을 대상으로 감동적인
연설을 했다. (LAT)

는 상관이 없습니다. 물론 그것이 이 모든 것들보다 더 매력적이긴 하지만, 근본적으로 그 핵심은 극한의 시간 압박 속에서 끊임없이 2주 단위로 이루어지는 진전 및 성능 평가를 통해 치러지는 기술적이고 과학적인 혁신 의 결과물입니다. 우리는 수억 명의 TV 시청자가 지켜 보고 검토하는 가운데 이 평가를 수행하고, 아주 짧은 랩 타임으로 우리의 성공과 실패 여부를 측정합니다.

F1의 세계는 용기 없는 사람들이 발을 붙일 수 없는 곳입니다. 거칠고 사실상 냉혹하면서, 탄생 200주년 을 맞이한 찰스 다윈의 표현을 달리 표현하면 적자생존 의 원칙이 지배하는 곳입니다. F1은 단지 자동차 경주 뿐만 아니라 제한된 상황에서 이루는 혁신이라는 영역 에서도 절정을 보여준다고 말하고 싶습니다.

실제로, 제가 43년쯤 전에 F1 일을 시작한 이래 79 개라는 놀라운 수의 F1 팀들이 놀랄 만큼 총명하고 열 심히 일하는 사람들의 희망, 꿈, 행운을 담아 만들어졌다가 사라졌습니다. 그 사람들은 최고의 노력을 기울였지만 결국 살아남을 경쟁력을 갖추지 못했 습니다.

그래서 이 위험부담이 큰 스포츠에서 성공을 거둔 팀들이 놀라운 속도로 혁 신하고 있다는 것은 전혀 놀라운 일이 아닙니다. 예를 들어 우리는 F1 시즌 전반에 걸쳐 평균 20분마다 경주차를 바꿉니다. 그리고 시즌마다 그 일을 반 복합니다.

사실 우리가 그처럼 빠른 속도로 혁신하는 만큼, 경주보다 훨씬 더 넓은 분 야로 응용되는 기술이 만들어지는 것은 당연합니다. 그런 기술들은 경주차에 서 탄생하기도 하지만, 기술을 만든 사람들이 전혀 예견하지 못한 제품이나

상황에 알맞게 발전하기도 합니다.

그 밖에 수많은 관련 없는 업계도 F1에서 이루어진 혁신의 혜택을 입었습니다. 그리고 그들 중 소수만이 오늘 이곳에서 과학적 응용의 아주 멋진 사례를 통해 대표적으로 전시되고 있습니다. 저는 이 전시회를 통해 기념하고 있는 혁신의 상당수가 맥라렌 팀 엔지니어와 과학자들이 이루어낸 결실이라는 것이 자랑스럽습니다. 그들은 서리 주 워킹에 있는 우리 기술센터에서 생업을 이어나가고 있는 이름 없는 영웅입니다.

오늘 이곳에서는 레저와 엔터테인먼트, 의료, 국방, 심지어 우주 탐사에 이르기까지 다양한 산업을 볼 수 있는데, 그것은 단지 빙산의 일각에 불과합니다.

그러나 이 전시회는 혁신에서 F1이나 심지어 맥라렌 팀이 과거에 했던 역할을 반영하는 기회에 그치지 않습니다. 저는 이번 전시회의 영향으로 추진되어야 할 가장 중요한 역할이 다음 세대 영국인들에게 미래의 문제를 해결하기 위한 과학, 기술, 공학을 받아들이도록 격려하는 일이라고 생각합니다.

↑ 2007년 열린 캐나다 그랑프리에서 BMW−자우버 팀 경주차의 세이프티 셀은 여러 차례의 대단히 큰 충격을 흡수해, 로버트 쿠비차가 비교적 부상이 적은 상태로 빠져나올 수 있었다. 이 세이프티 셀 기술은 군사 분야에서 생명을 보호하는 장비로 응용될 가능성이 있다. (LAT)

오늘날 세계 속에서 이루어지고 있는 도전, 그리고 영국을 위한 도전은 잘 기록되어 있습니다.

우리는 과거에 그랬던 것처럼 이러한 도전들을 함께 극복할 것입니다. 우리가 F1에서 일하면서 일상 속에서 해야 했던 것과 똑같은 방법으로 국가 차원에서 과학을 포용하고, 국가 차원에서 공학을 활용하고, 국가 차원에서 문제 해결을 위해 창의성을 장려함으로써 그런 도전을 극복할 것입니다.

여러분은 이 훌륭한 박물관에서 여러분 주변을 둘러보며 우리가 가진 놀라운 트랙 기록이 위기에서 탈출하기 위해 노력한 과정이었고, 혁신을 통해 성장을 북돋운 과정이었음을 상기하시기만 하면 됩니다. 독일 철학자 프리드리히 니체는 '고통이 우리를 더 강하게 만든다'는 유명한 말을 했습니다. 저 자신은 위대한 영국 공학과 과학의 탁월한 전통이 번영과 경쟁력이 지속하는 시대를 향해 우리를 다시 앞으로 나아가게 만들리라고 확신합니다."

미군은 1994년 이후 수년 동안 이어지고 있는 F1 안전기록을 부러운 시선으로 바라보며 점차 관심을 높이고 있다. 그들은 드라이버들이 엄청난 충격을 흡수할 수 있는 세이프티 셀 내부에서 안전하게 보호받는다고 보았다. 경주차들이 그런 상황에서 특정한 방법으로 변형되도록 설계되었다는 판단이었다. 즉 대개 사고의 규모와 관계없이 드라이버들이 거의 상처를 입지 않은 채 걸어나올 수 있었다는 것이다. 2007년 몬트리올에서 로버트 쿠비차에게 일어난 일을 상기해보자.

F1의 경량 소재와 섀시 설계는 미군이 정말 좋아하는 모습으로 만들어졌고, F1에서 일하는 설계자들은 금세 방위산업 분야로부터 관심을 얻었다. 미군은 아프가니스탄에서 도로변 폭탄과 지뢰 때문에 생긴 다수의 사상자 때문에 시달리고 있었고, 엔지니어들은 험비 스타일의 정찰 차량을 타는 군인의 취약점을 줄일 수 있는 새로운 방법을 모색했다. 특히 탄소섬유와 케블라를 혼합한 섀시 제조용 소재 등 F1 스타일 복합소재는 총탄이나 폭발로 생긴 파

편의 에너지를 흡수할 수 있는 강도 때문에 관심을 모았다. 그러나 일반적으로 대규모로 사용하기에는 너무 비싸서 섀시의 특정 부분에 사용되는 알루미늄 벌집무늬 소재가 더 저렴한 대안으로 제공되었다. F1 엔지니어들은 지뢰의 폭발 충격을 억제하도록 차량용 플로어팬에 설치할 수 있는 구조를 만드는 데 착수했다. 그런 구조가 폭발 가속도를 50그램에서 20그램으로 줄여 탑승자의 생존 가능성을 획기적으로 높일 수 있다는 것이 시험을 통해 드러났다.

존 버나드는 1981년에 독창적인 맥라렌 MP4/1을 통해 탄소섬유 섀시 설계의 선봉에 선 인물이었다. 1980년대와 1990년대의 탁월한 혁신가 중 한 사람이었던 그는 2006년 자신의 회사인 B3 테크놀로지스를 마지막으로 F1 업계에서 은퇴했다. 현재 예순일곱이 된 그는 여전히 새로운 아이디어를 탐구하고 있으며, 최근에는 디자이너 테렌스 우드게이트_{Terence Woodgate}가 합류해 가구 디자인으로 전환하는 데 힘을 보탰다. 2008년 그들은 F1에서 영감을 얻은 탄소 복합소재 식탁을 내놓았는데, 길이는 4미터이면서 두께는 2밀리미터에 불과했다.

마찬가지로, 건축가들은 요즘 우아하면서도 탁월한 강도를 지닌 구조를 만들 수 있는 새로운 소재의 잠재력을 살피기 시작했다. 탄소섬유는 독특한 구조적 특성을 지니고 있기 때문에, 두께가 4밀리미터에 불과하면서도 100배 이상 되는 무게를 견딜 수 있는 곡선 계단을 만들 수 있다. 계단은 그저 시작에 불과할 뿐이다. 업계에서는 F1에서 개발된 복합소재가 오랫동안 건축가들을 좌절시켜온 건물의 구조적 요소에 대한 제한을 해결하는 방법이 되리라고 기대한다.

예술가들도 복합소재를 눈여겨보고 있다. 남아프리카 공화국 출신인 알레스테어 깁슨_{Alastair Gibson}은 2007년 말까지 혼다 F1 팀에서 정비책임자로서 젠슨 버튼, 루벤스 바리켈루와 함께 일했다. 그의 최신작은 레이싱 마코_{Racing Mako}라는 이름이 붙은 상어 조형물로, 2009년 4월 런던에서 열린 첼시 아트

페어에서 공개되었다. 길이 2.5미터인 탄소섬유 조형물은 세부적인 부분에 F1 경주차에서 실제로 쓰인 부품들을 사용했다. 깁슨은 이제 작품의 폭을 넓히고 발전시키면서 복합소재를 이용해 사람의 손을 빚는 첫 예술가가 되기를 희망하고 있다.

복합소재 기술은 로켓과 항공업계로부터 F1으로 이전되었는데, 최근에는 지구상의 F1 엔지니어들이 습득한 기술이 항공우주 업계로 피드백되어 우주탐사에 쓰일 새로운 장비의 개발을 돕고 있다는 점이 흥미롭다.

2006년 발사된 히노데(日の出) 위성은 '태양의 날씨'가 지구에 미치는 영향을 감시하기 위한 것이었다. 위성에는 태양 표면의 폭발이 만들어지는 중요한 순간에 생기는 작은 규모의 변화를 측정하도록 설계된 3미터 길이의 망원경이 실려 있다. 과학자들은 발사 과정에서 균열이나 변형이 생기지 않고 우주 공간이라는 극한의 환경에 노출되어도 견딜 수 있을 만큼 내구성이 뛰어나며, 최대한 가벼우면서도 대단히 튼튼한 망원경이 필요했다. 이 탑재 장비의 케이스를 만드는 데 F1용 소재가 쓰였다.

F1에서 개발된 다른 여러 외피와 처리기술도 항공우주 분야에 응용되었는데, 2003년 발사된 비글 2 우주탐사선이 대표적이다. 탐사선의 임무는 화성으로 날아가 생명체의 존재 여부를 확인하는 것이었다. 착륙장치는 거친 바위로 이루어진 화성 표면에 부딪히는 동안 보호되어야 하는 민감한 장비로 가득했다. 과학자들은 다시 F1으로 시선을 돌려, F1 경주차의 배기 시스템을 위해 개발된 특별한 플라스틱 코팅을 사용했다. 배기계통은 높은 온도에서 작동하기 때문에 극도로 엄격한 우주탐사 환경의 요구에도 완벽하게 들어맞는 것으로 여겨졌다.

민감한 물건을 보호한다는 F1의 사고방식은 의료전문가를 위한 기술을 통해 또 하나의 분야로 응용되었다. 현대적 경주차의 핵심인 서바이벌 셀 모노코크 구조는 드라이버를 보호할 뿐만 아니라 경주차의 모든 다른 요소들이 부

⭥ 1981년 존 버나드는 맥라
렌 MP4/1로 F1에 선보인 첫
탄소섬유 모노코크를 설계했
다. 버나드가 코스워스 DFV
엔진 설계자인 키스 덕워스
와 함께 모노코크 시제품을
살펴보고 있는 모습이다.
(sutton—images.com)

착되는 구조의 기능도 한다. 영국의 한 엔지니어링 회사는 F1 부품을 생산한
경험을 활용해 환자의 몸에 맞춘 형태로 제작된 '모노코크' 방식 휠체어를 세
계 최초로 상용화했다. 이 휠체어는 환자가 편안하면서도 안전하게 탈 수 있
으며, 일반적인 휠체어가 제 기능을 할 수 없는 곳에서도 작동할 수 있을 정
도로 가볍고 견고하다.

비슷하게 응용된 제품인 베이비포드 BabyPod 역시 F1에서 영감을 얻은 장치
로, 유아 중환자를 병원과 일반 병원에서 일반적인 금속 인큐베이터보다 훨
씬 더 쉽고 안전하게 수송할 수 있도록 설계되었다. 유아는 F1 운전석과 비슷
한 개념으로 만들어진 독립장치 내부에 안전하게 격리된다. 이 장치는 매우
가벼워서 앰뷸런스나 구급 헬리콥터 승무원이 다루기도 훨씬 쉽다. 정말 위

급할 때에는 의사의 차로 수송할 수도 있을 정도다.

　병원에서는 환자를 수술실에서 중환자실로 옮기는 과정이 복잡하고 시간이 대단히 중요하므로 F1 기술을 점점 더 많이 활용하고 있다. 런던에 있는 그레이트 오먼드 스트리트 병원의 의사들은 F1 피트 스톱에서 한두 가지 기술을 배울 수 있겠다는 생각으로 완벽한 피트 스톱을 해낼 수 있도록 여러 정비 팀과 함께 연구하고 정보를 나누었다. 이를 통해 그들은 인계 과정의 능률을 높일 수 있는 방식과 의사들이 곤란한 상황에서 복잡한 일을 하면서 생길 수 있는 오류 가능성을 줄이는 방법을 공식으로 만들었다. 이렇게 해서 환자가 보호받지 못하는 상태에 있는 시간을 절대적으로 최소화할 수 있었고, 회복할 가능성이 높아졌다. 이제는 다른 병원들도 그레이트 오먼드 스트리트 병원의 독창성을 따라 F1에서 응용된 자신들만의 시스템을 고안하고 있다.

　F1 기술이 회복 속도를 빠르게 하거나 부상 방지를 도울 수 있는 또 다른 분야는 F1 팀이 미국 해병대와 협력해 개발한 무릎 보호대다. 그린베레로 유명한 해병대는 거친 파도를 가르며 고속으로 움직이는 고무보트에 서 있기 때문에 잦은 무릎 부상에 시달린다. 그들이 겪는 부담은 몇 초마다 한 번씩 2.5미터 높이의 벽에서 뛰어내리는 것과 맞먹는 수준이다. F1 경주차가 노면과 접촉할 때에는 충격과 반동 에너지를 유압 댐퍼로 최적화하는데, 비슷한 시스템을 이용해 무릎의 손상과 부상을 줄일 수 있도록 돕는 특수 경량 보호대가 만들어졌다. 이 보호대는 무릎이 구부러지는 과정을 통제하고 다음 충격이 가해지기 전에 관절을 교정해, 충격을 줄이고 관절이 손상될 가능성을 줄여준다. 또한 무릎 부상에서 회복 중인 환자가 항상 관절이 올바르게 정렬된 상태를 유지하는 데도 사용할 수 있어, 부상을 악화시킬 우려 없이 자유롭게 이동할 수 있는 능력을 키워준다.

　F1은 센서 활용을 통해 의료계의 사고방식에 또 다른 혁명을 일으키고 있다. F1 경주차는 달리는 동안 1000분의 1초 단위로 관찰이 이루어지고 있다.

경주차마다 평균 200개 이상의 센서가 초당 15만 번 정도를 측정한다. 그러면 엔지니어들은 이 정보를 분석해 효율과 성능 향상을 위해 해야 할 일들을 이해한다. 이와 같은 트랙에서 얻은 원격 모니터링 경험을 활용해 F1 기술자들은 임상시험에 참여하고 있는 환자들을 관찰할 수 있도록 돕는 인체 원격 텔레메트리 시스템을 개발했다. 무선센서들은 심장박동이나 움직임 같은 환자 정보를 기록한다. 이 정보는 실시간으로 병원에 전송되어 의사들이 환자가 치료에 반응하는 상태를 평가할 수 있기 때문에, 문제가 커지고 있음을 확인하면 환자에게 병원에 들르도록 호출할 수 있게 된다. 필요할 때에는 투여되고 있는 약물의 양을 원격 조절할 수도 있다.

그러나 기술발전이 안전에만 집중되고 있는 것은 아니다. 다른 생활 분야에서 사람의 능력을 높이기 위해 F1의 아이디어와 기술을 사용할 수 있는 부분도 많다. 베루 F1 시스템즈Beru F1 Systems는 F1 기술과 소재를 활용해 세계에서 가장 발전된 자전거를 만들었다. 이 자전거의 무게는 7킬로그램을 밑도는데, F1 경주차를 만드는 데 사용하는 모델링 및 분석 소프트웨어로 설계했다. 자전거에는 실험실 수준의 자료를 만들어내는 다양한 센서, GPS 및 무선송신기를 결합한 온보드 컴퓨터와 성능감지 시스템이 있다. 자전거 선수가 타는 동안 바퀴 회전속도, 심박동수, 습도, 주행 각도와 관련한 정보가 수집되고 저장되어 이후 상세 검토에 활용된다. 자전거에 탄 사람은 핸들 바

⋮ 베루 F1 시스템즈는 F1 기술과 소재를 활용해, 무게가 7킬로그램을 밑돌고 다양한 자료 수집 기능이 있는 세계에서 가장 앞선 자전거를 만들었다. (LAT)

에 설치된 터치스크린을 이용해 수집할 정보의 유형을 선택할 수 있다.

F1에 사용되는 센서는 스포츠 이외의 다른 여러 분야에서도 쓰일 가능성이 있는데, 특히 타이어 안전 영역이 기대되고 있다. 제대로 팽창하지 않은 타이어는 그랑프리에서 우승하거나 우승을 놓치는 것을 가를 수 있다. 팀들은 타이어에 문제가 생기기 시작할 때에 경고하는 특수 감지장치를 사용한다. 이 기술은 일반 승용차용으로 채용되어, 지금은 타이어 파손 때문에 생기는 교통사고의 위험을 줄이는 데 공헌하고 있다. 현대적인 타이어들은 파손된 후에도 짧은 시간 동안 차의 무게를 견딜 수 있도록 사이드월이 비교적 단단하게 설계되어 있기 때문에 문제가 있다는 것을 눈으로는 알아차리기가 어렵다. F1에서 파생된 타이어 공기압 감지장치는 차의 시동이 걸리자마자 파손상태를 감지할 수 있으므로, 차가 움직이기 전에도 운전자에게 위험을 알릴 수 있다. 환경보호에 관한 인식이 점차 커지고 있는 사회에서는 그런 센서가 연료 소비효율과 타이어 수명을 극대화하도록 타이어 공기압을 최적화하는 데 중요한 역할을 할 수 있다. 이는 세계 경제의 민간 부문은 물론 상업 부문에서도 가치가 있다.

타이어 기술은 F1이 더 우수한 소비제품을 생산하는 데 도움을 주는 분야 중 하나다. 경주용 타이어는 가능한 최상의 접지력을 발휘하도록 부드러운 고무 컴파운드로 만든다. 또한 트랙이 젖었을 때 가장 효율적인 방법으로 물을 배출하도록 특정한 트레드 패턴을 지니고 있다. 이런 개념 일부를 활용해, 미국의 슈즈 포 크루즈Shoes for Crews 회사는 바닥이 습하고 미끄러운 곳에서 작업하는 사람들을 위해 특수 고무 소재와 트레드 패턴을 사용하는 특수 미끄럼 방지 신발을 개발했다. 영국 보건안전관리국 실험실 주관으로 7개월 동안 실험한 결과, 동커스터에 있는 애완동물 사료 회사에서 직원이 이 신발을 신고 있는 동안 미끄럼 사고를 전혀 당하지 않은 것으로 보고되었다.

많은 업계에서 업무 중 낙상사고가 문제가 되고 있다. 영국에서는 25초마다 한 사람이 미끄러지거나 떨어져 다치는 것으로 추산되고 있다. 미끄러지면 높은 작업 공간에서 추락하는 치명적인 사고로 이어질 수 있는 건축 부문에서는 특히 위험하다.

이라크의 먼지 많은 사막처럼 열악한 환경에서 실제 쓰이고 있는 장갑차량에 이루어지는 재급유에도 F1이 영향을 미쳤다. 전차 승무원들은 먼지 유입, 연료 누출, 긴 재급유 시간 같은 수많은 문제를 맞닥뜨리고 있었다. 영국 육군은 2035년까지 운용될 예정인 챌린저 2 주력전차 380대에 사용할 재급유 시스템을 개발하기 위해 F1 재급유 시스템을 검토했다. 재급유에 걸리는 시간을 줄이고 시스템 안의 오염물질 때문에 생길 수 있는 연료 펌프와 엔진 고장도 방지할 수 있기 때문이었다.

에섹스 지방에 본사를 둔 뉴턴 이큅먼트Newton Equipment는 F1에 쓰인 것과 같은 아이디어로 연료 노즐을 전차 연료 주입구에 연결하는 전차용 '클린 필Clean Fill' 시스템을 개발했다. 노즐과 주입구가 연결되면 밀폐장치가 가스가 새지 않도록 막아주고, 전차에서는 작은 노즐을 통해 공기가 빠져나온다.

또한 F1 경주차에서는 오일 속에서 이동할 수 있는 작은 금속 입자처럼 엔진과 기어박스 부품에 손상을 줄 수 있는 오염물질을 처리해야 한다. 일반적인 여과 시스템은 오염물질을 크기에 따라 걸러내지만 아주 작은 입자는 걸러낼 수 없으므로, F1 엔지니어들은 자기 필터를 사용하자는 아이디어를 떠올리게 되었다.

워윅 지방이 근거지인 매그넘Magnum은 이를 가정용 보일러 시스템에 사용하면 유용하겠다는 생각으로 같은 기술을 녹 입자를 걸러내는 데 응용해 중앙 가열 시스템이 막힐 위험을 줄여주는 '보일러 버디Boiler Buddy'를 생산했다. 과학박물관의 케이티 맥스Katie Maggs는 이렇게 말했다. "그 덕분에 라디에이터 효율이 훨씬 더 높아졌고 에너지 소비를 줄일 수 있게 되었습니다. 이 기술이 보통 사람들에게 실제로 영향을 준다는 것을 대표적으로 보여주는 셈이죠."

아울러 이 기술은 상업용 장비에 맞춰 크기를 키울 수도 있고 발전소와 같은 대형 설비에도 쓰일 수 있다. 이 장비의 다른 버전은 원자력 발전소, 초대형 토목 장비, 풍력 발전소에도 쓰였다.

2009년 1월의 바로 그날, 과학박물관에 데니스가 참석한 것이 특히 시의적절했던 것은 그즈음 미국 레이크 플래시드에서 열린 세계 여자 봅슬레이 선수권에서 니콜라 미니치엘로Nicola Minichiello와 질리언 쿠크Gillian Cooke가 차지한 우승이 맥라렌 그룹에게도 승리를 안겨준 것이기 때문이었다. 2008~2009년 월드컵 시리즈에서 미니치엘로와 두 명의 제동수가 상위 3위권에 올라 세계 선수권을 차지한 것은 맥라렌 그룹의 기술혁신 부문 자회사인 맥라렌 어플라이드 테크놀로지McLaren Applied Technologies의 지원이 있었기에 가능했다. 이 회사는 무일푼인 팀이 비용 문제로 새 제품을 구매할 수 없게 되자, 기존의 썰매에서 개선할 수 있는 중요한 부분을 확인하는 데 도움을 주었다.

맺음말에서 데니스는 이런 이야기를 했다. "저는 스포츠 활동을 하는 우리의 혁신하고 변화하는 속도가 다른 업계에 영감을 줄 수 있기를, 그리고 우리나라의 성장에 엔진 역할을 할 수 있기를 뜨겁게 희망합니다.

그리고 이번 전시회가 다음 세대의 엔지니어, 과학자, 문제 해결자들에게 영감을 줄 수 있었으면 하는 것도 저의 열렬한 희망입니다. 앞으로 몇 년 뒤에는 우리가 이 훌륭한 시설에서 그들의 업적을 보고 감탄하게 될지도 모릅니다."

젊은 엔지니어들의 마음을 사로잡고, 영감을 주고, 동기를 부여한다는 점에서 모터스포츠만큼 훌륭한 것은 없다.

개회로open loop
시스템이 수동으로만 작동하는 컴퓨터 회로.

관성력G force
차 또는 드라이버에 작용하는 중력.

구동력 제어장치traction control
노면에서 바퀴의 회전속도를 전자적으로 감시하고, 바퀴가 헛돌기 시작하면 엔진 출력을 낮춰 헛도는 것을 조절하거나 방지하는 시스템.

사이드포드sidefod
냉각수 라디에이터와 변형 가능한 구조 영역을 덮는 차체 측면 판.

다운포스downforce
차가 공기 중에서 움직이면서 발생하는 압력. 차를 누르거나(차체 위에 고압의 공기 흐름이 생기는 경우) 트랙 표면 쪽으로 빨아들이는(차체 아래에 저압의 공기 흐름이 생기는 경우) 현상을 만든다.

디퓨저diffuser
언더트레이의 일부로, 차 아래를 흐르면서 속도가 빨라진 공기를 위쪽으로 내보내는 기능을 하는 것.

롤roll
특히 코너링 중에 생기는, 옆 방향으로 차체가 기우는 운동.

롤바rollbar
대개 뛰어난 강도 특성 때문에 강철을 사용하는 금속 막대로, 서스펜션 시스템에서 코너링 중에 차의 롤 현상을 억제하는 스프링 역할을 한다.

롤오버 바rollover bar
섀시 구조에 통합된 원형 테로, 운전석 바로 뒤와 드라이버의 다리 옆에 설치되어 차가 전복되는 상황에서 보호 기능을 한다.

모노코크monocoque
차체와 섀시가 하나의 부품으로 통합된 경주차 섀시 구조의 이름.

무게중심center of gravity
무게에 의해 생성되는 힘들이 통과하는 자동차 상의 지점.

미끄럼 각slip angle
차가 코너링할 때 드라이버가 스티어링 휠을 돌려 의도한 각도와 실제 차가 회전하는 각도의 차이. 속도 때문에 타이어의 접지력이 감소하면서 노면에서 옆으로 미끄러지면 각도가 다를 수 있다.

바지 보드barge board
프런트 윙 뒤쪽의 공기 흐름을 조절하기 위해 앞 서스펜션 사이에 설치하는 수직 판. 터닝 베인(turning vane)이

라고도 한다.

4주식 시험장치four-poster rig
4개의 지주로 구성된 시험장치로, 시험 중 차의 여러 영역에 힘을 가할 수 있다. 차의 운동을 정적 평가할 때 사용한다.

수류탄 엔진grenade engine
과거에 예선에 사용하기 위해 출력을 최대한 높이고 수명을 짧게 만든 경주용 특수 엔진. 기술적 신뢰성이 너무 한계에 가까워 종종 저절로 못쓰게 되었다.

수틀buck
모노코크 섀시의 거푸집을 만드는 등 부품을 계획한 최종 형태로 복제하기 위해 사용하는 목제 구조.

스캘롭scallop
차체에 부착해 공기 흐름에 영향을 주도록 설계된 성형 단면.

스트레이크strake
엔드플레이트와 마찬가지로 차체 위 공기 흐름을 조절하도록 설계한 수평 또는 수직 판.

스플리터splitter
공기 흐름을 분리하거나 분할해 차의 다른 지점으로 향하도록 설계한 수평판.

슬립스트림slipstream
고속으로 달릴 때 차 뒤쪽 주변의 공

기 흐름 때문에 생기는 흡입 효과.

양력lift
차가 움직일 때 차체를 노면 위로 떠오르게 하는, 차체 위 또는 아래에 흐르는 공기의 압력.

양항비lift over drag
항력에 대한 다운포스(음성 양력)의 비율. 수치가 높아야 좋다.

언더스티어understeer
코너링 중에 앞 타이어 슬립 각이 뒤 타이어보다 더 크기 때문에 차체 앞쪽이 의도한 주행선 바깥으로 밀려나려고 하는 현상.

언더트레이undertray
탈착할 수 있는 차체 바닥.

에어박스airbox
공기가 엔진으로 잘 흘러들어 가도록 유도하는 엔진 커버 앞에 있는 구멍.

엔드플레이트endplate
공기 흐름에 영향을 주도록 윙 끝에 설치한 수직면.

오버스티어oversteer
코너링 중에 뒤 타이어 슬립 각이 앞 타이어보다 더 크기 때문에 차체 뒤쪽이 의도한 주행선 바깥으로 밀려나는 현상.

5축 가공기계five axis machine
다양한 각도로 작동할 수 있는 절삭

또는 밀링 머신.

오토클레이브autoclave
탄소섬유 복합소재를 계획한 사용 상태로 가공하기 위해 가열하는 오븐.

요yaw
차체가 의도한 운동 방향에서 옆 방향으로 움직이려는 현상.

윙wing
다운포스를 만들기 위해 설계된 날개 단면 수평면.

윙렛winglet
대개 뒷바퀴 바로 앞 차체에 설치되는 작은 추가 윙.

지상고ride height
지상 기준면 위로 차의 섀시가 위치하는 높이. 전방과 후방이 다르게 측정되도록 설정할 수 있다. 차체에 어느 정도 경사를 줌으로써 운동 성능을 높일 수 있도록 대개 앞쪽을 약간 더 낮춘다.

7주식 시험장치seven-poster rig
7개의 지주로 구성된 시험장치로, 시험 중 차의 여러 영역에 힘을 가할 수 있다. 차의 운동을 정적 평가할 때 사용한다.

케블라kevlar
경주차 섀시와 부품 제조에 쓰이는 직조 소재.

탄소섬유carbon-fibre
탄소가 스며들어 섀시 제조에 쓰이는 직물.

텔레메트리telemetry
차에 설치되어 시동이 걸려 있는 동안 전자적으로 자료를 수집해 저장하거나 피트로 전송하는 시스템.

트레드tread
타이어가 도로와 접촉하는 영역. 슬릭 타이어에서는 폭 전체가 해당하고, 그루브 타이어에서는 그보다 약간 더 좁다.

폐회로closed loop
시스템이 자동으로 작동하는 컴퓨터 회로.

푸시로드pushrod
서스펜션 위시본의 운동에 대응해 위쪽에 설치되는 스프링/댐퍼를 미는 식으로 작동하는 서스펜션 부품.

풀로드pullrod
서스펜션 위시본의 운동에 대응해 아래쪽에 설치되는 스프링/댐퍼를 당기는 식으로 작동하는 서스펜션 부품.

풍동wind tunnel
대개 지면에서 차의 움직임을 모의시험하기 위한 벨트 구동 가동식 지면판이 있는, 실물 크기 차의 공기역학적 작용을 계산할 수 있도록 축소 모형을 빠른 속도로 흐르는 공기 속에 넣어 시험하는 구조.

플라이 바이 와이어fly by wire
F1 경주차의 스로틀 시스템에서 요소들이 기계적 연결 없이 전자장치만으로 이루어진 것.

플랭크plank
경주차 바닥 아래에 세로 방향으로 설치하는 나무(일반적으로 재브록을 사용)로 만든 마찰 판.

피치 민감도pitch sensitivity
피치 민감도는 우수한 핸들링의 핵심이다. 피치 민감도가 낮은 차는 요철을 지나며 차가 위아래로 요동할 때 공기역학 균형이, 또는 가속 또는 감속할 때 무게중심이 변하지 않는다.

피치pitch
노면의 변화에 반응하거나 차에 작용하는 공기역학적 부하에 반응해 차의 앞쪽 또는 뒤쪽이 서로 독립적으로 위아래로 움직이는 현상.

항력drag
차가 전진하는 방향으로 가해지는 공기저항. 모든 공기역학 연구의 목표는 이것을 최소한으로 줄이는 데 있다.

CAD
컴퓨터 응용설계(computer-aided design).

CAM
컴퓨터 응용제조(computer-aided manufacture).

CDG
중심선 세류 생성(centreline down wash generating). 진행 방향 뒤의 중심 부분에 아래쪽으로 공기 흐름을 만들어내는 효과.

CFD
컴퓨터 유체역학(computational fluid dynamics). 공기역학 연구를 위한 예측 모델을 만드는 데 쓰이는 수학 분야.

CVT
무단변속기(continuously variable transmission).

ECU
전자제어장치(Electronic Control Unit).

FEA
유한요소분석(finite element analysis).

FIA
국제자동차연맹(Federation Internationale de l'Automobile). 세계 모터스포츠의 주관단체.

FOCA
포뮬러 1 컨스트럭터 협회(Formula 1 Constructors' Association). F1 팀으로 구성된 협회.

FOTA
포뮬러 1 팀 협회(Formula One Teams' Association).

GCU
기어박스 제어장치(gearbox control unit). 기어박스의 변속 조작을 제어하는 전자식 시스템.

GPMA
그랑프리 제조업체협회(Grand Prix Manufacturers' Association).

K&C
운동성 및 유연성(Kinematics and Compliance)

KERS
운동 에너지 재생 시스템(kinetic energy recovery systems).

OWG
추월실무그룹(Overtaking Working Group). FIA의 기술실무그룹(Technical Working Group)의 분과 위원회.

RAM
임의 접근 기억장치(random access memory).

TWG
기술실무그룹(Technical Working Group).

2014년 시즌에 맞춰 달라진 규정

포뮬러 1 규정은 기술 발전과 팀 사이의 경쟁, 모터스포츠 환경 변화를 반영해 매년 조금씩 달라지고, 때로는 시즌이 진행되고 있는 도중에도 크고 작은 손질이 이루어진다. 그러나 2014년 시즌에 적용된 포뮬러 1 기술규정은 지난 어느 해보다 경주차에 미친 영향이 더 컸다. 이 정도로 큰 변화를 가져올 사항을 담고 있는 만큼 준비 작업에도 적잖은 시간이 걸렸다. FIA는 이미 2011년 7월에 기본적인 기술 규정 개정안을 내놓았고, FOTA(2014년 초에 해체되었다)와 각 팀에서 이와 관련한 논의가 시작된 것은 2012년으로 거슬러 올라간다. 기술 검토와 시험 등 복잡한 과정을 거쳐 2014년 시즌에 투입될 경주차가 완성될 때까지 2년 남짓한 시간이 걸린 셈이다. 이 책에서 주로 다루고 있는 기술적인 부분에 초점을 맞춰 변화된 규정들을 정리해 보면 다음과 같다.

| 기어박스 |

변속기는 반드시 전진 8단 구성을 갖추어야 한다. 이전까지는 전진 8단 규정이 강제되지 않아 대다수 팀이 7단 변속기를 사용했다. 또한 모든 팀은 반드시 시즌 개막에 앞서 기어비를 지정하고 시즌이 진행되는 도중에 바꿀 수 없지만, 2014년 시즌에만 한시적으로 한 차례 변경할 수 있도록 했다. 규정을 위반하면 결승에서 후순위로 밀려나는 벌칙이 주어진다.

| 리어 윙 |

리어 윙에 이루어진 변경에 앞서 살펴보아야 할 것이 DRS Drag Reduction System, 저항 감소 시스템다. 2011년 시즌부터 도입된 이 시스템은 직선 구간에서 리어 윙의 각도를 저항이 작아지도록 조절하는 장치다. DRS를 사용하면 리어 윙 때문에 생기는 저항이 줄면서 속도를 더 높일 수 있고, 따라서 추월이 쉬워진다. DRS는 정해진 구간에서만 사용할 수 있고, 사용 중 브레이크를 작동하면 자동으로 해제되도록 설계되었다. 2014년 시즌에는 이전까지 두 겹이 허용되었던 리어 윙은 한 겹만 쓸 수 있게 되었고, 메인 플랩은 단면이 약간 좁아졌다. 윙 구조가 달라지면서 DRS 슬롯 갭은 이전보다 넓어진 65밀리미터가 되었고, 디퓨저와 윙 사이를 잇는 빔 윙의 사용은 금지되었다. 한편 리어 윙 변경과 더불어 배기계통 형태도 달라졌는데, 배기가스의 흐름이 디퓨저와 리어 윙 사이의 공기흐름을 더 빠르게 만들어 다운포스가 커지는 것을 막으려는 목적이 있다. 이전까지 두 개의 배기구가 차체 뒤쪽으로 노출되었지만, 새 규정에서는 한 개의 배기구만 차체 위쪽을 향해 설치되도록 하고 있다. 또한 배기구 아래로 차체 패널이 지나가지 않아야 한다.

| 브레이크 |

ABS는 이전과 마찬가지로 금지하지만, 전자식 브레이크는 허용하되 뒤 브레이크 압력 제어만 가능하도록 했다. 이는 ERS에서 회수되는 에너지를 적정 수준으로 유지하기 위해서다.

| 안전 관련 |

안전 부분에서는 측면 충돌 안전구조 설계가 표준화된 것이 가장 큰 특징이다. 이전에는 다양한 부하의 충돌 시험 통과를 전제로 자유롭게 설계할 수 있었지만, 2014년 시즌부터는 표준화된 설계를 따라야 한다. 이미 2010년 시즌부터 충돌안전 관련 부분과 휠 등 일부 부품은 FIA의 인증을 의무화한 것의 연장이라고 할 수 있다. 이는 시즌이 진행되는 동안 FIA의 서면 승인 없이 안전과 신뢰성에 영향을 미치는 부품이 변경되지 않도록 하기 위한 조치다. 노즈 높이가 지면에서 최소 550밀리미터에서 최소 185밀리미터로 낮아진 것도 안전을 고려한 변경사항이다. 노즈가 앞서 달리는 차의 뒷바퀴와 부딪치며 차체가 공중으로 뜨는 현상을 줄이는 한편 측면 충돌 때 드라이버에게 직접 충격이 가해지는 것을 피하는 것이 규정 변경의 목적이다. 이 규정을 따르는 과정에서 대다수 경주차의 노즈 부분 디자인이 괴상해진 것도 한동안 논란이 되었다. FIA는 디자인이 논란이 되자 좀 더 부드러운 모습이 되도록 규정을 바꾸기로 했다.

▌ERS(에너지 재생 시스템) ▌

2014년 시즌 규정 변경에서 가장 중요한 부분을 차지하는 기술적 요소가 바로 ERS다. ERS는 MGU-K와 MGU-H로 구성되는데, MGU-K는 이전의 KERSKinetic Energy Recovery System, 운동 에너지 재생 시스템와 같은 기능을 하는 것으로, 감속할 때 생기는 운동 에너지를 전기 에너지로 바꾸어 ES에 저장하는 장치다. MGU-H는 엔진이 자연흡기 방식에서 터보차저를 쓰는 과급방식으로 바뀌면서 추가되었다. 이 장치는 터보차저를 거쳐 배출되는 배기가스의 열에너지를 회수해 전기 에너지로 바꾸어 ES에 저장한다.

뒷바퀴에 연결된 MGU-K에서 회수할 수 있는 에너지는 한 바퀴에 최대 2MJ로, 방출할 수 있는 에너지는 한 바퀴에 최대 4MJ로 제한되지만, MGU-H에서 회수하거나 방출하는 에너지는 제한이 없다. MGU-K에 MGU-H가 더해짐으로써 더 큰 에너지를 ES에 저장할 수 있고, 그만큼 더 큰 전기 에너지를 가속에 활용할 수 있게 되면서 파워 유닛의 효율이 커졌다. 시스템 관점에서 보면 하이브리드 카의 특성에 더 가까워진 셈이다. KERS는 드라이버가 한 랩에 6초 동안 약 80마력의 에너지를 추가로 활용할 수 있었지만, ERS는 한 랩에 최대 33초 동안 160마력의 에너지를 쓸 수 있다.

| 최저 중량 |

2014년 시즌부터 엔진에 터보차저 계통이 더해지고 ERS 시스템이 복잡해지면서 전반적인 구동계 무게가 늘어날 수밖에 없었다. 따라서 이전의 최저 중량 기준을 따르면 몸무게가 많이 나가는 드라이버가 출전하는 팀은 차 무게를 조절하기가 어려워졌다. 이런 점을 고려해 드라이버와 타이어를 포함한 경주차의 제한 최저 중량은 642킬로그램(2013년 기준)에서 691킬로그램으로 높아졌다. 이는 F1 역사에서 최저 중량이 가장 큰 폭으로 변화한 것이다. 또한 이전까지 엔진 최저 중량을 95킬로그램으로 제한했던 것을 전체 파워 유닛으로 기준을 바꾸어 ES 포함 145킬로그램으로 제한했다.

| 테스트 |

시즌 중 테스트가 다시 허용되었지만 내용은 제한적이다. 최대 4회까지 가능한 시즌 중 테스트는 시험이 치러지는 서킷에서 한 번에 이틀 이상 연속으로 할 수 없다. 또한 풍동 시험과 CFD 시뮬레이션의 제한사항도 늘어났다.

| 파워 유닛 |

새 규정에서는 엔진을 파워 유닛power unit의 일부로 간주하는 개념이 쓰였다. 이는 엔진의 다운사이징과 더불어 전기를 사용하는 하이브리드 시스템의 비중을 키우면서 생겨난 개념이다. 파워 유닛은 엔진ICE: Internal Combustion Engine, 터보차저TC: TurboCharger, 운동에너지와 열에너지를 활용하는 두 종류의 모터

제너레이터MGU-K, MGU-H, 에너지 저장장치ES: Energy Storage, 전자제어 장비CE: Control Electronics의 여섯 요소로 구성된다. 이 가운데 MGU-KMotor Generator Unit-Kinetic는 이전까지 쓰이던 KERS의 개념을 이어받은 것이고, MGU-HMotor Generator Unit-Heat는 이번에 새로 더해진 것이다.

가장 주목할 부분은 엔진 규격인데, 이전에는 자연흡기 방식 V8 2.4리터였던 것이 터보차저를 단 V6 1.6리터로 바뀌었다. 포뮬러 1 엔진에 터보차저가 쓰인 것은 1988년 이후 처음이다. 새 규정에서는 엔진의 실린더 뱅크 각도를 90도로 못 박았고, 엔진의 최고 회전수는 1만5000rpm으로 제한했다. 수명도 최소 4000킬로미터 이상 사용 후 교체가 가능하도록 정해, 이전보다 두 배 더 긴 내구성을 확보하게 되었다. 또한 한 시즌 동안 쓸 수 있는 파워 유닛의 수는 다섯 개로 정해졌지만, 2015년에는 네 개로 줄어든다.

터보차저는 싱글 스테이지 방식으로, 연료공급장치는 시간당 공급 연료량을 100킬로그램으로 제한한다. 시간당 공급 연료량을 제한한 이유는 각 팀이 연료소비 효율을 높이도록 유도하려는 데 목적이 있다. 이전까지는 연료 사용량에 제한이 없었지만, 팀들은 대개 시간당 160킬로그램 남짓을 사용했다. 이전에 쓰이던 V8 엔진은 750마력 이상의 성능을 발휘했지만, 이러한 변화와 나중에 설명할 MGU 또는 ERS 관련 규정이 정비되면서 순수하게 엔진이 내는 출력은 600마력 정도로 제한되었다. 엔진을 섀시에 결합하는 마운트 위치는 고정된다.

| 프런트 윙 |

프런트 윙 너비는 1800밀리미터에서 1650밀리미터로 좁아졌다.

현대적 개념의 자동차가 태어난 직후부터 시작된 모터스포츠는 자동차와 함께 끊임없이 발전해 지금에 이르고 있다. 지금 이 순간에도 세계 어느 곳에선가는 모습과 내용이 각기 다른 여러 종류의 모터스포츠가 펼쳐지고 있다. 모터스포츠에 출전하는 이들은 목표를 이루기 위해 열정을 쏟고, 그들의 열정적인 도전은 보는 이들의 마음을 흔들며 환호성을 자아낸다. 누가 보더라도 최선을 다하는 정정당당한 경쟁은 흥미롭고 존경스럽기 때문이다.

모든 스포츠가 그렇듯이 언어와 문화는 달라도 열정은 통한다. 모터스포츠가 자동차를 직접 만드는 회사가 있는 나라에서만 인기 있는 것이 아니라는 점도 그러한 현상을 입증한다. 심지어 흔히 모터스포츠의 최고봉이라 불리는 포뮬러 1F1 그랑프리가 열리는 나라 가운데는 변변한 자동차 회사 하나 없는 곳도 여럿 있다. 스포츠가 주는 즐거움은 누구나 느낄 수 있는 것이다. 그리고 그런 즐거움은 그 스포츠를 알면 알수록 더 커지기 마련이다.

여러 종류의 모터스포츠 가운데에서도 F1은 세계 최대의 자동차 단체인 국제자동차연맹Fédération Internationale de l'Automobile, FIA이 주관하는 국제 공인 자동차경주 가운데 가장 등급이 높은 대회다. 경주차부터 경주운영과 규칙, 경주가 열리는 곳인 서킷까지 모든 사항이 엄격하게 정해져 있고, 그 수준도

FIA가 주관하는 모든 경주 가운데 가장 높다. 단순히 가속이 빠르거나 최고속도가 높은 것을 기준으로 삼는다면 F1을 뛰어넘는 모터스포츠 장르도 있기는 하다. 그러나 경주 전반을 살펴볼 때 종합적인 차원에서 모든 노력을 한계까지 쏟아부어야 하는 가장 치열한 모터스포츠가 바로 F1이라고 할 수 있다.

F1은 세계 각국을 돌며 1년에 20차례 남짓 열리는 개별 그랑프리에서 얻은 성적을 합산해 연간(시즌) 챔피언을 가리는 방식으로 진행된다. 매년 10개 이상의 팀이 드라이버를 두 명씩 출전시켜 20대가 넘는 차들이 서킷을 달리고, 그랑프리마다 드라이버들은 300킬로미터 안팎의 거리를 최대 두 시간 이내에 달려 승부를 가린다. 주어진 거리나 시간이 끝날 때까지 같은 코스 위를 달리는 차와 운전자에게 어떤 변수가 작용할지는 아무도 모른다. 변수는 날씨가 될 수도 있고, 드라이버의 건강 상태나 정신력이 될 수도 있다. 분명한 것은 통제할 수 없는 변수는 어쩔 수 없기 때문에, 통제할 수 있는 변수를 최소화하는 데 각 팀이 가장 신경을 많이 쓴다는 사실이다. 그 통제할 수 있는 변수가 바로 이 책에서 다루고 있는 경주차다.

전반적으로 F1 경주차라는 특정 분야에 관한 기술을 다루고 있기 때문에, 모터스포츠가 생소한 사람에게는 이 책이 조금 낯설게 느껴질 수도 있을 것이다. 그러나 자동차에 관한 지식이 어느 정도 있거나 F1에 관심 있다면 무척 흥미진진하게 느낄 내용이 가득하다. 실제로 이 책은 공학적인 분야를 소재로 하고 있지만, 원저자가 이야기를 풀어나간 방식은 그리 딱딱하지 않다. 눈여겨볼 것은 기술적인 이야기를 하면서도 그 중심에 사람이 있다는 것을 항상 상기시켜준다는 점이다. 그 덕분에 첨단 설계, 구조, 소재, 공기역학, 전기 및 전자장비 같은 어려운 내용을 직접 F1 분야에서 일했거나 일하고 있는 사람들의 입으로 편안히 접할 수 있다. 나아가 F1에 관심 있는 사람들조차도 잘 알지 못했던 비즈니스 세계로서의 F1과 F1의 발전과정, F1 무대 뒤에서 벌어지고 있는 일들에 대해서도 알 수 있다. 이 모든 내용을 읽고 나면 F1을 좀 더 재미있게 즐길 수 있을 것이다.

'원저자의 표현을 그대로 살릴 것인가, 우리나라 독자가 이해하기 쉽도록 의역할 것인가'를 저울질하는 것은 모든 번역자들의 공통적인 고민이다. 옮긴이도 마찬가지였다. 처음에는 일반 독자가 어려워하거나 낯설어할 내용들을 고쳐 쓰기도 했다. 그러나 지나치게 풀어쓰면 오히려 전체적인 내용이 달라질 수 있다는 생각에 가급적 원서의 표현을 그대로 옮기는 쪽으로 다시 정리했다. 예정보다 번역 기간이 많이 길어진 이유도 그 때문이다. 만약 내용이 어렵고 이해가 가지 않는 부분 가운데 우리말 표현이 어색한 것이 있다면 그것은 분명히 옮긴이의 잘못이다. 그러나 이 책을 다른 관련 자료와 비교해가며 F1에 관한 이해를 넓혀간다면 충분히 도움이 될 수 있으리라 믿는다.

자동차 대중화 역사가 짧은 우리나라에서는 F1은 물론 모터스포츠조차도 사람들의 마음속에 아직 뿌리내리지 못하고 있다. 그러나 모터스포츠의 매력이 사람들의 공감을 얻는다면 순식간에 인기가 뜨겁게 달아오르리라고 생각한다. 번역은 부족할지 몰라도 내용은 탄탄한 만큼, 이 책이 모터스포츠를 사랑하는 이들에게 더 깊은 지식을 쌓을 수 있는, 그리고 모터스포츠 세계가 지닌 매력을 느낄 수 있는 계기가 되길 진심으로 바란다.

마지막으로 좋은 책을 번역할 기회를 주선해준 월간 〈모터 트렌드〉 김형준 편집장과 늦은 작업에도 마칠 때까지 너그러이 기다려준 ㈜양문 김현중 대표에게 가장 먼저 감사의 말을 전하고 싶다. 그리고 게으른 아들이 출판사에 누를 끼치지 않도록 수시로 채찍해주신 부모님과 집에 있으면서도 얼굴 보기 힘든 남편에게 투정 부리지 않은 아내, 그리고 충분히 놀아주지 못한 아들에게도 미안하고 고마울 따름이다.

2014년 10월

옮긴이 류 청 희

F1 디자인 사이언스

초판 찍은날 2014년 11월 21일 　**초판 펴낸날** 2014년 11월 27일

지은이 데이비드 트레메인
옮긴이 류청희

펴낸이 김현중
출판실장 옥두석 | **책임편집** 이선미 | **디자인** 권수진 | **관리** 위영희

펴낸곳 (주)양문 | **주소** (132-728) 서울시 도봉구 창동 338 신원리베르텔 902
전화 02.742.2563~2565 | **팩스** 02.742.2566 | **이메일** ymbook@nate.com
출판등록 1996년 8월 17일(제1-1975호)

ISBN 978-89-94025-35-3 03400 　　　　잘못된 책은 교환해 드립니다.